教育部高等学校电子信息类专业教学指导委员会规划教材

高等学校电子信息类专业系列教材

无线通信安全

原理与实践

肖亮 张翼 卢晓珍 杨和林 编著

清华大学出版社

北京

内 容 简 介

本书围绕当前无线通信系统的核心安全威胁问题，基于无线通信系统、无线信号处理、无线安全协议、密码学、机器学习等理论，从物理层认证、无线抗窃听、无线抗干扰、无线定位、隐私保护等多方面，全面分析和讲解了无线通信安全领域的基本原理、关键技术和基础实践。内容主要包括无线通信安全绪论、无线通信认证技术、无线安全通信、物联网接入安全技术、无人机智能通信安全、无线通信跨层安全与隐私保护、可见光无线通信安全与定位、无线智能超表面辅助安全传输、车联网抗干扰通信、6G 通信安全与隐私保护。

本书侧重实际应用，可作为通信工程与网络空间安全相关专业本科生和研究生课程系统性学习的教材，也可作为相关领域科研和工程技术人员按需查阅的工具书。

图书在版编目（CIP）数据

无线通信安全：原理与实践 / 肖亮等编著. -- 北京：清华大学出版社，2025. 6. --（高等学校电子信息类专业系列教材）. -- ISBN 978-7-302-69460-1

Ⅰ. TN92

中国国家版本馆 CIP 数据核字第 2025C22X63 号

责任编辑：赵　凯
封面设计：李召霞
责任校对：徐俊伟
责任印制：宋　林

出版发行：清华大学出版社
　　网　　址：https://www.tup.com.cn, https://www.wqxuetang.com
　　地　　址：北京清华大学学研大厦 A 座　　　邮　　编：100084
　　社 总 机：010-83470000　　　　　　　　　邮　　购：010-62786544
　　投稿与读者服务：010-62776969, c-service@tup.tsinghua.edu.cn
　　质量反馈：010-62772015, zhiliang@tup.tsinghua.edu.cn
　　课件下载：https://www.tup.com.cn, 010-83470236
印 装 者：三河市人民印务有限公司
经　　销：全国新华书店
开　　本：185mm×260mm　　印　　张：11.75　　　　字　　数：295 千字
版　　次：2025 年 7 月第 1 版　　　　　　　　　印　　次：2025 年 7 月第 1 次印刷
印　　数：1～1500
定　　价：59.00 元

产品编号：105189-01

前 言
PREFACE

在信息时代的浪潮中，无线通信技术广泛应用在当今社会的各个角落，编织着全球化的信息纽带。从日常的即时通信到跨国界的商业交易，从智慧城市的高效管理到国家安全的坚固防线，无线通信技术促进了信息的自由流动与高效共享，并深刻改变了人们的生活方式、工作模式和经济发展格局。然而，近年来数据泄露、网络攻击和信号劫持等安全事件频发，不仅威胁到网络安全和个人隐私数据的保护，也对企业运营、社会稳定乃至国家安全造成了严峻挑战。如何在享受无线通信带来的便捷与高效的同时，筑起一道坚不可摧的网络安全防线，确保信息传输的机密性、完整性和可用性，成为全球范围内亟待解决的重要问题。

随着 5G、物联网、人工智能和边缘计算等新兴技术的快速发展，无线通信安全领域也迎来了新的机遇与挑战。5G 技术的高速、低延迟特性为实时数据传输和远程操作提供了强大支持，但同时也对安全加密、身份验证和访问控制等机制提出了更高的要求。物联网设备的海量接入和互联互通，使得网络攻击面急剧扩大，要求更加严密的防护措施来保障物联网系统的整体安全。强化学习等人工智能技术的发展，赋能通信设备持续强化安全机制，但同时也引入了大量新型智能攻击方式，为网络安全带来了挑战。此外，边缘计算技术的兴起，则推动了数据处理和存储向网络边缘的迁移，为减少数据传输延迟和提高安全性提供了新的思路。

为了有效弥补市场上通信工程和网络空间安全等相关专业课程教材的缺失，为学生学习无线通信安全理论与技术打下坚实基础，为当前无线通信中的核心安全威胁问题提供基础支撑与有效技术方案，本书将无线通信原理与无线网络安全技术有机融合，教材中大部分关键技术和基础实践内容涉及本领域最新研究成果，及时反映最新的无线通信安全标准与前沿技术。本教材牢牢把握无线通信安全技术的发展趋势，围绕当前无线通信系统的核心安全威胁问题，基于无线通信系统、无线信号处理、无线安全协议、密码学、机器学习等理论，从物理层认证、无线抗窃听、无线抗干扰、无线定位和隐私保护等方面，分析和讲解了无线通信安全领域的基本原理、关键技术和基础实践，侧重实际应用，既可作为通信工程与网络空间安全相关专业本科生和研究生课程系统性学习的教材，也可作为相关领域科研和工程技术人员按需查阅的工具书。

本书由 10 章组成，内容主要包括无线通信安全绪论、无线通信认证技术、无线安全通信、物联网接入安全技术、无人机智能通信安全、无线通信跨层安全与隐私保护、可见光无线通信安全与定位、无线智能超表面辅助安全传输、车联网抗干扰通信、6G 通信安全与隐私保护。通过本书的学习和实践，读者可掌握无线通信安全的核心知识和技能，为保障国家信息安全、促进经济社会健康发展贡献自己的力量。

特别感谢清华大学出版社赵凯编辑的大力支持，他认真细致的工作保证了本书的质量。

感谢李杰铃、刘欢欢、林志平、陈乔鑫、陈灏宇、吕泽芳、刘子涵、刘俐欣、陈煜涵、林凯龙、林祥达、张朋丽、詹懿雯、叶礼青、曾伟伟、黄达远、张晨熙、姚歆越、谢莉媛、张俊鸿、李少宣、王莉佳、李靖鹏和余汉妮对本书撰写工作作出的巨大贡献，他们在资料整理、文字编排和图表制作等方面付出了大量时间和精力。如果没有他们的全心投入，本书很难顺利完成。感谢厦门大学信息学院在本书写作过程中提供的资源和支持。感谢国家自然科学基金委员会 U21A20444、62202222、62371408 和 62301467 等项目对本书编者在无线通信与安全领域研究的资助和支持。

　　由于编者水平有限，书中难免有疏漏和不足之处，恳请读者批评指正！

肖亮　张翼　卢晓珍　杨和林

2025 年 5 月

目 录
CONTENTS

绪　　论

随着第五代移动通信(5G)的广泛部署和工业互联网的发展,无线通信安全受到高度重视,为网络空间安全国家重大战略提供支撑。无线通信系统具有广播特性,其通信设备的算力、带宽和电源资源受限,受到电子欺骗、窃听、敌意干扰、蠕虫、数据注入和中间人攻击等威胁。因此,必须深入开展无线通信安全技术研究,保障信息的保密性、真实性、完整性和可用性。随着人工智能的发展,各种采用深度学习和强化学习等机器学习技术增强攻击力及灵活性的新型智能无线网络攻击不断涌现,对无线通信网络的危害大幅增加,对无线通信安全技术提出了进一步的挑战。

针对人工智能对无线通信安全的挑战与机遇,本书关注新一代无线通信系统的安全问题与解决方案,阐述了抗干扰、信息加密、身份认证和安全访问控制等安全机制与关键技术。第 2 章到第 6 章,分别介绍了无线通信认证技术、无线安全通信、物联网接入安全技术、无人机智能通信安全、无线通信跨层安全与隐私保护等关键技术,阐明了无线通信安全基础理论。第 7 章到第 10 章,从可见光无线通信安全与定位、无线智能超表面辅助安全传输、车联网抗干扰通信、6G 通信安全与隐私保护等方面,介绍了无线通信安全机制的设计方法和研究前沿技术。

1.1　无线通信系统

无线通信安全技术依托于特定无线通信系统的结构和特点。因此,首先简要回顾无线通信系统的基本概念和关键技术。

1.1.1　无线通信系统组成

无线通信系统利用无线电波传输信息,广泛应用于移动通信、物联网、互联网和卫星通信等场景,涵盖了无线接入和核心网络。无线接入部分主要包括了无线收发机的基带、中频、射频、天线和无线信道,如图 1-1 所示。其中,基带模块主要包括接口处理、信道处理、调制映射、基带滤波和解调映射等功能。中频模块主要包括中频本振、中频调制、中频放大滤波、中频信道处理、载波时钟同步和中频解调等功能。射频模块主要包括上变频、射频本振、射频功率放大、射频滤波、射频前置放大、射频信道处理和下变频等功能。天线用于发射和接收电磁波信号,通过频分双工(Frequency Division Duplexing,FDD)或时分双工(Time

Division Duplexing，TDD），实现无线信号的双向传输。

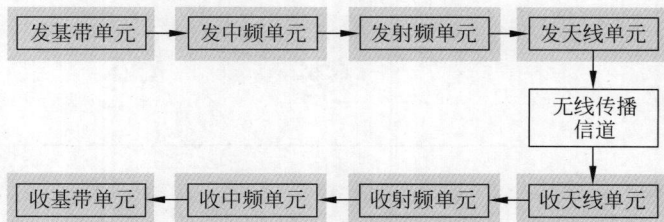

图 1-1　无线通信系统组成

与光纤信道相比，无线信道存在严重的衰落和干扰问题。无线信道的主要特征是信道增益和时延，其分布取决于网络环境、收发机位置和天线高度、信号频率和带宽、接收机热噪声、干扰信号源的分布、周边物体活动和天气等随机因素。无线信道模型影响了通信中断率和误码率等通信质量，精准的信道建模是设计和优化无线通信系统的关键。常见的信道模型包括自由空间传播模型、瑞利衰落模型和莱斯衰落模型等。

信号干扰由通信系统的内部干扰、外部环境干扰和攻击者实施的干扰攻击组成。其中，干扰攻击包括静态干扰、随机干扰、扫频干扰、梳状干扰和反应式干扰。近年来，智能干扰攻击能够基于实时的频谱态势，采用深度学习等人工智能算法，通过感知、学习、决策和评估等手段，优化干扰的功率、时间间隔和频率等策略，进一步提升干扰效果，引发拒绝服务攻击和网络崩溃等更为严重的后果。

无线发射机在基带采用信源编码、信道编码和调制等方法，在中频和射频采用滤波及放大等方法，将信息转换成适合传输的形式，无线接收机通过解调、信道译码和信源译码等技术，旨在获取原始信号，确保信息的完整性和正确性。在发射机的基带信号处理部分，哈夫曼编码和算术编码等信源编码技术压缩语音、图像和视频等信号，实现模数转化，减少数据冗余，提升频谱效率和传输有效性。信道编码包括信道纠错码和信道检错码，引入冗余比特信息来提升通信可靠性，检测和纠正信道衰落、干扰和噪声导致的错误。正交移幅键控和移相键控等调制方法将编码后的数字信号转换成适合无线信道传输的模拟信号，提升信号的频谱利用率、功率利用率和包络性能。调制阶数作为关键参数，影响接收信号的误码率和数据速率，通常根据信道特征选择，在通信可靠性和有效性中进行权衡。

1.1.2　无线通信协议

常见的通信系统包括 4G/5G 移动通信系统、蓝牙、Wi-Fi（Wireless Fidelity）、LoRa（Long Range）和 ZigBee 等，适用于不同的通信距离和通信业务需求。例如，5G 移动通信系统基于 3GPP Release 15 等标准，采用低密度奇偶校验、Polar 编码、正交频分复用调制、毫米波、大规模天线和非正交多址接入（Non-Orthogonal Multiple Access，NOMA）等技术。与 4G 等前代通信系统相对，具有高速率、低延迟和高可靠性等优势，广泛应用于移动视频会议、虚拟现实（Virtual Reality，VR）、增强现实（Augmented Reality，AR）、流媒体视频和电子医疗等领域。

蓝牙技术为耳机、键盘等通信设备提供了低成本、低功耗的短距离数据传输，采用高斯频移键控（Gauss Frequency Shift Keying，GFSK）、8 差分相移键控（8-Differential Phase Shift Keying，8-DPSK）和前向纠错编码（Forward Error Correction，FEC）等技术，使用

2.4 GHz 的 ISM(Industrial Scientific Medical Band)频段 UHF(Ultra High Frequency)无线电波,支持音频和图像等数据的高效传输。

Wi-Fi 基于 IEEE 802.11 系列标准,在 2.4 GHz 和 5 GHz 的频段上传输数据,其中数据链路层被分成逻辑链路控制层(Logical Link Control,LLC)和介质访问控制层(Medium Access Control,MAC)。LLC 层的主要功能是向更高层提供接口及执行流量控制和差错控制。MAC 层的主要功能是在传输时将数据打包成带有地址和检错信息的帧;在接收时,拆分帧并完成地址识别和错误检测;对传输介质进行访问控制。每个 MAC 帧包括了帧控制、持续/连接、地址、顺序控制、帧主体、循环冗余校验(Cyclic Redundancy Check,CRC)和协议版本等信息。MAC 层的较低子层是分布式协调功能(Distributed Coordination Function,DCF),采用 CSMA(Carrier Sense Multiple Access)竞争算法为所有用户提供接入。

从最开始的 IEEE 802.11a/b/g,Wi-Fi 经历 IEEE 802.11n(Wi-Fi 4)、IEEE 802.11ac (Wi-Fi 5)、IEEE 802.11ax(Wi-Fi 6/Wi-Fi 6e),发展到最新的 IEEE 802.11be(Wi-Fi 7),数据速率不断提升。其中,IEEE 802.11g 将 IEEE 802.11b 的数据速率扩展到 54 Mb/s,而 IEEE 802.11be 同时支持 2.4 GHz,5 GHz 和 6 GHz 三个频段,数据速率最高可达 30 Gb/s。

LoRa 由终端、网关和服务器组成,基于 CSS (Chirp Spread Spectrum)扩频调制技术,使用扩频因子,调控传输速率和通信距离,具有远距离、低功耗和低速率等特点,广泛应用于智慧城市、智能家居和环境监测等领域。其中,网关使用 TCP/IP(Transmission Control Protocol/Internet Protocol)协议实现和服务器之间的数据传输。服务器汇总多个网关的数据,过滤重复数据包,进行安全检查,并使用安全套接层协议(Secure Sockets Layer,SSL)对数据进行加密。

ZigBee 基于 IEEE 802.15.4 标准,采用直接序列扩频(Direct Sequence Spread Spectrum,DSSS)和偏移正交相移键控(Offset Quadrature Phase Shift Keying,O-QPSK)调制技术,具有低功耗、低速率和短距离传输等特点,广泛应用于智能家居、智能工厂、无线传感网、智能电网等领域。ZigBee 使用高级加密标准(Advanced Encryption Standard 128,AES-128)加密数据,确保数据的安全传输,防御窃听,确保只有授权设备可以加入网络,且对数据完整性进行检查。

1.2 无线通信的安全威胁

无线通信系统受到窃听攻击、欺骗攻击、数据注入和拒绝服务(Denial of Service,DoS)攻击等威胁,如图 1-2 所示,必须保障其信息传输的保密性、真实性、完整性和可用性。相比于光纤通信等系统,无线通信系统覆盖范围广,其信道暴露在外界环境中,通信质量相对脆弱,使其面临更严峻的安全威胁。

(1)在保障信息保密性方面。无线通信系统采取加密算法、认证机制、传输层安全协议等安全措施,仅允许授权用户访问数据。无线信道的时变衰落严重降低了保密容量,使合法接收方接收到的信号减弱,从而减少了期望链路信道的容量,导致保密容量的下降。无线通信系统面临的保密性威胁主要包括窃听攻击和侧信道攻击等。

窃听攻击指利用无线传输的广播特性获取无线信号,试图未经授权,访问受保护节点或

```
                        ┌──────────┐
                        │  无线安全  │
                        └──────────┘
        ┌───────────┬─────────┴──────────┬───────────┐
   ┌────────┐   ┌────────┐         ┌────────┐    ┌────────┐
   │  保密性  │   │  真实性  │         │  完整性  │    │  可用性  │
   └────────┘   └────────┘         └────────┘    └────────┘
        ↑            ↑                  ↑             ↑
   ┌────────┐   ┌────────┐         ┌────────┐    ┌────────┐
   │ 窃听攻击 │   │ 欺骗攻击 │         │ 数据注入 │    │ DoS攻击 │
   ├────────┤   ├────────┤         ├────────┤    ├────────┤
   │侧信道攻击│   │中间人攻击│         │ 重放攻击 │    │ 干扰攻击 │
   ├────────┤   ├────────┤         ├────────┤    ├────────┤
   │   ⋯    │   │   ⋯    │         │   ⋯    │    │   ⋯    │
   └────────┘   └────────┘         └────────┘    └────────┘
```

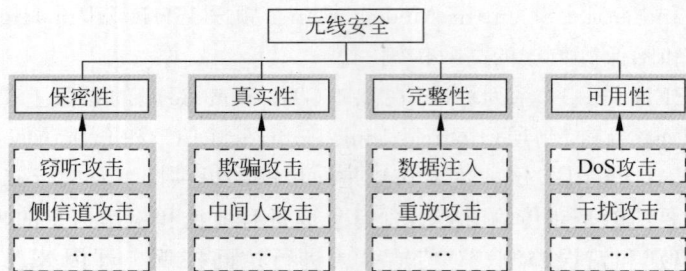

图 1-2　无线通信安全目标

信息降低保密容量。根据行为方式,这类攻击可分为被动窃听和主动窃听。被动窃听中,攻击者静默监听通信链路、记录和分析数据流,而不会对通信过程产生直接干扰或影响。在无线体域网中,主动窃听者发射干扰信号,诱导传感器提高其发射功率,从而窃取更多包含用户生命体征、健康状态和位置等重要隐私的感知数据。在蜂窝等无线网络中,主动窃听者发射干扰信号来诱导基站提高发射功率,提高数据泄露量,进而窃取更多的兴趣偏好和地理位置等用户敏感数据。近年来,智能主动窃听者利用可编程无线电设备感知频谱信息,并利用机器学习等算法动态优化窃听策略,节省攻击成本的同时加剧敏感数据泄露。

　　侧信道攻击利用密码系统在实现过程中产生的物理信息泄露,而非理论上的漏洞,来恢复密钥。设备在运行时所产生的功耗、电磁辐射、缓存访问模式和故障输出等侧信道信息,都可能导致密钥的泄露。攻击者通过分析这些侧信道信息中的特征点,来推断和获取密钥信息,从而窃取用户隐私信息。根据行为方式,侧信道攻击可以分为主动和被动。其中,主动侧信道攻击则通过注入故障以直接绕过特定的安全机制。被动侧信道攻击通过观察目标在运行过程中产生的物理或逻辑泄漏信息,来获取有关目标计算或操作的敏感数据,推测和获取关于目标操作的具体内容。在物联网中,LoRa 和 Wi-Fi 等无线通信模式的信号具有显著特征,攻击者通过分析通信过程中无线设备的电磁辐射演化规律,窃取设备位置、用户使用模式和偏好等隐私信息。

　　此外,还有一些具体技术手段影响无线通信的保密性。例如,嗅探攻击是指利用网络嗅探器被动监听两个实体之间传输的信息,而不修改或回复任何数据,以获取个人信息。穷举攻击使用暴力算法生成不同的密码或密码短语组合,试图破坏媒介的访问控制,从而获取未授权的访问权限。高级持续性威胁(Advanced Persistent Threat,APT)利用零日漏洞、僵尸网络以及社会工程学知识等复杂多变的攻击手段,在智能电网的高级量测体系中进行隐蔽潜伏和持续渗透,从而窃取其中存储的电力数据,甚至推测用户隐私以获取非法利益。会话劫持攻击利用和篡改有效的通信会话,以获得对系统信息或服务的未经授权访问。例如,物联网常用协议 MQTT(Message Queuing Telemetry Transport)的实现存在缺陷,可能被攻击者利用,导致远程设备劫持以及用户隐私窃取等严重后果。

　　(2)为保障信息的真实性,无线通信系统采用基于口令密码和数字签名的认证方法,确认无线信息和对应通信设备及发送人的身份,防御欺骗攻击、中间人攻击和多面攻击等基于用户身份的攻击,检测虚假消息、伪基站、伪接入点和仿冒设备。

　　欺骗攻击通过非法修改其 MAC 地址等用户标识,冒充其他用户的数据,以非法占用网络资源,常见威胁包括 ARP(Address Resolution Protocol)欺骗、DNS(Domain Name

Server)欺骗、DHCP(Dynamic Host Configuration Protocol)欺骗、IP 欺骗和 GPS(Global Positioning System)欺骗等威胁。其中,ARP 欺骗是指攻击者向局域网发送伪造的 ARP 消息,将其 MAC 地址关联到合法主机的 IP 地址,从而使网络流量被重定向到攻击者的设备上。DNS 欺骗是指攻击者通过伪造 DNS 响应,使目标设备解析到错误的 IP 地址,将其引导至恶意网站或服务器。DHCP 欺骗是攻击者在网络中伪装成合法的 DHCP 服务器,向客户端分发送错误的 IP 地址和网络配置,使客户端连接到攻击者控制的网络环境。IP 欺骗是攻击者伪造源 IP 地址发送大量请求到目标服务器,使服务器因处理虚假的请求而过载,从而导致 DoS 攻击。在无人机自组网中,GPS 欺骗首先通过伪造信号欺骗无人机的 GPS 接收机,使其从接收合法信号切换到伪造信号,进而生成虚假的位置信息控制无人机的导航系统,导致无人机偏离预定航线,误入错误的目的地。

中间人攻击秘密控制两个或多个节点之间的通信信道,可以拦截、修改或替换目标受害者的通信流量。根据攻击目标和技术手段,中间人攻击分为基于欺骗、SSL/TLS(Secure Sockets Layer/Transport Layer Security)和 BGP(Border Gateway Protocol)的攻击。其中,基于欺骗的中间人攻击通过欺骗手段拦截两台主机之间的合法通信,并控制传输的数据,而通信双方并未察觉到中间人的存在。基于 SSL/TLS 的中间人攻击则通过分别与每个通信方建立独立的 SSL 连接,在双方之间传递消息,使其不知中间人的存在,从而记录或修改传输内容。BGP 中间人攻击是一种基于 IP 劫持的攻击方式,攻击者劫持流量后仍将其送达目的地,流量会经过攻击者的自治系统,在此期间流量可能会被操控或篡改。

多面攻击通过非法使用多个合法用户的标识,伪装成多个用户,从而实现 DoS 攻击等目的。例如,恶意节点可能向接入点发送大量关联请求消息,使用随机的 MAC 地址来模拟大量客户端,合法客户端在恶意节点占用了接入点的信道后被拒绝访问。这种方式使攻击更具隐蔽性和破坏性,增加了检测和防御的难度。

(3) 为确保信息完整性,无线通信系统通常采用循环冗余校验、汉明码、消息认证码、数据加密、哈希算法、数字签名、入侵检测、时间戳和随机数等技术。无线通信系统必须能够保证所传输数据的准确性和可靠性,防止恶意节点对数据进行篡改或注入伪造信息。任何从恶意节点发送到授权节点的消息都可能导致信息完整性的漏洞。无线通信系统面临的完整性威胁包括数据注入、数据篡改和重放攻击等威胁。

数据注入通过向目标系统中插入恶意数据,干扰系统的正常操作。例如,大疆 M600 系列无人机和地面控制器通过无线通信接口传输空中交通数据,若受到虚假数据注入攻击,可导致无人机偏离航向,影响飞行安全。虚假数据注入攻击者还可以通过攻击智能电表或远程终端设备、破坏远程终端设备和控制中心之间的通信或攻击控制中心,篡改真实测量向量,误导控制中心的状态估计结果。近年来,攻击者利用启发式算法构建攻击向量,在有限资源条件下,通过对雅可比矩阵进行列变换,选择合适的非零元素列向量。此外,基于随机矩阵理论的攻击方案可构建有效的攻击向量,绕过不良数据检测,并通过保持攻击向量的稀疏性减少所需的攻击电表数量。基于奇异值分解的攻击向量构建方案通过利用测量矩阵的结构特征,构建不易被检测到的攻击向量,从而影响系统的状态估计结果。

重放攻击通过恶意或欺诈性地重复传输有效的数据包,可以由源节点或者截获数据的攻击节点实施。合法节点在遭受攻击时可能会变成恶意节点,进而实施数据注入、数据篡改和修改等攻击,从而破坏数据完整性。例如,在 ZigBee 网络中,攻击者截获并复制合法的通信帧，然后在稍后的时间重新注入这些帧，以欺骗接收设备。

（4）在确保信息可用性方面，是指确保系统在面对各种威胁和攻击时能够维持正常的运行状态，无线通信系统通常采用信道编码、多天线技术、跳频、功率控制、中继选择等技术来确保系统可用性，主要面临干扰攻击、DoS攻击、黑洞攻击、虫洞攻击和蠕虫攻击等威胁。

干扰攻击通过发射电磁信号，阻塞和扰乱移动通信系统的物理层、链路层和应用层，造成通信质量劣化、电量耗尽、链路中断、拒绝服务和设备失控等危害。例如，在俄乌冲突中，干扰攻击阻塞了无线通信和定位信号，导致数万架无人机损失。干扰攻击包括静态干扰、随机干扰、扫频干扰、梳状干扰、反应式干扰和智能干扰。其中，随机干扰发送干扰强度随机的干扰信号，调节干扰能力和能耗。扫频干扰对通信信道作周期性扫描，并对当前传送信号的信道进行强干扰。梳状干扰的频谱呈现出多个均匀间隔的频率成分。反应式干扰通过信号检测技术感知无人机群传输信道，发送干扰信号降低目的无人机接收信号信干比。随着智能无线技术的发展，智能干扰攻击采用强化学习等人工智能方法持续强化跟踪干扰、电子欺骗和窃听等多种攻击手段，优化干扰功率和频率等参数，攻击日益隐蔽、复杂和多样，令跳频等经典抗干扰技术的性能大幅下降，甚至可能导致通信链路中断，严重威胁通信安全和可靠性。

在网络层的DoS攻击中，攻击者发送大量SYN(Synchronize Sequence Numbers)请求包或者UDP(User Datagram Protocol)数据包，占用目标的带宽和处理能力。在物理层的DoS攻击中，恶意设备通过在同一频率上发射信号来干扰通信，可以在连续或随机时间间隔进行干扰，消耗资源和减少网络容量。物联网、无线传感网、无线体域网、智能电网、无人机自组网和车联网等场景中均容易受到DoS攻击。

黑洞攻击是恶意节点伪装成可靠的路由节点，接收到数据包后直接丢弃。例如，在被动路由协议AODV(Ad hoc On-Demand Distance Vector Routing)中，一旦丢弃了RREQ(Route Request)数据包，自私节点可以阻止通过它建立的路由，从而节省传输自己数据包的能量。同样地，恶意节点也可以删除RERR(Route ERRor)数据包，以延长中断路由的使用时间。结果是，数据包无法到达其目的地，导致网络吞吐量急剧下降。在主动路由协议OLSR(Optimized Link State Routing)中，由于拓扑控制(Topology Control, TC)消息会在整个网络中广播，攻击可以发生在源节点或转发节点。恶意节点可能会伪装成MPR(MultiPoint Relays)并发送拓扑控制消息，由于网络依赖这些节点进行路由，成功伪装的恶意节点能够轻易发起黑洞攻击。

虫洞攻击是攻击节点在路由发现或者邻居发现阶段吸引数据包，并通过隧道传输到合谋节点，破坏网络拓扑，扰乱路径选择，该攻击难以检测，且可能对许多网络服务的性能产生影响，如时间同步和定位。智能家居和智能交通等系统依赖于传感器节点获取的监控感知信息的高可靠安全传输，而且终端电量受限，必须防御虫洞攻击。

在数据链路层的碰撞攻击中，一旦网络中的合法节点开始传输，攻击者便在同一信道上进行传输，导致两次传输发生碰撞，使接收器无法正确解调接收到的数据。最终，接收方不得不请求重新传输相同的数据包。即便是单个字节的消息碰撞，也足以引发循环冗余校验错误，使整个消息无效。碰撞攻击的传输能量消耗低，且被检测的概率更小。

蠕虫攻击指通过未修补的安全漏洞入侵系统，并以不断自我复制的方式传播恶意代码，大量感染网络中的设备引发网络瘫痪。蠕虫传播过程一般分为扫描易感染目标设备、代码自我复制转移、代码激活和感染主机四个阶段。蠕虫通过扫描查找攻击目标,如 slammer 等蠕虫会随机生成一个 IP 地址并向该地址发送感染请求,如果该地址存在漏洞或弱口令等安全漏洞,蠕虫就可以通过这些漏洞进行入侵和感染。设备可以处于易感、感染和免疫三种状态。其中,易感状态指设备状态正常,但系统存在漏洞,可能会感染蠕虫;感染状态指设备已经感染蠕虫,并能够感染其他设备;免疫状态分为两种情况,一种是设备曾经感染,但通过系统升级或打补丁使其不再受到蠕虫攻击;另一种是设备没有相关漏洞,或在未感染蠕虫时已通过补丁免疫蠕虫攻击。例如,在智能电网中,各电表之间连接紧密且数量繁多,由于无线通信的开放性导致智能电表容易受到蠕虫病毒等感染速度快、传播范围广的恶意代码攻击,泄露电网系统中用户用电数据和信息,进而影响或破坏电力系统及关键基础设施。

1.3 无线通信安全技术

下面讨论抗干扰技术、加密和安全传输技术、隐私保护技术和认证鉴权技术,这些技术共同保障无线通信信息安全。

1.3.1 抗干扰技术

扩频技术通过将原始信号的频谱扩频到较宽的频带,帮助无线通信系统在频域、时域和空域中构建抗干扰机制,从而提升干扰攻击下的通信质量和能效。例如,直接序列扩频技术采用具有高码率的扩频码与数据本身进行异或运算,扩展无线信号的频谱,增强信号隐蔽性,防止窄带干扰,其抗干扰能力取决于扩频增益。但是,若攻击者通过窃听广播控制信道等途径获取了发射机和接收机之间采用的扩频码,则会阻碍信号传输。

采用跳频技术的无线发射机和接收机使用相同的跳频序列等物理层密钥,以此为基础快速改变信号的中心频率,防御窄带干扰攻击者。该算法复杂度低,广泛应用于蓝牙和 WIFI 等系统。其抗干扰的能力取决于跳频速度和跳频序列,这通常要求无线网络快速可靠地分发和更新跳频序列。

近年来,各种智能抗干扰技术的不断涌现,适应无线通信网络环境的变化,持续优化无线通信设备的发射功率、信道选择、中继节点和移动轨迹等策略,防御具有感知和学习功能的智能干扰攻击。例如,文献[59]中的抗干扰技术基于视频任务优先级、信道状态和接收到的干扰功率,采用 Q 学习优化信道编码、调制以及传输功率,在不依赖干扰模式或视频业务模式的情况下,提高智能干扰攻击下的通信可靠性,保证视频传输质量。此外,无线通信系统采用定向天线代替全向天线来避免激发反应式干扰,利用智能反射面和多天线等技术,通过基于强化学习的波束成形方法,持续优化发射波束的方向和形状,在弱干扰地理区域形成通信链路,降低通信中断率和丢包率。

1.3.2 加密和安全传输技术

发射机利用加密技术,基于获取的加密密钥,采用数据加密标准(Data Encryption Standard,DES)等对称加密算法或 RSA(Rivest-Shamir-Adleman)等非对称加密算法,将明文转换密文,保护原始数据不被窃听者读取。接收机利用解密密钥,采用解密算法,将密文转换为原始的明文信息。如果窃听者没有解密密钥，只能通过暴力破解等攻击手段，通过试错法尝试所有可能的密钥，则无法在短时间内获取明文。例如，每纳秒执行一万次解密操作的计算机暴力破解 128-bit AES 所需时间约 1017 年。数据的保密性随密钥的长度而增强，但是加解密开销也随之提升，因此不适用于 LoRa 等低算力的无线通信设备。另外，通信网络中用于信号传输及编解码的资源有限，且大规模节点不利于密钥的存储与分发。为此需要选择合适长度的加密算法，以平衡安全需求与设备资源之间的关系。

为了降低计算开销，减少密钥分发管理的通信时间和资源消耗，物理层密钥生成技术应运而生。该技术挖掘无线信道状态等环境信息，利用无线信道的时变性、互易性和空间去相关性等，生成无线收发机之间的共享密钥并快速更新，实现交换信息保密。时变性指随着环境变化和物体移动，信号的传播路径和强度随时间不断变化；互易性则基于准静止信道，表明发送和接收路径的信道特性相同；空间去相关性确保不同位置的信道特性具有低相关性，难以复制。因此，攻击者可以访问通信过程，但其获取的密钥与合法接收机的并不相同。该技术可以基于接收信号强度时序演化或信道脉冲响应特征实现对无线信道的差异化设计，减少无线网络中密钥分发开销，为窄带宽、低算力的无线通信终端提供轻量且高效的安全方案。

基于人工智能的物理层密钥生成方案预先训练模型并将其存储在设备中。系统部署后直接利用预训练模型生成密钥，实现较高的密钥生成率、密钥一致性和更高的安全性并且其开销更低。

此外，人工噪声、安全波束成形、中继协作干扰和功率分配等物理层安全传输技术在降低窃听信道容量的同时提高合法信道容量，最大化合法接收机和窃听信道间差异，在提升系统的安全数据速率方面不断发展，广泛用于物联网、自组织网络（Ad hoc）和车联网等领域。通过引入人工噪声，可以干扰窃听者对通信信号的监听，而合法接收机已知如何去除该人工噪声恢复原始的有效信号，因此通信过程从而不受影响。波束成形技术限制在特定的方向传输，降低了窃听者获取信号的概率。另外，功率分配策略根据通信环境和信道条件，调整信号的发送功率，以抵御窃听者。

1.3.3　隐私保护技术

无线通信中传输的信息涉及了用户的各种私人属性，如身份、习惯、健康状况和位置等。为防御攻击入侵造成隐私泄露，无线通信系统使用隐私保护技术，确保特定实体的敏感数据不会被未经授权的第三方获取或篡改，有效提升了整体隐私保护水平。隐私保护技术可分为三种类型：可信、半可信和其他，如图 1-3 所示。

可信方法假设通信过程中存在值得信任的外部实体，例如中央颁发机构，负责链接和撤销用于安全通信的证书，从而保障数据安全和隐私。其技术手段主要包括访问控制、匿名化和假名化等例子。

（1）访问控制具备限制用户获取数据或将数据存储到设备上的权限。基于角色的访问控制定义用户角色，并根据角色分配相应的访问权限来控制对资源的访问。例如，在医疗系统中，医生和护士的访问权限不同。基于属性的访问控制更加灵活，根据用户、资源和环境条件动态决定访问权限。例如，企业中员工的访问权限可能根据其部门、职位以及访问时间而变化。这两种方法可以单独使用，也可以结合使用，以实现更精细化和动态的访问控制。

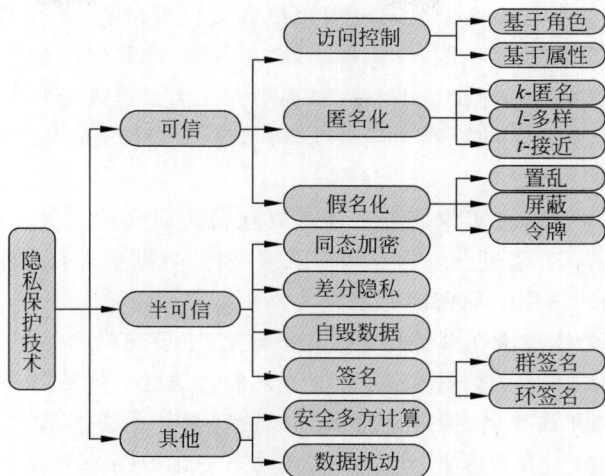

图 1-3 隐私保护的关键技术

（2）匿名化是指由数据保护机构制定匿名化策略，并在通信或数据处理过程中隐藏或模糊用户的身份信息，使得攻击者无法通过这些信息识别出具体的个人或实体。k-匿名、l-多样性和 t-接近性是递进的隐私保护技术，逐步增强数据匿名化，以提高隐私保护程度。k-匿名技术核心思想是通过对数据集中的属性进行泛化、抹除或分组，增加记录的模糊性，以防止个体身份的唯一识别。例如，将"年龄＝30"泛化为"年龄＝30～40"。即使数据泄露，攻击者也难以通过这些属性唯一识别个体。然而，k-匿名只能保证关键属性相同，无法保证属性值多样性。基于此，l-多样性保证至少有 l 种不同的敏感属性值，如包含 l 种不同的疾病类型，防止攻击者对比群组内的属性值，推断个体健康状况。t-接近性进一步要求等价类中敏感属性分布与总体数据分布相近。例如，总体数据库中有 20% 的患者患有心脏病，则每个等价类中心脏病患者的比例也接近 20%，防止属性分布攻击。

（3）假名化采用置乱、屏蔽和令牌化等技术，将数据记录中的可识别信息字段（如位置或个人姓名）替换为人工标识符（即假名），其中置乱指随机打乱数据顺序，屏蔽指使用特定字符替换可识别信息的一部分，令牌化指将可识别信息替换为没有意义的令牌，从而有效保护数据隐私。基于特定区域的假名保护方法结合了置乱和令牌化的特点，在用户密集场所定义特定区域，主要用于保护用户位置隐私。当用户进入特定区域时，系统采用随机数或伪随机数生成算法生成假名，隐藏或混淆身份信息，防止攻击者跟踪用户移动轨迹。当用户离开特定区域后，可以继续使用或者定期更新假名，进一步增强隐私保护效果。以车联网无线通信场景为例，用户可以在特殊位置（如十字路口）或车辆速度下降时更换假名，隐藏个体身份。

半可信技术使用分布式信任模型，其中数据持有者对参与方不完全信任，但可以通过技术手段如多数投票来维持一定程度的信任。典型的技术包括同态加密、差分隐私、自毁数据和签名等。

（1）同态加密技术可以在不解密的情况下上直接对密文执行加法、乘法或复合运算，计算得到的结果在解密后与对原始数据进行相同计算的结果一致。全同态加密支持任意计算操作，确保数据隐私和安全性。

（2）差分隐私方案引入随机噪声来模糊用户真实位置信息，防止攻击者准确识别个体位置。噪声的大小由隐私预算控制，预算越小，噪声越多，隐私保护能力越强，但数据准确性可能下降，因此需要平衡隐私保护水平和数据实用性。为了提高隐私保护效果，通常会使用不同类型的噪声分布，如拉普拉斯噪声或高斯噪声，这些噪声分布有助于增强数据的随机性和不确定性。

（3）自毁数据技术意味着实体的加密信息仅在特定时间内有效，如果私钥在该期限内未过期，则可用于解密；若超过设定的时间期限或条件，数据会被自动销毁或变为不可恢复的形式，从而保护隐私，适用于保密即时消息。

（4）签名技术将个体隐藏在群体中，实现匿名化，主要包括群签名和环签名两种方案，任何人都可以使用群或环中的公共密钥，验证签名的合法性。群签名将用户分组，允许群组中的任何成员以匿名方式签名，但群管理者可以追踪具体的签名者，实现匿名与追踪的平衡。环签名方案无需第三方管理者，用户可以在动态变化的网络中自由设立签名，确保匿名性的同时解决了管理者被攻击后可能揭露身份的问题。

其他方法是假设所有参与方之间没有信任基础，只能依靠自身加密算法实现隐私保护。

（1）安全多方计算允许多个参与方在不透露各自私密数据的情况下，共同计算某个函数。参与者的输入数据在计算过程中被加密，因此每方只能获取计算结果，而无法得知其他方的具体输入信息，故所有参与方都被认为可能存在恶意行为。

（2）数据扰动技术在尽可能保留数据的有用信息前提下，引入噪声变更数据，导致未经授权的用户不可识别数据的真实内容。但需要谨慎添加噪声，以避免影响数据的实用性和分析准确性。

6G将推动基于机器学习的隐私保护技术的运用，在分布式训练和边缘计算框架下，将差分隐私和同态加密等技术手段与机器学习算法（如支持向量机）相结合，充当效率更高和计算成本更低的隐私保护者。例如，基于强化学习的隐私保护机制采用Q学习等算法，动态选择优化用户位置、资源分配和隐私预算等，以实现较低的设备能耗保护数据、位置信息和跨层隐私。

1.3.4　认证鉴权技术

身份验证机制旨在判断网络中未知节点身份，确保只有合法授权的设备可以访问网络资源，防范电子欺骗和女巫攻击等。该机制主要包括基于知识因素、固有因素以及持有因素三大类。第一类知识因素验证，要求用户回答预设问题，例如密码认证中，用户输入用户名和密码才能进入网络。第二类固有因素验证，通常依赖于身体或行为生物识别技术。身体生物识别技术基于人的身体特征（例如指纹和虹膜），行为生物识别技术旨在识别个人活动（如步态模式和语言）中表现的特征，确定主体身份。第三类拥有因素验证，依赖于合法用户拥有某种形式的硬件，如限制进入特定场所的身份卡（如学生卡）。另一种实例是安全令牌，它是一种用于访问在线服务（如在线银行账户）的硬件设备，通常生成仅在单个登录会话（或特定时间段）内有效的一次性密码，之后会过期失效。多因素认证（Multi-Factor Authentication，MFA）结合两个或多个身份认证方法，如密码和令牌等，当其中一个方法受到损害，其他方法仍然可以防御攻击者。

物理层认证技术中接收机根据接收信号的物理层特征（例如射频特性或信道特性）对发

射机进行身份验证,避免了因通信中断而造成的信号浪费,实现轻量级快速认证过程。射频识别认证机制通过设备物理属性(如载波频率偏移、I/Q不平衡和时钟偏差),自动识别发射机的身份,即使是由同一制造商生产的硬件,也会具有特定且唯一的标识符。信道特征包括接收信号强度指示器和信道状态信息,反映了合法发射机与接收机之间的信道信息,这种技术也叫做信道签名或链路签名。

基于信道特征的认证方案遵循一个基本假设,即不同发射机的信道特征具有较强的空间去相关性。具体而言,在散射较强的环境中,如果两个发射机之间的距离超过半个波长,则它们到同一接收机的信道特征可以看作完全不相关。相反,信道散射不强,且攻击者位于合法发射机附近,则不同发射设备的信道特征变得相似,基于信道特征的方案可能会失败。例如,文献[87]挖掘接收机信道估计的结果,利用信道信息中涵盖的发射机位置等独特性质,可以区别位于其他位置的攻击者和合法用户发送的无线数据包。但是在多路径传播和动态环境下,提高攻击检测的精度仍具挑战性。

近年来,智能认证技术利用神经网络和监督学习等机器学习方法,挖掘无线通信的物理属性,实现认证过程。例如,文献[89]提出的基于非监督学习的认证方案使用非参数贝叶斯方法,调整模型复杂度,评估环境无线电信号的接收信号强度和数据包到达时间间隔,以检测邻近范围外的欺骗者,降低了检测错误率。基于强化学习的认证方案则持续优化检测数据、算法模式和参数,检测电子欺骗和新型安全威胁,降低攻击检测的虚警率和漏报率,提高认证精度。

1.4 无线通信安全协议

典型的无线通信安全协议如图1-4所示,五层体系架构中各个层次通过加密机制和认证过程,确保用户与服务器或网络之间的通信安全,保护数据隐私和防范网络攻击。物理层本身并没有专门的安全协议,仅通过调制和编码方式保证通信的效率和可靠性,而加密与认证的实现通常需要在更高层次的协议中进行。数据链路层到应用层则分别提供数据帧、链对链、TCP包和端到端的安全保护。

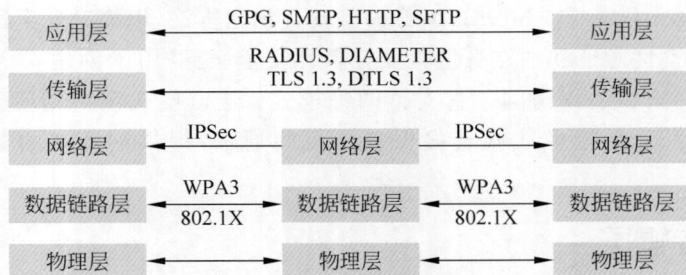

图 1-4 无线通信安全协议

1.4.1 数据链路层

WPA3(Wi-Fi Protected Access 3)是Wi-Fi联盟于2018年提出的最新无线网络安全协议,取代了早期的WEP、WPA1和WPA2,解决密码易破解、难以抵御重放攻击和离线暴力攻击等问题。该协议引入了 256 位 AES 加密算法和对等实体同时验证模式，确保了在连接建立时的双方身份验证，并采用个性化数据加密在同一网络中为每个设备提供了不同的加密密钥，即便单个设备受到攻击，其他设备通信仍然安全。此外，利用前向加密，保证每次会话生成独立的临时密钥，而不是依赖于主密钥，即使攻击者在未来某个时刻获得了主密钥，也无法解密之前由临时密钥独立生成的会话内容。

IEEE 802.1X 是一种端口基础的网络访问控制协议，由 IEEE 在 2001 年提出，目前使用的是 2010 年更新的版本。该协议要求用户或者设备接入网络之前提供有效的身份信息，以获取网络访问权限，包括认证启动、身份验证和访问控制三个阶段。首先，当用户或设备连接到网络端口时，网络会启动认证过程。接着，采用用户名和密码、数字证书等身份验证凭据，确保只有经过授权的实体可以接入网络。最后，根据实体的身份类型，控制网络资源的访问权限。IEEE 802.1X 协议扩展性和互操作性使其广泛应用于企业内部网络、学校校园网和公共无线网络。

媒体访问控制安全（Media Access Control Security，MACSec），也称为 IEEE 802.1AE，是由 IEEE 于 2006 年提出的标准，目前使用的是 2018 年更新的版本。该标准使用对称加密算法（如 AES）对以太网帧的有效负载进行加密，并通过消息认证码和序列号防止数据篡改和重放攻击。MACSec 与标准以太网协议兼容，适用于数据中心和企业网络。

互联网工程任务组（Internet Engineering Task Force，IETF）在 1999 年提出的可扩展身份验证协议（Extensible Authentication Protocol，EAP）是一种通用灵活的身份认证框架，在 Linux、Windows 和 macOS 等多种操作系统和设备上运行，包括启动认证、对话协商和身份认证三个阶段，主要用于在客户端和认证服务器之间建立安全通信。此外，该协议支持多种认证方法，如 2013 年提出的 EAP-IKEv2 能同时完成身份验证和密钥交换，且支持快速重新连接和切换移动设备。

1.4.2 网络层

互联网安全（Internet Protocol Security，IPSec）是由 IETF 开发的协议组，专注于保护IP 数据包的安全传输。第三版 IPSec 协议于 2005 年发布，引入了如 AES 和安全哈希算法（Secure Hash Algorithm 256-bit，SHA-256）等现代加密算法，以提升安全性和性能。IPSec提供数据加密、完整性验证和端点身份验证等多种安全服务，用于创建安全连接，广泛应用于企业虚拟专用网络和远程访问。它支持两种模式：隧道模式用于创建安全的网络间连接，跨越不安全网络；传输模式则直接保护主机间通信，提供端到端的数据加密和身份验证。

1.4.3 传输层

IETF 在 2018 年提出的最新版本 TLS 1.3 精简了密码套件，彻底摒弃了旧版 TLS 中不安全的加密算法，如莱维斯特密码（Rivest Cipher 4，RC4）、DES、消息摘要（Message Digest 5，MD5）和 SHA-1 等，引入现代加密算法如流密码 ChaCha20 和消息认证码Poly1305，以抵御中间人攻击，有效防止第三方窃听和篡改数据。此外，TLS 1.3 简化了握手过程，减少握手轮数，从而加快建立连接速度。DTLS（Datagram TLS）基于 TLS 标准于2019 年提出，专为无连接的数据报传输设计，支持在不可靠的网络环境中实现类似 TLS 的安全通信,通过序列号和重传机制处理数据包丢失和乱序。TLS 1.3 主要确保移动设备上网页浏览、电子商务和电子邮件传输中的安全通信;而 DTLS 1.3 则更专注于需要实时性和低延迟的应用,如语音视频电话、在线游戏和物联网应用等。

1.4.4 应用层

GPG(GNU Privacy Guard)是由 Werner Koch 及其团队开发的一款开源加密软件,源于对商业软件优良保密协议(Pretty Good Privacy,PGP)源代码审查和修改的需求。最新稳定版本为 2021 年提出的 GPG 2.3.x 系列,遵循 IETF 制定的 OpenPGP 技术标准设计,能够在多种操作系统上运行。GPG 通过发送方公钥加密和接收方私钥解密的方式,提供了文件加密、电子邮件加密和数字签名等功能,广泛应用于保护个人隐私和企业数据。

目前广泛使用的简单邮件传输协议(Simple Mail Transfer Protocol,SMTP)是 2008 年由 RFC 5321 和 RFC 5322 定义的标准版本。SMTP 是面向连接的协议,支持扩展支持认证机制和加密传输,确保电子邮件在网络中传递并正确地发送到目的地邮箱。具体流程包括:发送方使用传输控制协议的 25 号端口,连接接收方服务器,并发送 HELO 或 EHLO 等问候消息,确认身份和功能支持。接着,发送方的邮件客户端使用 MAIL FROM 和 RCPT TO 命令交互确认邮件发收双方信息,并发送邮件内容。接收方服务器在接收到命令后,发送确认响应,确保邮件传输的完整性。完成邮件传输后,发送方的邮件客户端使用 QUIT 命令结束会话并断开连接。

SSH(Secure Shell)团队在 1997 年首次提出安全文件传输协议(Secure File Transfer Protocol,SFTP),并在 2016 年更新至 V6 版本,提供安全的文件传输服务。客户端通过 SSH 端口(通常是 22)连接远程服务器,支持包括密码和公钥认证在内等多种认证方式,方便进行文件管理和浏览目录,如上传、下载、删除和重命名文件。数据在传输过程中通过加密通道保护,确保其完整性和机密性。在完成文件传输或操作后,客户端可以选择断开与服务器的连接,释放资源。该协议广泛应用于企业数据备份和远程文件管理。

超文本传输协议(Hyper Text Transfer Protocol,HTTP)用于在网络上传输超文本文档(例如网页、图片等),通常使用默认的 80 端口进行通信。客户端通过 HTTP 请求指定要获取的资源,服务器则根据请求路径和方法响应相应的内容和状态码(如 200 表示成功)。目前主流版本是 IETF 在 2015 年提出,并通过 RFC 7540 标准化的 HTTP/2。相较于之前的版本,HTTP/2 引入了多路复用机制,允许在单个连接上同时传输多个请求和响应。同时,头部压缩技术减少了传输的数据量,提升了页面加载速度。服务器推送功能使其能够预测客户端需要的资源并主动推送给客户端,优化了用户体验,适用于日益增长的网络负载和复杂的网页内容。

作为一种 AAA(Authentication,Authorization and Accounting)协议,远程认证拨号用户服务(Remote Authentication Dial-In User Service,RADIUS)由 Livingston Enterprises 公司在 1991 年提出,并在 2012 年采用 RFC 6614 重新定义,基于 UDP(User Datagram Protocol)传输协议,集中了认证、授权和计费功能,验证用户访问网络的合法性、管理用户访问权限以及记录用户的活动信息,例如用户的登录时间、会话时长、数据使用量和计费等。RADIUS 通过集中式操作简化了网络管理和维护的任务,快速更新和调整用户信息及权限。该协议支持多种形式的认证和授权策略,包括基于用户名和密码的认证、基于令牌的认证、单点登录集成等。RADIUS 广泛应用于云计算、移动设备管理、虚拟专用网络访问控制等场景。与其他 AAA 协议相比,RADIUS 具有简单易用、广泛兼容性和成本效益高等优势。

DIAMETER 是由 IETF 在 2000 年提出的一种 AAA 协议,在 2017 年由 RFC 8005 重新定义。与 RADIUS 不同,它基于 TCP 或 SCTP(Stream Control Transmission Protocol)传输机制,提供了丢包重传、流量控制等功能,在高负载环境下表现更稳定,并且支持长时间的会话管理。此外,该协议内置了 TLS 加密和数字签名机制,确保通信数据在传输过程中的机密性和完整性。此外,DIAMETER 包括多种请求和响应的消息格式,如计费请求、授权请求和断开连接请求等,允许网络管理员根据具体需求定义和配置不同的认证方案,提供定制化的服务和精确的访问控制。DIAMETER 广泛应用于移动网络、IP 接入和其他服务提供商网络,支持互联网接入、移动通信等服务。

1.5　本章小结

本章首先回顾了无线通信系统的基本概念和组成结构,包括发射机、无线信道、接收机等模块;随后详细探讨了各种无线通信协议,如 5G、LoRa 和 ZigBee,以及它们关键技术、特点和在不同应用场景下的优势。针对无线通信系统面临的安全威胁,本章详细分析了包括窃听、电子欺骗、中间人攻击、数据注入、干扰攻击等各种类型的攻击手段。这些攻击手段直接威胁到信息的保密性、真实性、完整性和可用性。为了应对这些威胁,本章还介绍了一系列的无线通信安全技术,包括抗干扰技术、加密与隐私保护技术、认证鉴权技术等。抗干扰技术通过扩频、功率控制、定向天线等手段来增强信号抗干扰能力;加密与隐私保护技术利用加密算法、物理层加密、人工噪声和差分隐私等技术来维护数据的保密性;认证鉴权技术通过认证密钥交换和生物识别等技术确保通信的真实性。最后,本章详细探讨了无线通信安全协议及其在保障数据传输安全性和通信隐私中的关键作用。加密协议如 WPA3、IPSec 和 TLS 1.3 分别在 OSI 网络的不同层次(从网络层到传输层)提供了强大的加密机制,而认证协议 CHAP、RADIUS 和 IEEE 802.1X 等确保了通信实体的身份验证。

本章系统地介绍了无线通信系统的安全问题和解决方案,为读者提供了深入理解无线通信安全的基础知识和技术手段。未来的研究方向将集中在更智能、更高效的安全技术和算法开发上,以应对日益复杂和多样化的无线通信安全威胁。

习题

1-1　简述无线通信系统的组成部分。

1-2　简述无线通信中常见的安全威胁。

1-3　常用的干扰攻击有哪些类型?

1-4　简述无线通信系统中对抗常见攻击的安全技术。

1-5　简述五层体系架构中各层常用的安全协议。

参考文献

[1] 傅洛伊,王新兵.移动互联网导论[M].3版.北京:清华大学出版社,2019.

[2] Goldsmith A. Wireless communications[M]. Cambridge:Cambridge University Press,2005.

[3] Tse D,Viswanath P. Fundamentals of wireless communication[M]. Cambridge:Cambridge University Press,2005.

[4] 冯智斌,徐煜华,杜智勇,等.对抗智能干扰的主动防御技术[J].通信学报,2022,43(10):42-54.

[5] 刘思聪,肖亮.无线通信与安全[M].北京:清华大学出版社,2021.

[6] Agiwal M,Roy A,Saxena N. Next generation 5G wireless networks:A comprehensive survey[J]. IEEE Communications Surveys & Tutorials,2016,18(3):1617-1655.

[7] Mohamed K S. Bluetooth 5.0 Modem Design for IoT Devices[M]. Cham,Switzerland:Springer,2022.

[8] Omar H A,Abboud K,Cheng N,et al. A survey on high efficiency wireless local area networks:Next generation WiFi[J]. IEEE Communications Surveys & Tutorials,2016,18(4):2315-2344.

[9] Deng C,Fang X,Han X,et al. IEEE 802.11 be Wi-Fi 7:New challenges and opportunities[J]. IEEE Communications Surveys & Tutorials,2020,22(4):2136-2166.

[10] Milarokostas C,Tsolkas D,Passas N,et al. A comprehensive study on LPWANs with a focus on the potential of LoRa/LoRaWAN systems[J]. IEEE Communications Surveys & Tutorials,2022,25(1):825-867.

[11] 甘泉.LoRa物联网通信技术[M].北京:清华大学出版社,2021.

[12] Gislason D. Zigbee wireless networking[M]. Oxford:Newnes,2008.

[13] Angueira P,Val I,Montalban J,et al. A survey of physical layer techniques for secure wireless communications in industry[J]. IEEE Communications Surveys & Tutorials,2022,24(2):810-838.

[14] Liu R and W Trappe. Securing wireless communications at the physical layer[M]. Boston,MA:Springer,2010.

[15] Mukherjee A,Fakoorian S A A,Huang J,et al. Principles of physical layer security in multiuser wireless networks:A survey[J]. IEEE Communications Surveys & Tutorials,2014,16(3):1550-1573.

[16] Xiao L,Hong S,Xu S,et al. IRS-aided energy-efficient secure WBAN transmission based on deep reinforcement learning[J]. IEEE Transactions on Communications,2022,70(6):4162-4174.

[17] Tang X,Ren P,Wang Y,et al. Combating full-duplex active eavesdropper:A hierarchical game perspective[J]. IEEE Transactions on Communications,2016,65(3):1379-1395.

[18] Xu Q,Ren P,Swindlehurst A L. Rethinking secure precoding via interference exploitation:A smart eavesdropper perspective[J]. IEEE Transactions on Information Forensics and Security,2020,16:585-600.

[19] 王永娟,樊昊鹏,代政一,等.侧信道攻击与防御技术研究进展[J].计算机学报,2023,46(01):202-228.

[20] Spreitzer R,Moonsamy V,Korak T,et al. Systematic classification of side-channel attacks:A case study for mobile devices[J]. IEEE communications surveys & tutorials,2017,20(1):465-488.

[21] 杨毅宇,周威,赵尚儒,等.物联网安全研究综述:威胁,检测与防御[J].通信学报,2021,42(8):188-205.

[22] Talpur A,Gurusamy M. Machine learning for security in vehicular networks:A comprehensive survey[J]. IEEE Communications Surveys & Tutorials,2021,24(1):346-379.

[23] Alshamrani A,Myneni S,Chowdhary A,et al. A survey on advanced persistent threats:Techniques,solutions,challenges,and research opportunities[J]. IEEE Communications Surveys & Tutorials,

2019,21(2)：1851-1877.

[24] Butun I,Österberg P,Song H. Security of the Internet of Things：Vulnerabilities, attacks, and countermeasures[J]. IEEE Communications Surveys & Tutorials,2019,22(1)：616-644.

[25] Talpur A,Gurusamy M. Machine learning for security in vehicular networks：A comprehensive survey[J]. IEEE Communications Surveys & Tutorials,2021,24(1)：346-379.

[26] Conti M,Dragoni N,Lesyk V. A survey of man in the middle attacks[J]. IEEE Communications Surveys & Tutorials,2016,18(3)：2027-2051.

[27] 魏晓敏,李兴华,孙聪,等. MagDet：基于地磁的无人机 GPS 欺骗检测方法[J].计算机学报,2024, 47(04)：877-891.

[28] Al-Musawi B,Branch P,Armitage G. BGP anomaly detection techniques：A survey[J]. IEEE Communications Surveys & Tutorials,2016,19(1)：377-396.

[29] Chen R,Park J M,Reed J H. Defense against primary user emulation attacks in cognitive radio networks[J]. IEEE Journal on Selected Areas in Communications,2008,26(1)：25-37.

[30] Xiao L,Greenstein L J,Mandayam N B,et al. Channel-based detection of sybil attacks in wireless networks[J]. IEEE Transactions on Information Forensics and Security,2009,4(3)：492-503.

[31] Sánchez P M S,Valero J M J,Celdrán A H,et al. A survey on device behavior fingerprinting：Data sources, techniques, application scenarios, and datasets [J]. IEEE Communications Surveys & Tutorials,2021,23(2)：1048-1077.

[32] 何道敬,杜晓,乔银荣,等.无人机信息安全研究综述[J].计算机学报,2019,42(5)：1076-1094.

[33] Kim T T,Poor H V. Strategic protection against data injection attacks on power grids[J]. IEEE Transactions on Smart Grid,2011,2(2)：326-333.

[34] Lakshminarayana S,Kammoun A,Debbah M,et al. Data-driven false data injection attacks against power grids：A random matrix approach[J]. IEEE Transactions on Smart Grid, 2020, 12 (1)： 635-646.

[35] Kim J,Tong L,Thomas R J. Subspace methods for data attack on state estimation：A data driven approach[J]. IEEE Transactions on Signal Processing,2014,63(5)：1102-1114.

[36] Rahman K A,Balagani K S,Phoha V V. Snoop-forge-replay attacks on continuous verification with keystrokes[J]. IEEE Transactions on Information Forensics and Security,2013,8(3)：528-541.

[37] Farha F,Ning H,Yang S,et al. Timestamp scheme to mitigate replay attacks in secure ZigBee networks[J]. IEEE Transactions on Mobile Computing,2020,21(1)：342-351.

[38] Pirayesh H,Zeng H. Jamming attacks and anti-jamming strategies in wireless networks：A comprehensive survey[J]. IEEE Communications Surveys & Tutorials,2022,24(2)：767-809.

[39] Pourranjbar A,Kaddoum G,Ferdowsi A,et al. Reinforcement learning for deceiving reactive jammers in wireless networks[J]. IEEE Transactions on Communications,2021,69(6)：3682-3697.

[40] Touceda D S,Sierra J M,Izquierdo A,et al. Survey of attacks and defenses on P2PSIP communications[J]. IEEE Communications Surveys & Tutorials,2011,14(3)：750-783.

[41] Butun I,Österberg P,Song H. Security of the internet of things：Vulnerabilities, attacks, and countermeasures[J]. IEEE Communications Surveys & Tutorials,2019,22(1)：616-644.

[42] Abusalah L,Khokhar A,Guizani M. A survey of secure mobile Ad hoc routing protocols[J]. IEEE communications surveys & tutorials,2008,10(4)：78-93.

[43] Djahel S,Nait-Abdesselam F,Zhang Z. Mitigating packet dropping problem in mobile ad hoc networks：Proposals and challenges[J]. IEEE Communications Surveys & Tutorials,2010,13(4)： 658-672.

[44] 王梅,吴蒙. MANET 中常见的路由安全威胁及相应解决方案[J].通信学报,2005,(05)：106-112.

[45] 胡蓉华,董晓梅,王大玲. SenLeash：一种无线传感器网络虫洞攻击约束防御机制[J].通信学报,

2013,34(10)：65-75.

[46] Li P,Salour M,Su X. A survey of internet worm detection and containment［J］. IEEE Communications Surveys & Tutorials,2008,10(1)：20-35.

[47] Moore D,Paxson V,Savage S,et al. Inside the slammer worm［J］. IEEE Security & Privacy,2003, 1(4)：33-39.

[48] Yu W,Wang X,Calyam P,et al. Modeling and detection of camouflaging worm［J］. IEEE Transactions on Dependable and Secure Computing,2010,8(3)：377-390.

[49] Hamamreh J M,Furqan H M,Arslan H. Classifications and applications of physical layer security techniques for confidentiality：A comprehensive survey［J］. IEEE Communications Surveys & Tutorials.2018,21(2)：1-1.

[50] Nguyen V L,Lin P C,Cheng B C,et al. Security and privacy for 6G：A survey on prospective technologies and challenges［J］. IEEE Communications Surveys & Tutorials, 2021, 23（4）： 2384-2428.

[51] Xiao L,Wan X,Lu X,et al. IoT security techniques based on machine learning：How do IoT devices use AI to enhance security? ［J］. IEEE Signal Processing Magazine,2018,35(5)：41-49.

[52] Liu Y,Ning P,Dai H,et al. Randomized differential DSSS：Jamming-resistant wireless broadcast communication[C]//Proceedings of IEEE International Conference on Computer Communications. San diego：IEEE,2010：1-9.

[53] Navda V,Bohra A,Ganguly S,et al. Using channel hopping to increase 802. 11 resilience to jamming attacks［C］//Proceedings of IEEE International Conference on Computer Communications. Anchorage：IEEE,2007：2526-2530.

[54] Xiao L,Dai H,Ning P. Jamming-resistant collaborative broadcast using uncoordinated frequency hopping[J]. IEEE Transactions on Information Forensics and Security,2011,7(1)：297-309.

[55] Letafati M,Kuhestani A,Behroozi H,et al. Jamming-resilient frequency hopping-aided secure communication for Internet-of-Things in the presence of an untrusted relay[J]. IEEE Transactions on Wireless Communications,2020,19(10)：6771-6785.

[56] Lv Z,Xiao L,Du Y,et al. Multi-agent reinforcement learning based UAV swarm communications against jamming[J]. IEEE Transactions on Wireless Communications,2023,22(12)：9063-9075.

[57] Yao Y,Zhao J,Li Z,et al. Jamming and eavesdropping defense scheme based on deep reinforcement learning in autonomous vehicle networks［J］. IEEE Transactions on Information Forensics and Security,2023,18：1211-1224.

[58] Lu X,Xiao L,Niu G,et al. Safe exploration in wireless security：A safe reinforcement learning algorithm with hierarchical structure[J]. IEEE Transactions on Information Forensics and Security, 2022,17：732-743.

[59] Xiao L,Ding Y,Huang J,et al. UAV anti-jamming video transmissions with QoE guarantee：A reinforcement learning-based approach［J］. IEEE Transactions on Communications,2021,69（9）： 5933-5947.

[60] 卢汉成,王亚正,赵丹,等. 智能反射表面辅助的无线通信系统的物理层安全综述[J]. 通信学报, 2022,43(02)：171-184.

[61] Liu J,Yang G,Liang Y C,et al. Max-Min Fairness in RIS-assisted anti-jamming communications： Optimization versus deep reinforcement learning approaches ［J］. IEEE Transactions on Communications,2024.

[62] Stallings W,Brown L. Computer security：principles and practice[M]. Pearson,2015.

[63] Sundaram J P S,Du W,Zhao Z. A survey on LoRa networking：Research problems, current solutions,and open issues[J]. IEEE Communications Surveys & Tutorials,2019,22(1)：371-388.

[64] Zhang J，Marshall A，Woods R，et al. Design of an OFDM physical layer encryption scheme[J]. IEEE Transactions on Vehicular Technology，2016，66(3)：2114-2127.

[65] 黄开枝，金梁，陈亚军，等. 无线物理层密钥生成技术发展及新的挑战[J]. 电子与信息学报，2020，42(10)：2330-2341.

[66] Liu Y，Chen H，Wang L. Physical layer security for next generation wireless networks：Theories，technologies，and challenges[J]. IEEE Communications Surveys & Tutorials，2016，19(1)：347-376.

[67] Zhang C，Yue J，Jiao L，et al. A novel physical layer encryption algorithm for LoRa[J]. IEEE Communications Letters，2021，25(8)：2512-2516.

[68] Li J，Yang Y，Yan Z. AI-based physical layer key generation in wireless communications：Current advances，open challenges，and future directions[J]. IEEE Wireless Communications，2024.

[69] 东润泽，王布宏，冯登国，等. 无人机通信网络物理层安全传输技术[J]. 电子与信息学报，2022，44(03)：803-814.

[70] Hong S，Pan C，Ren H，et al. Artificial-noise-aided secure MIMO wireless communications via intelligent reflecting surface[J]. IEEE Transactions on Communications，2020，68(12)：7851-7866.

[71] Ren Z，Qiu L，Xu J，et al. Robust transmit beamforming for secure integrated sensing and communication[J]. IEEE Transactions on Communications，2023，71(9)：5549-5564.

[72] Sheng Z，Tuan H D，Nasir A A，et al. Physical layer security aided wireless interference networks in the presence of strong eavesdropper channels[J]. IEEE Transactions on Information Forensics and Security，2021，16：3228-3240.

[73] 王佳慧，刘川意，方滨兴. 面向物联网搜索的数据隐私保护研究综述[J]. 通信学报，2016，37(09)：142-153.

[74] Sei Y，Okumura H，Takenouchi T，et al. Anonymization of sensitive quasi-identifiers for l-diversity and t-closeness[J]. IEEE Transactions on Dependable and Secure Computing，2017，16(4)：580-593.

[75] Li Y，Yin Y，Chen X，et al. A secure dynamic mix zone pseudonym changing scheme based on traffic context prediction[J]. IEEE Transactions on Intelligent Transportation Systems，2021，23(7)：9492-9505.

[76] Zhang L，Xu J，Vijayakumar P，et al. Homomorphic encryption-based privacy-preserving federated learning in IoT-enabled healthcare system[J]. IEEE Transactions on Network Science and Engineering，2022，10(5)：2864-2880.

[77] 李洪涛，任晓宇，王洁，等. 基于差分隐私的连续位置隐私保护机制[J]. 通信学报，2021，42(8)：164-175.

[78] Hassan M U，Rehmani M H，Chen J. Differential privacy techniques for cyber physical systems：A survey[J]. IEEE Communications Surveys & Tutorials，2019，22(1)：746-789.

[79] Geambasu R，Kohno T，Levy A A，et al. Vanish：Increasing data privacy with self-destructing data [C]//Proceedings of USENIX International Conference on Security Symposium. San diego：USENIX Association，2009：299-315.

[80] Sucasas V，Mantas G，Bastos J，et al. A signature scheme with unlinkable-yet-accountable pseudonymity for privacy-preserving crowdsensing[J]. IEEE Transactions on Mobile Computing，2019，19(4)：752-768.

[81] Hong S，Duan L. Location privacy protection game against adversary through multi-user cooperative obfuscation[J]. IEEE Transactions on Mobile Computing，2023，23(3)：2066-2077.

[82] Sun Y，Liu J，Wang J，et al. When machine learning meets privacy in 6G：A survey[J]. IEEE Communications Surveys & Tutorials，2020，22(4)：2694-2724.

[83] Lu. X，Xiao. L，Li. P et al. Reinforcement learning-based physical cross-layer security and privacy in 6G. IEEE Communications Surveys & Tutorials[J]. 2023，25(1)：425-466.

[84] Wang H，Fan K，Chen H，et al. Joint biological ID：A secure and efficient lightweight biometric authentication scheme[J]. IEEE Transactions on Dependable and Secure Computing，2022，20(3)：2578-2592.

[85] Jiang Q，Zhang N，Ni J，et al. Unified biometric privacy preserving three-factor authentication and key agreement for cloud-assisted autonomous vehicles[J]. IEEE Transactions on Vehicular Technology，2020，69(9)：9390-9401.

[86] Xie N，Li Z，Tan H. A survey of physical-layer authentication in wireless communications[J]. IEEE Communications Surveys & Tutorials，2020，23(1)：282-310.

[87] Xiao L，Wan X，Han Z. PHY-layer authentication with multiple landmarks with reduced overhead [J]. IEEE Transactions on Wireless Communications，2017，17(3)：1676-1687.

[88] Ferdowsi A，Saad W. Deep learning for signal authentication and security in massive internet-of-things systems[J]. IEEE Transactions on Communications，2018，67(2)：1371-1387.

[89] Xiao L，Li Y，Han G，et al. PHY-layer spoofing detection with reinforcement learning in wireless networks[J]. IEEE Transactions on Vehicular Technology，2016，65(12)：10037-10047.

[90] Xiao L，Lu X，Xu T，et al. Reinforcement learning-based physical-layer authentication for controller area networks[J]. IEEE Transactions on Information Forensics and Security，2021，16：2535-2547.

[91] Jiang S. On securing underwater acoustic networks：A survey[J]. IEEE Communications Surveys & Tutorials，2018，21(1)：729-752.

[92] 张伟康，曾凡平，陶禹帆，等. 物联网无线协议安全综述[J]. 信息安全学报，2022，7(02)：59-71.

[93] Chen J C，Wang Y P. Extensible authentication protocol (EAP) and IEEE 802. 1 x：Tutorial and empirical experience[J]. IEEE Communications Magazine，2005，43(12)：supl. 26-supl. 32.

[94] Al-Fuqaha A，Guizani M，Mohammadi M，et al. Internet of things：A survey on enabling technologies，protocols，and applications[J]. IEEE communications surveys & tutorials，2015，17(4)：2347-2376.

[95] Potlapally N R，Ravi S，Raghunathan A，et al. A study of the energy consumption characteristics of cryptographic algorithms and security protocols[J]. IEEE Transactions on Mobile Computing，2005，5(2)：128-143.

[96] Zou Y，Zhu J，Wang X，et al. A survey on wireless security：Technical challenges，recent advances，and future trends[J]. Proceedings of the IEEE，2016，104(9)：1727-1765.

[97] Makhdoom I，Abolhasan M，Lipman J，et al. Anatomy of threats to the internet of things[J]. IEEE Communications Surveys & Tutorials，2018，21(2)：1636-1675.

参考答案

1-1 简述无线通信系统的组成部分。

答：无线通信系统包括基带单元、中频单元、射频单元、天线单位和无线传播信道。

1-2 简述无线通信中常见的安全威胁。

答：无线通信中常见的安全威胁有窃听攻击、侧信道攻击、欺骗攻击、中间人攻击、多面攻击、虚假数据注入、重放攻击、DoS 攻击、干扰攻击、黑洞攻击、虫洞攻击和蠕虫攻击等。

1-3 常用的干扰攻击有哪些类型？

答：干扰攻击包括静态干扰、随机干扰、扫频干扰、梳状干扰、反应式干扰和智能干扰。

1-4 简述无线通信系统中对抗常见攻击的安全技术。

答：干扰对抗技术：包括扩频、信道编码、信道选择、功率控制、中继辅助等。加密和隐私保护技术：物理层加密技术、人工噪声、同态或属性加密、k-匿名和 l-多样性、特定区域（Mix-Zone）的假名保护和差分隐私。认证鉴权技术：认证密钥交换、生物识别、物理层认证技术和基于机器学习的认证技术等类型识别用户身份，以保障通信安全。

1-5　简述五层体系架构中各层常用的安全协议。

答：在物理层，数据以比特流的形式通过网络传输，通常不涉及加密协议；在数据链路层，常用的加密协议有 WPA 3，防止未经授权的访问和数据篡改；在网络层，常用的加密协议为 IPSec，用于保护 IP 数据包的传输安全。TLS 用于在传输层建立安全连接，确保端到端的通信安全和完整性。GPG、SFTP、HTTP 和 SMTP 等用于保护特定应用程序，如网页浏览、远程登录和电子邮件传输等。

第 2 章

无线通信认证技术

无线通信认证是保障无线网络安全的关键环节,通过无线终端和接入设备认证可防止未授权用户仿冒合法网络节点,从而抵制电子欺骗或多面攻击。无线认证往往使用口令、密码和生物信息,或者存储在无线设备上的身份认证信息,防止非法访问。随着移动设备的普及与无线网络规模的日益扩大,如何实现精准、快速、轻量的无线认证正成为无线通信中的重要课题。

现有无线通信认证技术主要包括基于数字签名的认证技术和物理层认证技术。数字签名认证方法利用密码学原理实现会话密钥交换与身份验证,保障数据完整性。物理层认证方法利用无线信道特性或无线信号时延、功率、相位等特征构建认证指纹,以此判别设备身份。无线通信认证协议作用于应用层,传输层以及数据链路层,利用密钥交换等方法为通信双方提供可溯源的身份保证。

本章将首先探讨基于身份的无线攻击,如电子欺骗和多面攻击。随后,详细介绍基于数字签名的认证技术,它通过加密和验证过程确保通信的安全性。接着,将探讨物理层认证技术,这种技术通常利用发射机指纹、信道指纹和无线环境指纹等物理层信息,实现轻量级和快速的认证。并以多监督节点的物理层认证系统为例,分析其优势和特点。最后,将介绍无线通信认证协议的相关内容。

2.1 基于身份的攻击

基于身份的攻击者仿冒合法节点,生成匿名身份或操纵虚假身份,获取对移动用户、基站或无线接入点的非法访问权,从而进一步发起重放攻击和拒绝服务攻击。电子欺骗攻击发送欺骗信号,谎称其他节点的 MAC 地址、IP 地址或射频识别标签等虚假身份,谋取其他节点的网络资源等非法利益,还可进一步发起中间人攻击和拒绝服务攻击。例如,如图 2-1 所示,在基于 IEEE 802.11 协议的无线网络中,攻击者 Eve 通过扫描、嗅探等方式获取无线接入点 Bob 的身份信息,并伪造成合法用户 Bob 向 Alice 发送解除认证消息,指示合法发射机 Alice 断开连接,并持续重复此攻击以阻止 Alice 发送或接收

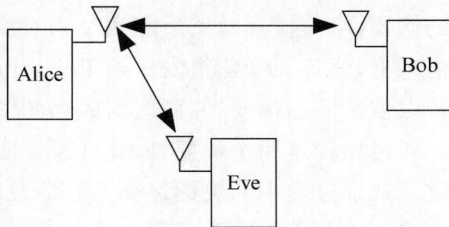

图 2-1 智能欺骗攻击

消息。Eve 仅需发送 10 s 的解除身份认证攻击即可造成 Alice 被网络移除，并进一步导致长达一分钟的中断。

此外，智能欺骗攻击可以利用信道状态、数据包优先级和历史攻击成功率等状态信息，使用 Q 学习等强化学习算法，选择发送伪造信号或欺骗数据包的频率，降低欺骗成本和被检测概率，显著强化攻击能力。

另一种重要的基于用户身份的攻击是多面攻击，最早在对等网络 P2P(Peer-to-Peer) 引入，通过冒充其他合法节点或制造虚假身份的方式来控制大量身份，旨在耗尽网络资源或实现拒绝服务攻击。多面攻击可以通过在多个节点上存储相同数据副本的复制机制，以及将数据拆分成多个部分并分布在不同的节点的分片机制来攻击分布式计算和存储系统。此外，还可以通过声称合法节点行为不当或在身份验证投票中相互担保来操纵投票机制。如图 2-2 所示，攻击节点使用随机介质访问控制在同一终端仿冒前 N_S 个用户，向无线接入点发送高频关联请求消息，消耗关联时隙或信道时隙，使其余 $N-N_S$ 个来自不同终端的合法用户访问被拒绝，严重危及无线系统的网络服务可用性。

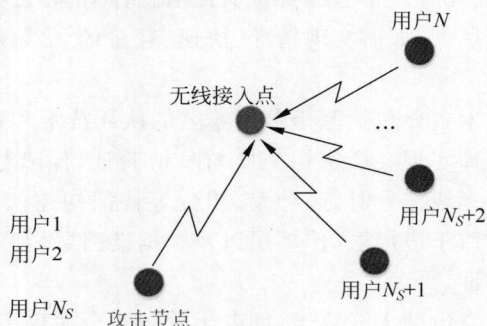

图 2-2　多面攻击

2.2　基于数字签名的无线认证技术

数字签名技术是无线通信系统中一种广泛使用的安全认证方法，其利用非对称加密思想，基于一对密钥，确保在不安全的通信环境中验证消息的来源，实现消息的篡改鉴别与不可抵赖，抵御电子欺骗、多面攻击等威胁。基于数字签名的无线认证过程依次包括：密钥对生成、摘要生成、数字签名构建与数字签名验证。

如图 2-3 所示，发送端 Alice 事先需生成一对密钥，包括一个私钥和一个公钥，并将公钥事先传递给接收端 Bob。当 Alice 需要发送信息时，首先将原始消息明文转换为一个固定长度的摘要(哈希摘要)，然后利用私钥对摘要进行加密，形成数字签名，并将该签名附加到原始消息上，通过无线信道发送给 Bob。Bob 收到消息后，使用 Alice 的公钥对数字签名进行解密以恢复原始摘要，并同时对收到的消息明文执行相同的哈希函数处理，生成一个新的摘要。通过比较这两个摘要，Bob 可以验证消息的来源和完整性，确保消息在传输过程中未被篡改。认证过程中的关键运算主要涉及哈希函数与非对称加密技术。

数字签名基于哈希函数将消息明文压缩为固定长度的哈希摘要，相比对明文直接进行签名而言降低了存储压力与计算难度。目前广泛使用的哈希函数包括美国国家标准与技术

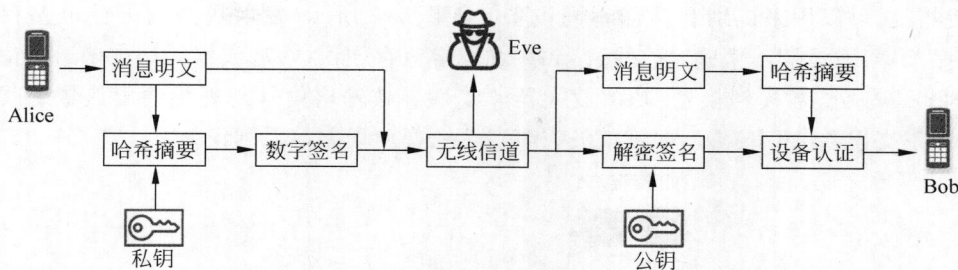

图 2-3　无线通信中的数字签名生成与认证

研究院(NIST)开发的 SHA 系列。例如,SHA-512 函数能够处理最大长度为 2^{128} 的消息明文,生成固定长度为 512 比特的哈希摘要,其运算过程包括消息长度的填充、特定的比特追加、初始化哈希缓冲区、消息块处理以及最终的哈希值更新。哈希函数具有单向性和抗碰撞性,其中,单向性表示几乎不可能通过哈希摘要逆推原始消息,而抗碰撞性表明难以找到两条不同的消息使其产生相同的哈希摘要,两者共同确保哈希摘要难以遭受篡改。此外,哈希摘要还有容易计算的特点,其可通过软/硬件实现。

非对称加密算法通常被用于生成数字签名的密钥对,从而确保消息的真实性。本节以 RSA 算法为例,其基于大数分解难题,由 MIT 团队 Ron Rivest、Adi Shamir 和 Leonard Adleman 提出。为生成密钥对,Alice 首先选取两个互质的大质数 p 和 q,令 $n=p \cdot q$;然后,计算所有小于 n 且与 n 互素的正整数个数,记为 n 的欧拉函数值 $\phi(n)=(p-1)(q-1)$;接着任意选择与 $\phi(n)$ 互素的整数 e,求解 d 使得 $de \bmod \phi(n)=1$。至此,Alice 生成公钥 (n,e) 和私钥 (n,d),二者呈互补关系。

认证过程中,由于 Alice 的私钥是唯一能够加密消息明文的密钥,且在本地保管。因此,攻击者 Eve 在未获取 Alice 私钥的情况下,难以伪造数字签名。当 Bob 接收消息时,使用 Alice 公钥验证数字签名,这使得任何的消息篡改都能被迅速发现,确保了消息来源的可靠性和数据的完整性。此外,数字签名的生成仅依赖于发送者的明文信息,有效防止了抵赖行为的发生。

数字签名的安全性与密钥长度直接相关,为应对日益增长的设备计算能力带来的破解风险,业内的普遍做法为增加密钥长度,这也造成了计算资源需求的增加。为了优化加密、解密速度,美国国家标准与技术研究院 NIST 在 1991 年发布数字签名算法 DSA(Digital Signature Algorithm),通过离散对数问题的复杂性减少签名过程中的计算量,加快签名速度。此外,另一种受到商业关注的方案为 2009 年 FIPS 186 标准中提出的 ECDSA(Elliptic Curve Digital Signature Algorithm),通过考虑求解难度更高的椭圆曲线离散对数问题,从而在密钥长度较短的情况下,提供与 RSA 算法同等甚至更高的安全保障,在移动设备等资源受限的环境中得到广泛关注。

2.3　基于发射机指纹的物理层认证技术

物理层认证挖掘传输信号本质特征,利用具有普遍性、稳健性的无线发射机指纹作为认证数据源实现发射机轻量级认证,识别电子欺骗攻击,提升无线通信安全。由于模拟硬件的细微变化会在发射信号中表现为特殊的伪影,从设备的发射信号中提取出的独特特征——

发射机指纹，可以用来识别和认证不同设备。如图 2-4 所示，发射机中的硬件电路存在缺陷，如振荡器、滤波器不精确，导致振荡频率和标准值存在误差，滤波器无法准确通过信号中特定的频率成分，数模转换器、功率放大器非线性导致输出信号与理想输出信号之间有偏差，造成正交误差、频率误差、幅度削波、相位误差、幅度误差等系列误差。

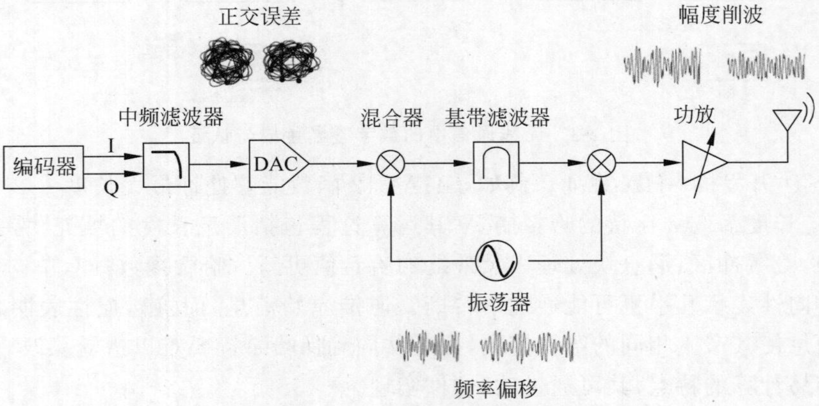

图 2-4　常见的发射机缺陷及其来源

作为重要的发射机指纹特征，正交误差是指调制的同相信号和正交信号之间无法保持理想正交，导致调制信号的幅度和相位发生的偏离。频率误差是指发射机输出信号的实际载波频率与理想载波频率之间的偏差。幅度削波是指当信号的幅度超过发射机能够处理的最大阈值时，信号波形的部分被削平，导致信号的原始形状发生变形。相位误差是指信号的实际相位与理想相位发生偏差，导致接收机解调错误，造成误码率的提高。幅度误差是指信号的实际幅度与理想幅度之间的偏差，会导致信号的强度或能量与预期不符，也可作为识别发射机的依据。

发射机指纹认证系统包含注册模块和认证模块，注册模块从每个或每类代表设备捕获信号，将提取的指纹存储在数据库中，每个指纹与唯一 ID 相关联，构建指纹库。认证模块将从被识别设备获得的指纹与指纹库中的参考指纹进行比较，可以通过 1∶N 比较确认设备或其属类别，或通过 1∶1 比较验证设备身份或类别是否与声称的匹配。如图 2-5 所示，接收机首先对采集的信号首先进行下变频、相位补偿、能量归一化等预处理。然后，通过定时同步检测信号的起始位置。接着，截取瞬态信号或者具有先验信息的稳态信号作为目标信号，提取时域、频域或调制域特征作为发射机指纹。最后，利用相似度度量或机器学习的方法，将待识别信号与指纹库中数据进行匹配，从而识别发射机，抵御电子欺骗。

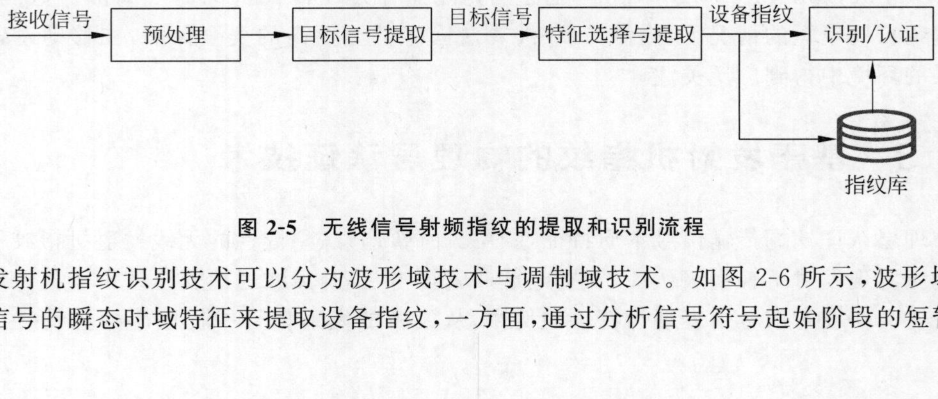

图 2-5　无线信号射频指纹的提取和识别流程

发射机指纹识别技术可以分为波形域技术与调制域技术。如图 2-6 所示，波形域技术基于信号的瞬态时域特征来提取设备指纹，一方面，通过分析信号符号起始阶段的短暂波形结构,识别不同的发射机,然而,瞬态信号的提取和预处理过程较复杂。另一方面,调制域技术挖掘信号调制过程的特征,如 I/Q 信号的相位与幅度变化和符号间隔,充分利用调制方案的信号结构,建立发射机指纹,而且 OFDM 等系统的信号特征相对稳定,能抵御噪声对原始波形的干扰,可以提升认证精度。

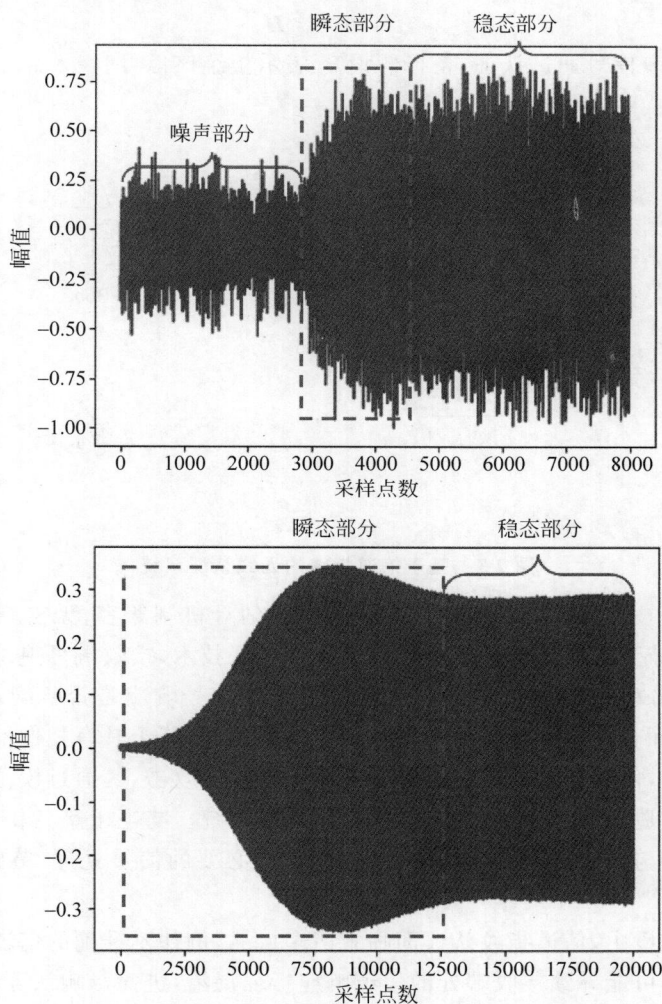

图 2-6 射频信号时域波形图

2.4 基于信道指纹的物理层认证技术

无线信道指纹利用无线信道的多样性、唯一性和随机性作为认证数据源,识别位于不同地理位置的发射机,轻量化检测电子欺骗和多面攻击。在多径丰富的无线环境中,发送端的信道响应在不同传播路径上表现出频率选择性,即当传播路径的间隔超过一个波长时,信道响应之间产生显著的去相关现象。这一特性使得信道响应难以被攻击者预测或模仿,为信道指纹技术能够区分发射源位置提供了基础。

如图 2-7 所示的无线认证系统中,发送端 Alice 向接收端 Bob 发送合法宽带信号 M,

Bob 利用 M 信号的导频进行信道估计，记 Bob 实时估计的信道响应为 $\boldsymbol{H}_t$。为鉴别仿冒 Eve 发送的欺骗信号，Bob 可事先存储历史 Alice 传输时的信道响应 $\boldsymbol{H}_A$，采取如下假设检验方法判断消息来源：

$$\begin{cases} \mathcal{H}_0: \boldsymbol{H}_t = \boldsymbol{H}_A \\ \mathcal{H}_1: \boldsymbol{H}_t \neq \boldsymbol{H}_A \end{cases} \tag{2-1}$$

其中，零假设 $\mathcal{H}_0$ 代表信号通过认证，备择假设 $\mathcal{H}_1$ 表示拒绝该信号。

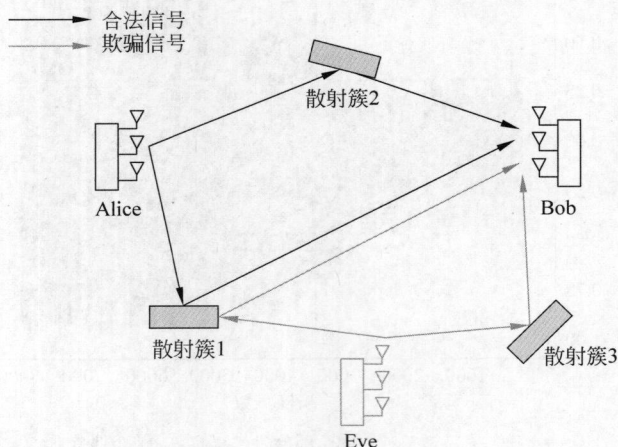

图 2-7 基于信道指纹的无线认证系统

　　信道指纹认证技术与现有无线通信系统的信道估计机制兼容，无需增加额外的系统负担，在无线安全领域受到广泛关注。利用信道指纹认证技术，接收端可追踪历史消息的信道响应，并通过比较分析，快速识别声称同一用户身份的信号响应是否匹配，从而迅速认证发送端的真实位置，筛查出盗取合法身份的欺骗攻击。此外，鉴于具有相似信道响应的发送端可能位于相近位置，信道指纹认证也适用于迅速识别多面攻击，其通过模仿其他用户节点或制造虚假身份方式造成拒绝服务攻击，危害无线通信系统。与电子签名相比，信道指纹认证可在通信系统解调与解码之前完成信号认证，避免不必要的信号处理，节约通信资源，降低时延开销。

　　在实际无线环境中，信道指纹认证面临着诸多挑战，例如不准确的信道估计和攻击者灵活选择的攻击策略可能导致接收端处的信道响应特征混淆，进而影响认证精度。为此，研究者们正不断探索不同的信道状态信息，并在认证领域推陈出新。例如，可利用基于强化学习的抗欺骗认证方法持续优化假设检验阈值，对抗动态无线环境中的认证精度衰减。考虑信道功率谱密度信息在信道指纹设计中的应用，可利用连续时间序列中的信道状态信息相似度实现认证，避免信道估计过程中的符号异步问题，提高认证的准确性。此外，信道指纹认证还可以与其他技术结合使用，如密钥技术或后文介绍的环境指纹等方法，以提高认证精度。如在 MIMO 系统中将信道指纹叠加到数据上，使其作为传输数据和共享密钥的函数传递认证信息，与基于电子签名的认证方法相比，这种指纹嵌入方法可解决符号同步问题，具有更低的复杂度。通过联合信道指纹、环境指纹与射频指纹，可设计基于核最小均方的机器学习算法，分析拟合高维认证特征，提高时变无线环境下的认证性能。

2.5　基于环境指纹的物理层认证技术

基于环境指纹的物理层认证技术利用周边无线信号的物理层特征,如接收信号强度指示和数据包到达时间等特征,为各个无线设备构建环境指纹,表征对应用户所处的位置,区分位于特定地理区域的用户,实现快速认证,保护用户的位置隐私。

在典型的无线环境中,无线设备周边通常存在多种类型的多个无线信号源,例如多个Wi-Fi接入点、蓝牙设备和FM信号等。笔记本电脑和智能手机等无线设备可利用无线适配器 AirPcap 和 Wireshark 等开源网络侦听软件提取这些周边环境信号的物理层特征,包括接收信号强度、数据包序列号和数据包到达时间等特征,获取比信道指纹更丰富的认证依据信息,从而提高认证精度。同一地理区域的两个无线设备可以观测到一部分共享的环境信号,具有相似的物理层特征,间接反映用户的相对位置,不易被特定区域之外的客户端估计和伪造,而且不直接反映用户的 IP 地址等隐私信息,相对传统的认证技术可以提升用户的隐私保护水平。

当用户向边缘设备等服务器提出热点商家推荐或者数据卸载等基于用户位置的服务,服务端仅向位于特定地理距离范围内的用户提供服务。为了防御伪造用户身份的电子欺骗信号,服务器要求用户利用他们周边共享的基站、无线接入点和路侧单元等无线信号源的接收信号强度和数据包到达时间等物理层特征,建立环境指纹,作为认证依据。如图 2-8 所示,待认证设备(移动用户或者攻击者)根据合法边缘设备的要求,在特定时间段内监测周边无线信号,构建环境指纹 $\widetilde{F} = [\widetilde{R}_j, \widetilde{T}_j]_{1 \leqslant j \leqslant N}$,并发给合法边缘设备。合法边缘设备同时提取并记录自身周边相应的环境指纹,记为 $\hat{F} = [\hat{R}_j, \hat{T}_j]_{1 \leqslant j \leqslant N}$,并采用非参数贝叶斯模型,灵活应对复杂的环境无线数据源分布和信道模型。如图 2-9 所示,服务端在接收到待认证设备发来的环境指纹后,计算与自身记录的环境指纹的相似度。当相似度低于检测阈值时,判断该用户通过认证。

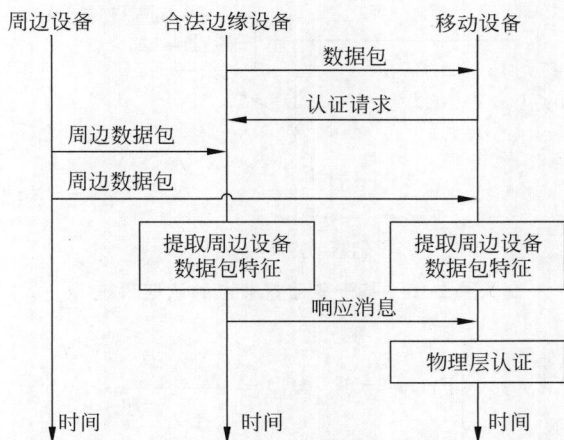

图 2-8　基于环境指纹的物理层认证流程

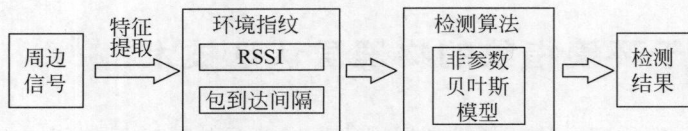

图 2-9　基于非参数贝叶斯模型的环境指纹认证机制

为降低计算开销，可采用二范数构建假设检验，其检验统计量如下：

$$\Delta = \frac{\|\widetilde{\boldsymbol{F}} - \hat{\boldsymbol{F}}\|^2}{\|\hat{\boldsymbol{F}}\|^2} \tag{2-2}$$

若 Δ 小于检验阈值 x_1，则待测数据包通过认证；反之，发送警报信号，拒绝接收该数据包。

2.6　基于多监督节点的物理层认证技术

在物理层认证技术中，接收端利用信道估计的结果，基于已知的信道模型建立假设检验，在实际快速变化的无线场景中的认证精度较低。为此，基于多监督节点的物理层认证技术采用多个地理位置测量的待检发射机对应的信道状态信息，增强认证数据源规模，并采用逻辑回归模型，提升对动态网络环境的适应能力，提高认证精度。

如图 2-10 所示，用户使用单天线给无线服务器发送信号，单天线的服务器借助 M 个 N 根接收天线的监督节点的信道估计结果，对信号的来源进行认证，检测欺骗检测。针对移动用户发送的第 i 个数据包，监督节点 m 提取信道特征信息 $\boldsymbol{H}_m^i = [h_{m1}^i, h_{m2}^i, \cdots, h_{mN}^i]$，并将该信道特征发送给服务端。服务端获得系统总信道特征数据 $\boldsymbol{H}_i = [h_{mn}^i]_{M \times N}$，并根据特定的信道模型，采用逻辑回归模型，建立假设检验如下：

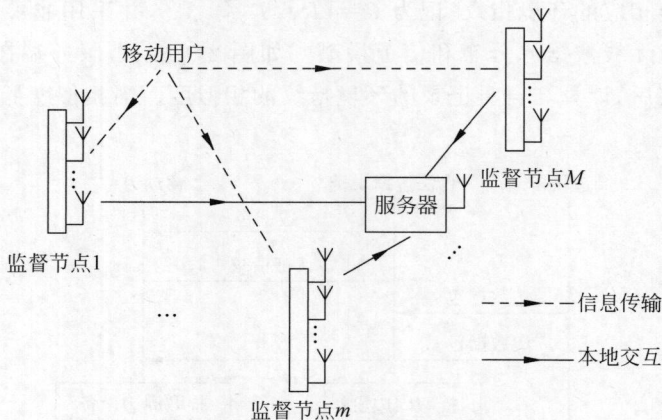

图 2-10　基于多监督节点的认证系统

$$\begin{cases} \Pr(y_i = 1 \mid \boldsymbol{H}_i) = \dfrac{e^{\beta_0 + \boldsymbol{\beta} \boldsymbol{H}_i^{\mathrm{T}}}}{1 + e^{\beta_0 + \boldsymbol{\beta} \boldsymbol{H}_i^{\mathrm{T}}}} \\[4mm] \Pr(y_i = 0 \mid \boldsymbol{H}_i) = \dfrac{1}{1 + e^{\beta_0 + \boldsymbol{\beta} \boldsymbol{H}_i^{\mathrm{T}}}} \end{cases} \tag{2-3}$$

其中，$\boldsymbol{H}_i^{\mathrm{T}}$ 是信道特征向量 $\boldsymbol{H}_i$ 的转置；y_i 表示第 i 个数据包的判决结果，当 $y_i = 1$ 时，该数据包通过认证。认证参数 $\boldsymbol{\beta} = [\beta_n]_{1 \leqslant n \leqslant MN}$ 为逻辑回归模型的系数向量，表示每个信道特征的重要性；β_0 为模型偏差，表示每个检测结果的预测概率。

其中，认证参数 $[\beta_0, \boldsymbol{\beta}]$ 显著影响认证精度，其优化问题可以利用凸优化等方法求解。例如，基于 Frank-Wolfe 算法的认证技术具有计算简单、可处理稀疏解的特点，高效求解认证模型参数优化问题，但是当监督节点和天线的规模较大时本地通信开销大。因此，分布式的认证方案可降低计算和通信开销，加快收敛速度，提升认证精度。

2.7 无线通信认证协议

无线通信认证协议通常作用于应用层，传输层以及数据链路层，为用户提供向服务器证明合法身份的方法。

2.7.1 应用层认证协议

远程认证拨号用户服务协议（RADIUS）是一种认证、授权和计费（Authentication，Authorization，Accounting，AAA）相结合的协议，最早于 1987 年密歇根大学将互联网面向公众开放的工作中提出。作为最早被大规模使用的用户认证协议之一，其最初设计的目的是允许网络接入服务器将拨号用户的请求及其凭据转发给认证服务器，从而为网络接入服务器上的用户和管理员提供认证服务。该协议由互联网工程任务组（IETF）在 RFC 2865 文档中标准化，并经过几轮修改，扩展到具备授权和计费功能。RADIUS 通过集中式操作简化了网络管理和维护任务，并且采用 UDP 作为传输机制，使得更新和调整用户权限变得更加高效，因此在可扩展认证协议（EAP）和 IEEE 802.1X 中均作为认证服务器协议。

然而，随着网络规模扩大以及认证服务器与网络中其他实体的交互量增加，有限的属性数量、值大小以及对 IP 迁移协议缺乏支持等问题使得 RADIUS 无法满足网络移动性、服务质量和安全性的需求。为此，IETF 在 2000 年上半年选择 DIAMETER 协议作为下一代用户认证协议。该协议同样是一种 AAA 协议，与 RADIUS 相比，其采用 TCP 或 SCTP 作为传输机制，使其在大规模网络和高交互量环境下表现出更稳定的性能，并且能够满足 RFC 2989 中对 AAA 协议提出的可扩展性、故障转移、用户和服务器之间的相互认证、传输安全、数据对象机密性、数据对象完整性，以及在 IPv4 和 IPv6 中的迁移需求。然而，尽管协议更加规范和完备，采用 TCP 和 SCTP 机制仍然给通信链路和网络带来较大负担，而且在 RADIUS 商用普及广泛的情况下，DIAMETER 在提出初期未得到工业界支持。如今，根据应用需求不同，RADIUS 协议通常应用于拨号接入，无线局域网，虚拟专用网络，以太网接入等业务的身份认证中，而 DIAMETER 协议则为移动 IP，信用控制、IP 多媒体子系统中的网络接入应用提供身份认证服务。

2.7.2 传输层认证协议

SSH（Secure Shell）协议由芬兰程序员 Tatu Ylönen 于 1995 年开发，最初用于提供安全的远程登录服务，以取代不安全的远程登录机制（如所有数据均用明文发送的 TELNET）。IETF 于 2006 年在 RFC 4250 系列文档中对该协议进行了标准化，目前已成为远程登录的普遍选择，广泛应用于各种应用程序中。作为一种网络信息安全通信协议，SSH 主要由三个内部协议组成：传输层协议、用户身份认证协议和连接协议，涵盖了远程登录、身份认证和消息传输等功能。本节主要介绍 SSH 用户身份认证协议。

SSH 用户身份认证协议定义了验证当前通信系统中实体身份的过程，主要包括三种认证方式：基于公共密钥、基于口令密码和基于主机的认证。基于公共密钥的方式依赖于选定的公共密钥算法，用户用私钥加密消息，服务器用公钥检查身份信息。基于口令密码的方式则通过传输层加密明文口令密码，并在服务器端解密以验证用户身份。基于主机的方式则侧重于对主机进行身份认证，只要主机认证通过，该主机上的所有用户也将通过认证。

2.7.3　数据链路层认证协议

可扩展认证协议（EAP）在网络访问和认证协议中充当了框架的作用，能够在各类网络及链路设施上运行，并且可以适应各种链路和网络的身份认证需求。该协议于 2004 年在 RFC 3748 文档中被标准化。EAP 名称中的可扩展性体现在协议支持多种身份验证方法，所提供的通用传输服务能够在用户端和身份认证服务器之间交换身份认证信息，并通过安装在用户端和服务器中的特定身份认证协议或方法进行扩展，例如传输层安全方法（EAP-TLS）、隧道传输层安全方法（EAP-TTLS）和通用预共享密钥方法（EAP-GPSK）等。

在 RFC 3748 文档中，典型的 EAP 协议的认证过程涉及被认证端、认证者和认证服务器，一次成功的认证应当包含这三者之间的 EAP 信息交换，并且最终结果是认证者允许被认证端访问网络，而被认证端在认证成功后同意使用这次访问机会。在这个过程中，认证服务器与被认证端同步身份认证方法，认证服务器通常为远程拨号认证服务器。

EAP 被认证端向认证者发送认证请求信号进行 EAP 信息交换从而获得网络访问权的过程可以通过 IEEE 802.1X 认证协议完成，这是由于 EAP 作为一种灵活的认证框架可以支持多种认证方法。IEEE 802.1X 是一种基于端口的网络访问控制协议，用来为局域网提供访问控制功能，其最早在 2001 年由电气电子工程师学会标准化，并经过多次修订，目前的版本为 2020 年修订版。在 IEEE 802.1X 中，主要基于 EAP 协议定义了局域网上的可扩展认证协议（EAPOL），该协议作用于网络层，并在数据链路层的 IEEE 802 局域网（如以太网和 Wi-Fi）中使用，能够支持交换 EAP 报文以进行身份验证。如图 2-11 所示，受控端口与未受控端口决定数据传输是否被阻塞，IEEE 802.1X 可根据用户认证状态决定是否开放受控端口，用户在完成认证前仅能通过未受控端口与服务器通信，完成认证后才能通过受控端口与局域网或互联网通信。

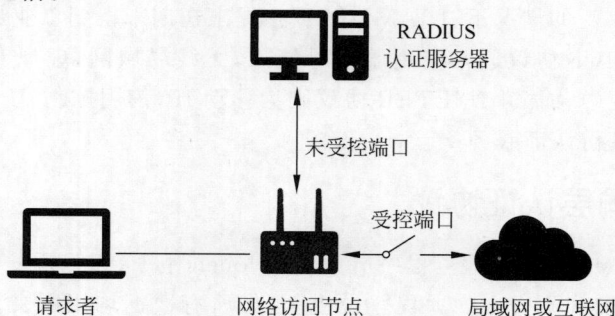

图 2-11　IEEE 802.1X 端口控制概念

2.8 本章小结

本章深入探讨了无线通信领域的身份认证问题,旨在为读者提供无线通信认证的全面视角,并为实际应用和学术研究奠定理论基础与指导。首先,详细分析了在典型无线场景中电子欺骗和多面攻击的发起方式及其攻击特性。接着,针对基于身份的无线攻击威胁,探讨了多种无线通信认证方法的技术特点和适用场景。在上层认证技术方面,介绍了如何利用密钥密码学构造数字签名来实现消息的可靠认证,同时指出了认证效率可能因密钥长度的增加而受到影响。此外,还分别介绍了基于发射机指纹、信道指纹和环境指纹等无线特征的物理层轻量认证技术,并以一种基于多监督节点的物理层认证系统为例详细分析认证过程,以加深技术理解。最后,概述了分别在应用层、传输层和数据链路层中发挥作用的多种无线通信认证协议,进一步丰富了读者对无线通信认证技术的认识。

习题

2-1 简述电子欺骗攻击和多面攻击的区别。

2-2 简述数字签名生成过程。

2-3 信道指纹的生成原理是什么?

2-4 描述 SSH 协议的组成,并列举 SSH 用户身份认证协议中定义的三种主要认证方式。

参考文献

[1] Liu, R H. Securing wireless communications at the physical layer[M]. Ed. Wade Trappe. Vol. 7. Boston, MA, USA: Springer, 2010.

[2] Xiao L, Greenstein L J, Mandayam N B, et al. Channel-based spoofing detection in frequency-selective Rayleigh channels[J]. IEEE Transactions on Wireless Communications, 2009, 8(12): 5948-5956.

[3] John B, Savage S. 802. 11 Denial-of-service attacks: Real vulnerabilities and practical solutions[C]//In Proceedings of the USENIX Security Symposium, Washington, DC, USA, Aug. 2003.

[4] Lu X, Xiao L, Xu T, et al. Reinforcement learning based PHY authentication for VANETs[J]. IEEE Transactions on Vehicular Technology, 2020, 69(3): 3068-3079

[5] Douceur J R. The sybil attack[C]//International Workshop on Peer-to-peer Systems. Berlin, Heidelberg: Springer Berlin Heidelberg, 2002: 251-260.

[6] Xiao L, Greenstein L J, Mandayam N B, et al. Channel-based detection of sybil attacks in wireless networks[J]. IEEE Transactions on Information Forensics and Security, 2009, 4(3): 492-503.

[7] Trappe W. Introduction to cryptography with coding theory[M]. New York: Pearson Education India, 2006.

[8] Stamp M. Information security: Principles and practice[M]. New York: John Wiley & Sons, 2011.

[9] Brik V, Banerjee S, Gruteser M, et al. Wireless device identification with radiometric signatures[C]// Proceedings of the 14th ACM international Conference on Mobile Computing and Networking. 2008: 116-127.

[10] Danev B, Zanetti D, Capkun S. On physical-layer identification of wireless devices [J]. ACM Computing Surveys (CSUR),2012,45(1): 1-29.

[11] Soltanieh N, Norouzi Y, Yang Y, et al. A review of radio frequency fingerprinting techniques[J]. IEEE Journal of Radio Frequency Identification,2020,4(3): 222-233.

[12] Lu X, Lei J, Shi Y, et al. Physical-layer authentication based on channel phase responses for multi-carriers transmission [J]. IEEE Transactions on Information Forensics and Security,2023,18: 1734-1748.

[13] Xiao L, Li Y, Han G, et al. PHY-layer spoofing detection with reinforcement learning in wireless networks[J]. IEEE Transactions on Vehicular Technology,2016,65(12): 10037-10047.

[14] Tugnait J K. Wireless user authentication via comparison of power spectral densities[J]. IEEE Journal on Selected Areas in Communications,2013,31(9): 1791-1802.

[15] Paul L Y, Sadler B M. MIMO authentication via deliberate fingerprinting at the physical layer[J]. IEEE Transactions on Information Forensics and Security,2011,6(3): 606-615.

[16] Fang H, Wang X, Hanzo L. Learning-aided physical layer authentication as an intelligent process[J]. IEEE Transactions on Communications,2018,67(3): 2260-2273.

[17] Beale J, Orebaugh A, Ramirez G. Wireshark & Ethereal network protocol analyzer toolkit[M]. New York: Elsevier,2006.

[18] Xiao L, Yan Q, Lou W, et al. Proximity-based security techniques for mobile users in wireless networks[J]. IEEE Transactions on Information Forensics and Security,2013,8(12): 2089-2100.

[19] Xiao L, Lu X, Xu T, et al. Reinforcement learning-based mobile offloading for edge computing against jamming and interference[J]. IEEE Transactions on Communications,2020,68(10): 6114-6126.

[20] Xiao L, Zhuang W, Zhou S, et al. Learning-based VANET communication and security techniques [M]. Berlin: Springer International Publishing,2019.

[21] Bayes T. An essay towards solving a problem in the doctrine of chances[J]. Biometrika,1958,45(3-4): 296-315.

[22] Xiao L, Wan X, Han Z. PHY-layer authentication with multiple landmarks with reduced overhead [J]. IEEE Transactions on Wireless Communications,2017,17(3): 1676-1687.

[23] Stallings W. Cryptography and network security, 7/E [M]. New York: Pearson Education India,2017.

[24] Rigney C, Willens S, Rubens A, et al. Remote authentication dial in user service (RADIUS). No. rfc2865. 2000.

[25] Aboba, Bernard, et al. Criteria for evaluating AAA protocols for network access [P]. No. rfc2989. 2000.

[26] Lehtinen S, Lonvick C. The secure shell (SSH) protocol assigned numbers[P]. No. rfc4250. 2006.

[27] Aboba B, Blunk L, Vollbrecht J, et al. Extensible authentication protocol (EAP) [P]. No. rfc3748. 2004.

参考答案

2-1　简述电子欺骗攻击和多面攻击的区别。

答：电子欺骗攻击只冒充一个合法用户身份,而多面攻击者通过模仿其他用户节点或者是制造虚假身份的方式非法控制着大量身份。

2-2　简述数字签名生成过程。

答：以 Alice-Bob 模型为例,在消息发送时,Alice 首先采用哈希函数等加密方法处理消息明文,生成一个独特的哈希摘要;然后利用 Alice 私钥,使用数字签名算法为哈希摘要生成一个简短的数字签名;最后,将消息明文与数字签名打包,通过无线信道一同发送给 Bob。

2-3 信道指纹的生成原理是什么?

答:在多径效应丰富的典型无线环境中,收发者之间产生的信道响应具有频率选择性和位置特异性,即当收发路径超过一个射频波长时信道响应去相关,信道响应难以被恶意预测或精确模拟。基于这一事实,信道响应特征可用于实现无线设备"指纹"认证。

2-4 描述 SSH 协议的组成,并列举 SSH 用户身份认证协议中定义的三种主要认证方式。

答:SSH 协议由三个内部协议组成:传输层协议、用户身份认证协议和连接协议。这些协议涵盖了远程登录、身份认证和消息传输等功能。

SSH 用户身份认证协议定义的三种主要认证方式包括:

(1) 基于公共密钥的认证:用户用私钥加密消息,服务器用公钥检查身份信息。

(2) 基于口令密码的认证:通过传输层加密明文口令密码,并在服务器端解密以验证用户身份。

(3) 基于主机的认证:侧重于对主机进行身份认证,一旦主机认证通过,该主机上的所有用户也将通过认证。

第 3 章

CHAPTER 3

无线安全通信

　　由于无线通信信道具有广播特性与开放性,授权用户和非法用户都可接收到通信信号。因此,个人隐私、工业数据和商业机密等敏感信息在无线传输过程中可能受到窃听、数据篡改和干扰等攻击,导致信息泄露等严重后果,对个人、企业甚至国家造成严重损失。研究无线通信安全技术确保传输数据的保密性和可靠性,防止敏感信息被窃取和恶意干扰,能够有效维护通信网络的稳定性和安全性。

　　本章首先介绍了无线通信中主动和被动窃听攻击,给出典型的窃听模型,分析其对数据隐私泄露的潜在威胁。特别地,主动窃听者可以在窃听信号的同时,通过发射干扰噪声,造成合法链路的通信质量下降,甚至导致通信链路中断,进而诱使发射机进一步提高发射功率,造成更严重的数据泄露,极大地损害了通信的可靠性和安全性。此外,本章分别介绍了基于对称密钥和公钥的无线通信加密技术,阐述其在无线通信系统中应用的优缺点和适用条件。例如,对称密钥无线通信加密技术依赖于发送和接收双方共享相同的密钥来加解密通信数据,即使窃听者拦截了传输的密文,也很难在没有密钥的情况下正确提取出明文。当前常用对称加密算法主要包括数据加密标准(Data Encryption Standard,DES)和高级加密标准(Advanced Encryption Standard,AES)等,具有高效、快速的特点,适用于无线资源和处理能力有限的无线通信设备。然而,无线通信系统需要采用合适的密钥管理机制来保证密钥管理和分发的有效性和安全性,特别是在面对大规模无线网络和动态拓扑结构时,需要重点考虑密钥分发和管理所带来的网络开销。

　　然后,重点讨论了无线通信系统中常见的加密协议。这些协议基于复杂的加密算法以及数字签名等技术,以保护数据的真实性、机密性、完整性和可用性。加密协议设计和实现需要考虑到多种因素,包括安全性、性能、复杂性和资源消耗等。常见的加密协议包括WPA2、WPA3以及5G认证密钥协商协议。WPA2通过改进的密码保护等手段提升无线网络的安全性;WPA3在此基础上进一步增强了密码和用户隐私保护;5G认证密钥协商协议则通过先进的身份验证和密钥协商机制,确保移动通信中的数据安全和隐私保护。这些协议在安全性、性能、复杂性和资源消耗等方面各具特点,为无线通信系统提供了全面的保护。

　　接着,本章介绍了密钥管理的重要性以及分类,以随机性密钥管理和确定性密钥管理为例,简要说明了密钥生成、存储、更新和使用等过程,探讨了密钥管理方法应用在不同场景中的优势和缺陷。例如,在随机密钥管理中,节点通常从密钥池中随机选取一部分密钥,存储在本地用于匹配其他节点的密钥,其特点是分配机制简单,但通常具有盲目性,且需要消耗较大的存储空间。

最后,探讨了物理层加密技术,并简要介绍了基于友好干扰和人工噪声的无线抗窃听技术。物理层安全技术作为上层加密算法的补充,具有诸多优势。一方面,密钥可以在通信双方直接生成,无须密钥管理及分发过程,降低了密钥泄露风险。另一方面,物理层密钥利用无线通信信道天然的随机特性,有效降低了密钥生成的计算复杂度。此外,信道的互易性与时变性可用于高效生成"一次一密"的动态密钥,提高无线通信的安全性能。

本章节需要重点掌握以下几个技术内容:

(1) 掌握基于对称密钥的无线通信加密技术。

(2) 了解基于公钥的无线通信加密技术及其原理。

(3) 了解无线通信加密协议的种类、特点和应用场景。

(4) 掌握无线通信中密钥管理的重要性和相关技术。

(5) 了解物理层加密技术和基于友好干扰的无线抗窃听技术的原理和应用。

3.1 无线通信中的窃听威胁

无线通信的窃听攻击是指未经授权的用户,通过截取、拦截或监听无线通信信号,以获取敏感信息或进行其他恶意活动的行为,分为被动窃听和主动窃听。一旦窃听者成功截取到通信信号,可以利用截获的通信信号发起信息篡改和恶意软件注入等恶意活动,造成用户数据(如通信内容和位置信息)泄露等安全风险。以无线传感器网络为例,窃听者可先截获传感器设备向控制中心反馈的环境监测数据,并进一步发送篡改后的数据,导致错误的监测数据和系统控制决策。图 3-1 所示的窃听模型中包括一对合法的发射端(Alice)和接收端(Bob)以及窃听者(Eve)。其中,发射端(Alice)将 K 比特的消息 $\boldsymbol{w}=\left[w(n)\right]_{1\leqslant n\leqslant K}$ 编码为 N 个码字 $\boldsymbol{X}=\left[X(i)\right]_{1\leqslant i\leqslant N}$,则接收端(Bob)接收到的信号为

$$Y(i)=G_m(i)X(i)+N_m(i) \tag{3-1}$$

而窃听者(Eve)接收到的信号则为

$$Z(i)=G_e(i)X(i)+N_e(i) \tag{3-2}$$

其中,G_m 和 G_e 表示发射端分别到接收端和窃听者的信道增益,N_m 和 N_e 表示零均值,方差分别为 σ_m^2 和 σ_e^2 的高斯白噪声。

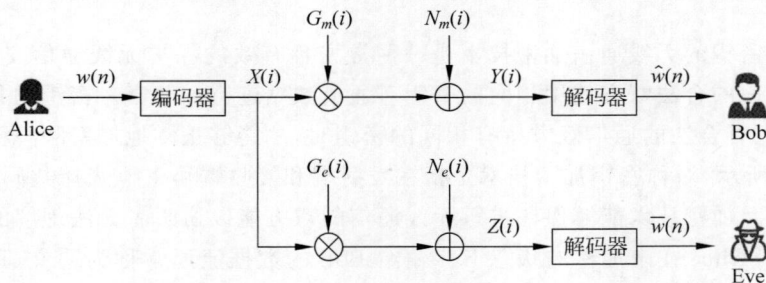

图 3-1 窃听模型

3.1.1　被动窃听

被动窃听是一种在无线通信中常见的威胁，它只对通信内容进行窃听，不会主动发起攻击。具体来说，攻击者可以在通信双方之间设置监听设备，在通信双方不知晓的情况下窃取传输的数据，隐蔽性较高。其目的是在不影响用户消息接收性能的情况下，拦截正在进行的数据传输，窃取合法通信信息。此外，被动窃听可以采用流量分析来推断通信模式和用户位置等隐私信息，并通过跟踪通信模式以促进其他形式的攻击例如重放攻击和位置追踪等。

为了有效应对被动窃听的潜在威胁，可以采取一系列解决方案。首先，利用加密技术对通信数据进行端到端加密，即使攻击者窃听无线传输过程，数据也将以加密形式呈现。因此，无法正确解码，使得敏感信息不被泄露。其次，为确保双方身份真实性和通信完整性，可以引入认证机制验证通信双方的身份，并确保通信过程未受到中间人攻击等恶意行为的影响。此外，定期对通信环境进行监测和审查，发现异常行为并及时采取应对措施也是一种有效的防御手段。

3.1.2　主动窃听

主动窃听的特点在于，攻击者不仅可以监听合法的通信内容，也可以通过发送干扰信号引诱节点执行非法操作，例如诱使目标节点提高发射功率等。与被动窃听相比，主动窃听具有更高的侵入性和破坏性，可能导致通信中断和数据篡改等严重后果。智能化的主动窃听者更可以采用多种手段先发起干扰攻击，例如采用强化学习优化其干扰的信号功率和信道，以中断合法的通信传输链路，旨在以更低的攻击成本提高合法设备的发射功率，加剧了合法通信的数据泄露，从而窃取更多数据辅助推断用户的隐私信息。

为了应对主动窃听的威胁，可以采取一系列的解决方案。首先，可以采用加密技术，防止通信数据被篡改或窃取。其次，可以进行主动窃听行为预测，具体措施包括使用频谱感知技术和信号检测机制，实时监测通信频谱中的异常信号，分析信号特征，及时发现潜在的窃听活动。最后，加强身份认证和访问控制，限制未经授权的设备接入，防止攻击者利用恶意设备进行攻击。

3.2　基于对称密钥的无线通信加密技术

基于对称密钥的无线通信加密技术是一种常见且有效的保护无线通信安全的方法，其基本原理是通信的合法双方使用相同的密钥对通信数据进行加解密。密钥的共享和管理至关重要，因为只有合法的通信双方持有相同的密钥时，才能够正常地加密和解密通信数据。

如图 3-2 所示，对称密钥加密技术是指在发射端和接收端秘密地选择共同的密钥，对消息进行加解密。加密技术能够保证进行无线通信的双方能以窃听者无法理解的方式进行数据传输。其中，Alice 在未加密的状态下传输给 Bob 的数据流通常称为明文（Plaintext），如文字、数据或其他符号等。为了保护这些信息在传输过程中不被未授权的第三方窃取或篡改，Alice 和 Bob 共享同一把预先设定的密钥，将传输的信息转换为密文（Ciphertext）的形式，并将密文发送给 Bob。加密过程可能涉及各种算法，如对称或非对称密钥加密，这取决于所选用的具体加密技术和协议。Eve 可以通过窃听获得 Alice 发送的密文信息,但却无法从密文中恢复出明文信息。Bob 可以使用预先设定的密钥成功解密密文,恢复出明文信息。该加解密过程可确保信息传输的机密性和安全性。

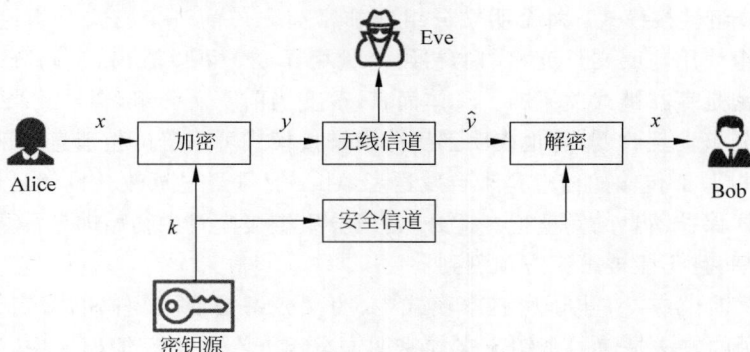

图 3-2 基于对称密钥的无线通信加密技术

基于对称密钥的技术广泛应用在无线网络标准中的数据加密领域,以保护用户数据的隐私。本节将以 AES 算法为例,介绍基于对称密钥加密算法流程。首先,AES 算法将用户数据分成长度为 128 比特的组,并在组内使用相同的密钥进行加密和解密。作为一种迭代型加密算法,AES 的可选加密轮数 R 为 10、12、14 轮,分别对应三种不同的密钥长度 128、192、256 位。具体来讲,AES 加密的迭代过程如图 3-3 所示,分为初始轮、轮函数和结尾轮。

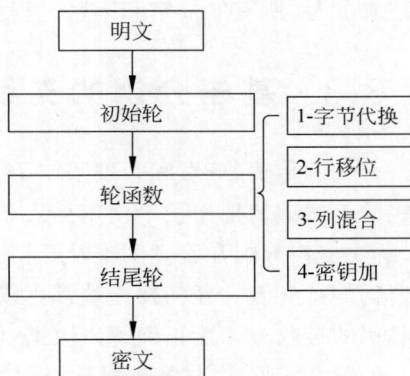

图 3-3 AES 加密过程

(1) 初始轮:将数据分为大小为 128 位(16 字节)的明文块,并与轮密钥进行异或运算,轮密钥由种子密钥根据密钥编排算法得到,包含密钥扩展和轮密钥选取两个部分。

(2) 轮函数:轮函数根据不同的密钥长度分别运行 $R-1$ 轮。该部分由四个不同操作过程组成,包括字节代换、行移位、列混合和密钥加。其中,字节代换操作是一种非线性变换,使用 S 盒对输入的 16 字节状态阵列进行一对一代换;行移位操作是对状态阵列的各行进行循环移位,状态阵列的行数 i 向左移位 $i-1$ 个字节;列混合操作对状态阵列的每一列进行操作,每一列都视为在 $GF(2^8)$ 上的多项式,再与多项式 $c(x)=03x^3+01x^2+01x+02$ 进行模 x^4+1 乘法;密钥加操作则是将状态阵列与轮密钥进行异或。

(3) 结尾轮:该操作与轮函数部分的字节代换、行移位、密钥加一致,没有列混合操作。

总的来说,AES 加密算法通过复杂的多轮加密操作(包括字节代换、行移位、列混合和密钥加)并支持 128 位、192 位和 256 位密钥长度,确保数据难以被破解。AES 在软件和硬件实现中都非常高效,适用于低功耗设备,能快速加解密数据。AES 加密算法灵活性强,支持多种密钥长度,适应不同的安全需求,对差分和线性攻击具有强大抵抗力,可采用以下几种工作模式以适应不同场景的加密需求:

(1) 电子密码本模式:将明文分成固定大小的分组(例如 128 位),然后使用相同的密钥对每个分组进行加密。但是,该方案存在一个很严重的缺陷,在同一密钥下,相同的明文分组会生成相同的密文分组,这使得电子密码本模式不适合加密长数据或重复性高的数据。如果明文为全 0 或 1,那么电子密码本模式其实是失效的。

(2) 密码分组链接模式：每个明文分组在加密前先与前一个密文分组进行异或操作,第一个明文分组使用与明文长度相同的初始向量相异或。可以看出,密码分组链接模式中前后密文的加密是存在链式关系的。具体而言,改变当前明文分组,会导致当前密文分组和之后所有密文分组发生改变,这也表明密码分组链接模式可用于产生消息认证码,使得消息接收者 Bob 可以验证传输的信息是来自发送者 Alice 且未经过篡改。也就是说可以使用密码分组链接模式保护消息的完整性。此外,密码分组链接模式中初始向量需要被保护,必须为收发双方共享,且不能被第三方预测到。

(3) 输出反馈模式：在电子密码本模式中,明文分组是使用相同的密钥异或进行加密的；另一种常用的方法是使用密钥流来加密明文分组。在输出反馈模式中,当前的加密密钥由前一个加密密钥使用加密函数计算得出,然后再由加密密钥与明文异或得到密文。需要注意的是,所有的加密和解密过程都使用相同的加密函数。

3.3　基于公钥的无线通信加密技术

密钥的传输,分发和管理限制了基于对称密钥的无线通信加密技术的发展。因此,基于公钥的无线通信加密技术使用加入非对称加密算法,采用公钥和私钥用于数据的加解密过程,解决密钥分配和管理困难及开销大等的问题。其中,公钥可以公开传播,而私钥则只属于密钥的持有者。任何发送端都可以使用接收方提供的公钥来加密数据,但只有拥有相对应私钥的接收方才能正确解密数据,保证通信的机密性。

如图 3-4 所示,与基于对称密钥的加密技术相比,基于公钥的加密技术无需使用安全信道进行密钥分发,它允许通信双方进行双向通信,并用于区分窃听者和合法接收者。基于公钥的加密技术有分别用于加密和解密的两个密钥。任何用户都可以使用公钥对发送的消息进行加密,但只有持有私钥的合法接收者才能解密消息。目前主要的公钥加密体制分为：椭圆曲线密码学(Elliptic Curve Cryptography,ECC)、基于配对的密码学(Pairing-Based Cryptography,PBC)、基于大整数分解难题的 RSA 算法(由 Ron Rivest、Adi Shamir 和 Leonard Adleman 提出,RSA)和 Rabin 算法等及基于格理论的 NTRU 加密算法(Number Theory Research Unit,NTRU)等,如表 3-1 所示。其中,RSA 算法的破解难度取决于大整数分解的计算量,即将一个大的合数分解为其素数因子。随着密钥长度增加,RSA 算法被

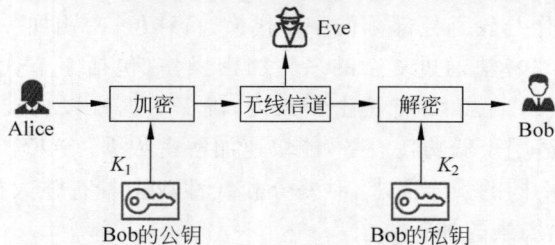

图 3-4　基于公钥的无线通信加密技术

破解的概率急剧降低,但同时也带来更多的加解密计算开销。

表 3-1 主要公钥加密体制对照表

加密体制	理论基础	速 度	主要运算
RSA	大数模余环	慢	模幂、模乘
ECC	椭圆曲线群	快	标量乘、点映射
Rabin	大数模余环	加密快	模平方
NTRU	格理论	最快	卷积
PBC	双线性对映射	最慢	对运算、点映射

3.3.1 基于大整数分解难题的加解密算法

RSA 算法由 Ron Rivest、Adi Shamir 和 Leonard Adleman 在 1977 年共同提出,RSA 的名字取自他们三人姓氏的首字母,是目前应用最广泛的公钥加密技术之一,用于保护通信安全。RSA 基于数论的加密算法,其安全性依赖于大数分解的困难性。

1. 密钥生成

选择两个大质数 p 和 q:这两个质数需要足够大,以确保 RSA 的安全性。计算两个质数的乘积 $n = p \times q$,以及 n 的欧拉值函数 $\varphi(n) = (p-1)(q-1)$。选择一整数 e,满足 $1 < e < \varphi(n)$,且 $\varphi(n)$ 和 e 的最大公因子为 1。计算 d,满足 $d \cdot e = 1 \bmod \varphi(n)$。以 $\{e, n\}$ 为公钥,$\{d, n\}$ 为私钥。

2. 加密

首先将明文进行分组,使得每个分组长度小于 $\log_2 n$,然后对每个明文分组 m,计算 $c = m^e \bmod n$。

3. 解密

解密过程使用私钥 $\{d, n\}$ 将密文 c 还原为明文 m:

$$m = c^d \bmod n$$

以质数 $p = 7$ 和 $q = 17$ 为例,RSA 算法的加解密流程为:首先计算 $n = p \times q$ 可得 $n = 119$,$\varphi(n) = 96$,选择 $e = 5$,确保 e 与 $\varphi(n)$ 互质。根据 $d \times 17 = 1 \bmod 3120$,得到 $d = 77$,因此公钥为 $\{5, 119\}$、私钥为 $\{77, 119\}$。当明文 $m = 19$ 时,则密文为 $c = 19^5 \bmod 119 = 66$,解密的过程为 $m = 66^{77} \bmod 119 = 19$。

此外,RSA 也广泛应用在安全协议之中,以下将介绍其在安全套接层(Secure Sockets Layer,SSL)中的应用。安全套接层是使用最广泛的安全协议之一,提供了数据加密、源等服务身份验证和完整性保护,可以适应用于密钥协商、加密和散列的不同加密算法(这些算法的特定组合则称为密码套件),其主要组件是握手协议和记录层协议。其中,握手协议允许客户端和服务器协商通用密码套件、相互验证并使用公钥算法建立和共享主密钥。记录层从主密钥中派生对称密钥,并将其与更快的对称密钥算法一起使用,从而进行应用程序数据的批量加密和身份验证。由于公钥操作的计算成本很高,协议设计者重用了客户端和服务器先前建立的主密钥能力,此功能也称为"会话恢复""会话重用"或"会话缓存"。由此而产生的简短握手不涉及任何公钥加密,并且需要更少和更短的消息。

基于 RSA 的握手操作流程如下:首先,客户端和服务器交换随机数(用于重放保护),并使用 ClientHello 和 ServerHello 消息协商密码套件。接着,服务器在服务器证书消息

(Server certificate message)中发送其签名的 RSA 公钥。客户端验证服务器的 RSA 密钥，并使用它来加密随机生成的 48 字节数字（预主密钥），加密结果在客户端密钥交换消息中发送。服务器使用其 RSA 私钥来解密预主密钥。最后，两个端点使用预主密钥创建一个主密钥，与之前交换的随机数一起用于派生密钥、初始化向量和 MAC（消息认证码）密钥，以便记录层进行批量加密和身份验证。

3.3.2　椭圆曲线密码学

与 RSA 相比，ECC 在提供同等级别安全性的同时使用的秘钥大小更小，从而实现更快的计算。与 RSA 算法不同，ECC 对有限域上定义的椭圆曲线上的一组点进行运算。其主要加密运算是标量点乘法，计算公式为 $Q=kP$（P 点乘以整数 k 得到曲线上的另一个点 Q）。标量乘法通过点加法和点倍增法的组合来执行。例如，$11P$ 可以表示为 $11P=(2((2(2P))+P))+P$。ECC 的安全性依赖于解决椭圆曲线离散对数问题的难度，该问题指出，对于给定 P 和 Q，很难找到 k，使得 $Q=kP$。除了曲线方程之外，椭圆曲线的一个重要参数是基点 G，它对于每条曲线都是固定的。在 ECC 中，以一个较大的随机整数 k 作为私钥，而将私钥 k 与曲线基点 G 相乘的结果作为相应的公钥。

文献[13]的结果表明，使用 ECC 加解密算法可以减少服务器为新 SSL 连接处理请求的时间。对于 70 KB 的页面大小，将 ECC-160 与 RSA-1024 相比，处理时间减少了 29%；对于 10 KB 的文件大小，将 ECC-224 与 RSA-2048 相比，处理时间减少了 85%。

并非所有椭圆曲线都具有强大的安全性，对于某些曲线，椭圆曲线离散对数问题可以有效解决。由于曲线选择不当可能会危及安全性，美国国家标准与技术研究院和高效密码学标准小组等标准组织发布了一组具有必要安全属性的曲线，并建议使用这些曲线作为促进安全协议不同实现之间互操作性的一种手段。和对称密钥加密技术一样，如果密钥太短，基于公钥的加密技术也易受到穷搜索攻击。因此，密钥必须足够长才能对抗穷搜索攻击。然而，又由于公钥密码体制的计算复杂性与密钥长度常常不是呈线性关系，而是增加得更快。因此密钥太长会使得加解密运算太慢而不实用。

3.4　无线通信加密协议

无线信号传输容易受到窃听、篡改和重放攻击等威胁。加密协议可保证未经授权的个体无法获取或篡改通信内容。这些协议通常基于对称和非对称加密算法以及数字签名等技术，保护数据的真实性、保密性、完整性和可用性。无线通信加密协议的设计和实现需要考虑到多种因素，包括安全性、性能、复杂性、资源消耗等。同时，随着无线通信技术的不断发展，加密协议也需要不断升级和改进，以应对新型安全威胁和攻击手段。因此，理解和掌握无线通信加密协议的原理和应用至关重要，对于确保无线通信数据的安全性具有重要意义。

3.4.1　Wi-Fi 网络安全接入协议

有线等效加密（Wired Equivalent Privacy，WEP）由 IEEE 802.11 标准于 1997 年制定并发布，使用静态密钥来加密数据传输，并采用 CRC32 校验和初始化向量（Initialization Vector，IV）来保护传输数据的完整性。但是，WEP 存在严重的安全缺陷，如静态密钥易破

解、重用漏洞和弱加密算法等问题,使得加密的数据容易受到攻击和破解,安全性差。Wi-Fi
联盟于 2003 年推出了 WPA 协议,作为对 WEP 的改进和替代,旨在提供更强大的加密和认
证机制,以解决 WEP 存在的安全问题。其核心原理包括临时密钥完整性协议(Temporal
Key Integrity Protocol,TKIP)、动态密钥生成、802.1X 认证和消息完整性校验码(Message
Integrity Code,MIC)。其中,临时密钥完整性协议采用临时密钥对数据进行加密,提高了
通信的保密性;动态密钥生成机制定期更新会话密钥,增加了破解的难度,从而提高了网络
的安全性;消息完整性校验码可以确保数据在传输过程中不被篡改,保证了通信的完整性。

2006 年,Wi-Fi 联盟进一步推出 WPA2(Wi-Fi Protected Access Ⅱ)加密方案,采用更
强的加密算法和协议,显著提升了无线网络的安全性。WPA2 协议允许请求者(如笔记本
电脑和智能手机等终端设备)与认证者(例如路由器等无线接入点)建立加密密钥,包括成对
临时密钥(Pairwise Transient Key,PTK)和组临时密钥(Group Temporal Key,GTK),以便
对通过网络交换的消息进行加密。在典型情况下,成对临时密钥用于保护请求者的 Wi-Fi
流量,组临时密钥用于保护认证者到其请求者的广播消息安全,如 IP 多播流量等。

WPA2 密钥的建立依赖于请求者和认证者的四次握手协议:双方相互共享各自生成的
随机数,并分别将两个随机数与预共享密钥相结合,以得出其成对临时密钥。认证者派生出
成对临时密钥后,会与请求者共享组临时密钥。WPA2 协议中区分了密钥的派生和安装:
一方派生出密钥后,它就知道该密钥,但可能尚未准备好使用该密钥加密消息;只有当一方
安装密钥时,该方才能使用该密钥加密消息。具体而言,在收到组临时密钥后,请求者会安
装两个密钥并向认证者发送确认,认证者在收到确认后也会安装成对临时密钥。四次握手
的具体执行如下:

如图 3-5 所示,认证者首先生成一个随机数(称为 ANonce),并将其与重放计数器一起
发送给请求者。请求者生成自己的新随机数 SNonce,并使用密钥派生函数从预共享密钥和
两个随机数中派生成对临时密钥。然后,请求者将其在消息 1 中收到的 SNonce 和重放计
数器发送给认证者。为了使认证者可验证消息的完整性,消息交互过程附加了使用成对临
时密钥计算的消息完整性代码。当收到消息 2 后,认证者会派生临时密钥并检查其消息完

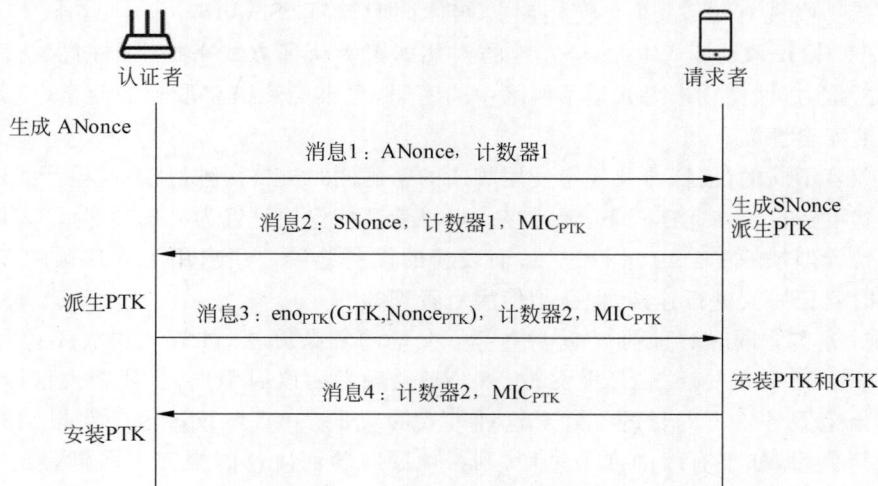

图 3-5　WPA2 协议中四次握手示意图

整性代码，并生成加密组临时密钥，将其与递增的重放计数器和消息完整性代码一起发送给请求者。

当请求者收到消息 3 时，需要先验证消息完整性代码：如果验证成功，它会安装组临时密钥和成对临时密钥，并将成对临时密钥的随机数设置为 0 作为初始化向量。当请求者的身份验证器确认已成功安装密钥，则使用临时密钥为消息 3 的重放计数器计算消息完整性校验码，并将重放计数器和消息完整性校验码发送回身份验证器。最后，认证者安装临时密钥，握手完成。

然而 Vanhoef 和 Piessens 在 2017 年发现 WPA2 的四次握手过程很容易遭受密钥重装攻击（Key-Reinstallation Attacks，KRACK）的安全漏洞，是一种中间人攻击，这利用了最关键的四次握手协议本身，通过巧妙利用 WPA2 机制（如消息重传），迫使一方重新使用随机数。如前所述，在未遭受攻击的四次握手中，认证者和请求者首先交换随机数，然后认证者将组临时密钥传输给请求者。然后，请求者安装成对临时密钥和组临时密钥，并向认证者确认安装，认证者反过来也会安装成对临时密钥。但如果认证者没有收到请求者的安装确认，就会出现问题。这时就需要重新传输消息：如果认证者在一定时间内没有收到安装确认，它会认为请求者没有收到上一条消息，因此会向请求者重新传输消息 3。但如果请求者确实收到了上一条消息，已经安装了密钥，在这种情况下，请求者在再次收到消息 3 后重新安装这两个密钥，从而将成对临时密钥的随机数重置为 0。如果请求者在重新安装之前使用成对临时密钥发送了加密消息，则随机数重置将导致在第二次安装后加密其他消息时重复使用随机数。因此，中间人攻击只需诱骗认证者，让其相信请求者未安装密钥，即攻击者只需阻止请求者的安装确认到达认证者即可。当认证者随后重新传输消息 3 时，攻击者会将其转发给请求者，请求者将重新安装密钥。实际上，攻击在实现上可能没有那么简单。这是因为某些请求者仅在安装了成对临时密钥后才接受加密消息，而攻击者拦截的消息 3 仍然未加密。

在密钥重装攻击出现之后，Wi-Fi 联盟进一步发布了 WPA3（Wi-Fi Protected Access 3）协议作为升级版。需要注意的是，WPA3 并没有定义新的协议。相反，它是一种认证，定义设备必须支持哪些现有协议，并且使用对等实体同时验证（Simultaneous Authentication of Equals，SAE）协议取代了 WPA2 个人版的预共享密钥认证方式来提供前向保密性和对字典攻击的抵抗力，即使攻击者知道了网络中的密码，也不能解密获取到的流量，显著提升了无线网络的安全性能。

为了兼容不同的设备，协议规定使用相同的密码同时支持两种协议，使得无线网络可以在过渡模式下运行。在此模式下，无线接入点将管理帧保护设置为可选。然后，较旧的客户端使用不带管理帧的 WPA2 进行连接，而较新的设备终端使用启用了管理帧的 WPA3 对等实体同时验证协议进行连接，但必须使用对管理帧。

由于对等实体同时验证协议握手使用了大量的复杂算法，如果攻击者不停使用大量不同的消息认证码来发送 SAE 报文，这将会频繁触发协议握手过程，耗费大量计算资源，从而达到拒绝服务攻击的目的。针对这种方式的攻击，SAE 协议规定交互报文的并发量达到一定阈值后，如果有新的握手过程，则必须同时验证协议的报文中所携带的 token 用于标示用户的唯一 MAC，否则，就拒绝协议交互，从而达到防止攻击的作用。此外，字典攻击和降级攻击将严重影响协议的安全性和可靠性，其中，字典攻击是通过捕获握手数据并使用预生成的密码列表来猜测用户密码,特别是当无线用户使用弱密码时。降级攻击则是强制设备使用较低级别的安全协议,从而利用其已知漏洞进行攻击,这一过程主要包括:

(1) 攻击过渡模式。

在该模式下攻击者通过降级攻击修改信标诱使用户终端认为接入点仅支持 WPA2,虽然可以通过四次握手检测出来,但往往攻击者已经捕获了足够的数据来进一步执行字典攻击(只需捕获一条经过身份验证的四次握手消息就可以进一步执行字典攻击)。当攻击者获取网络的 SSID 且靠近用户终端,即可使用给定的 SSID 广播仅支持 WPA2 的网络,使得用户终端采用较低级别的安全协议连接到恶意接入点。此时,攻击者可以伪造四次握手的第一条未经身份验证的消息。作为响应,用户终端会传输经过身份验证的第二条消息。基于该握手消息,则可以成功发起字典攻击,使得用户数据泄露。

(2) 攻击 SAE 协议的协商过程。

SAE 协议握手可以使用不同的椭圆曲线或乘法组来运行,IEEE 802.11 标准允许接入点按照用户可配置的顺序进行优先排序,以提供灵活性,但用于协商所需组的机制很容易受到攻击。原因在于,用户终端需要与接入点协商用于加密所需的组,当接入点不支持该组,则用户终端需要不断与接入点协商,直到选择双方都支持的椭圆曲线加密算法。然而这一过程没有提供检测机制验证该过程是否有受到干扰,使得攻击者可以伪造入点的协商帧,强制用户设备使用低级别加密的组,进一步发起降级攻击。

为了减轻降级攻击和字典攻击的风险,用户端设备应该记录网络是否支持 SAE 协议,当通过协议验证成功连接网络后,客户端绝不能再使用较弱的握手过程连接到该网络,例如,Linux 系统的 NetworkManager 组件和 Google Pixel 3 已经采用了类似的防御。如果客户端注意到网络不再支持 SAE 协议,应提示用户输入网络的密码,用于防止自动降级攻击,同时允许用户通过重新输入密码来增强防御。对于部分仅支持 WPA3 的无线接入点,可以在协商帧中添加数据位标志,以指示支持不同协议的设备,表明该网络无法防御降级攻击。另一种防御方法是部署单独的支持不同协议的网络并使用不同的密码,通过在四次握手期间将受支持组的信息包含在协商帧中,可以缓解降级攻击的风险。

3.4.2　蜂窝移动通信网络安全协议

LTE 是第四代移动通信网络标准,旨在提供无缝覆盖、高数据速率和低延迟的蜂窝无线通信服务。为了促进用户终端(User Equipment,UE)和分组核心网(Evolved Packet Core,EPC)之间的安全数据包交换,LTE 蜂窝网提出了演进分组系统认证及密钥协商协议,用于保护网络免受重定向攻击、流氓基站攻击和中间人攻击。在该协议中,用户终端和分组核心网之间调用了双向身份验证过程,负责生成加密密钥(Ciphering Key,CK)和完整性密钥(Integrity Key,IK)。加密密钥和完整性密钥都用于数据加密和完整性检查,以增强 LTE 传输的机密性和完整性。图 3-6 显示了采用演进分组系统认证及密钥协商协议的 LTE 双向身份验证过程,用户终端和 LTE 网络应验证彼此的身份。

具体来说,分组核心网中的移动性管理实体首先向用户终端发送用户身份请求,用户终端回复其唯一的国际移动用户识别码。接着,移动性管理实体向归属用户服务器发送认证数据请求,其中包括用户终端的国际移动用户识别码和服务网络的身份。归属用户服务器

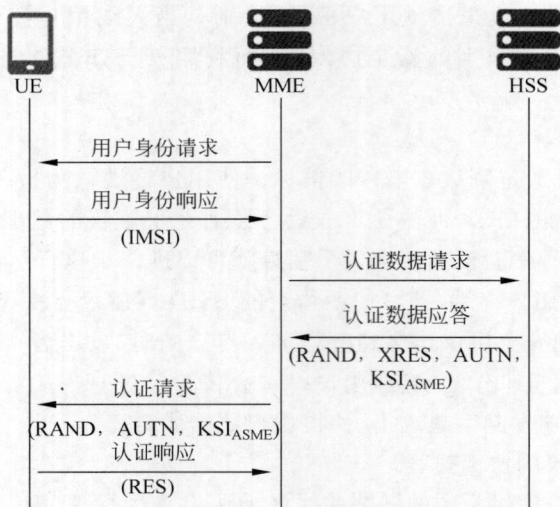

图 3-6　使用 EPS-AKA 协议在 LTE 中进行双向身份验证

收到请求后,通过返回包含输入随机参数 RAND、认证算法在 LTE 网络侧的输出 XRES、网络授权机构的标识 AUTN、接入安全管理实体的密钥集标识 KSI_{ASME} 的演进分组系统认证向量来响应移动性管理实体,然后,移动性管理实体向用户终端发送包含输入随机参数、网络授权机构的标识和接入安全管理实体的密钥集标识的认证请求。用户终端检查其接收到的参数以验证 LTE 网络,如果网络认证成功,则用户终端生成响应 RES 并发送给移动性管理实体。移动性管理实体将认证算法在 LTE 网络侧的输出与用户终端生成响应进行比较,如果相同则意味着用户终端也通过了认证。

第五代(5G)移动通信系统的认证密钥协商协议(Authentication and Key Agreement, AKA)引入了公钥加密隐藏订阅永久标识符,从而增强移动用户的隐私保护。然而,认证密钥协商协议仅在被动攻击者存在的情况下才能够保护隐私,并且仍然容易受到主动攻击者的链接攻击。主动攻击者可以通过执行这些攻击来跟踪目标手机,这会危及用户的隐私安全。因此,3GPP 更新了认证密钥协商协议,使用户终端和归属网络能够相互身份验证,并为后续程序建立锚密钥。

与之前的协议相比,5G 认证密钥协商协议在保护用户隐私方面取得了进展,例如禁止以不安全的明文形式传输用户永久标识符。当订阅永久标识符通过无线电发送时,必须使用归属网络的公钥通过椭圆曲线集成加密算法加密订阅永久标识符,使得只能监控无线流量的窃听攻击者既无法以明文形式访问订阅永久标识符,也无法通过订阅永久标识符在认证密钥协商协议会话中跟踪用户终端。然而,最近的研究发现协议仍然容易受到流氓基站等主动攻击,造成严重的隐私泄露。具体来说,攻击者通过重放来自其先前参加的认证密钥协商协议会话的消息,将目标用户终端与其先前的认证密钥协商协议会话链接起来,以达到监视或跟踪目标用户终端的目的,甚至可以推断出用户的真实身份。

此外,攻击者可以在不同代的移动通信协议跟踪目标用户终端。例如,在 5G 中将目标用户终端与其 4G 认证密钥协商协议的会话关联起来。更具体地说,跨协议可链接性攻击首先捕获目标用户终端的 4G 认证密钥协商协议会话,包括其订阅永久标识符等,然后对攻击区域内的所有用户终端发起可链接性攻击,并通过其独特的响应来区分目标用户终端,使得攻击者能够跟踪高价值目标用户(例如大使馆官员和记者),并造成 5G 认证密钥协商协议会话的订阅永久标识符泄露。

提高 5G 认证密钥协商协议的隐私性并非易事,主要原因有以下几点:首先,存在多种类型的可链接性攻击,需要"一次性"解决所有问题,所提升的效果才能令人满意。其次,提议的修复方案必须与 3GPP 当前的 5G 网络规范(如 TS 31.102 定义的 SIM 卡命令)兼容。最后,除了修改所有相关标准的努力之外,不兼容的方案还需要通信提供商为所有用户更换 SIM 卡,并要求所有服务网络相应地修改其实现,这将导致过高的迁移成本,使得在实际部署中非常麻烦。

3.5　无线通信秘钥管理

无线通信中的密钥管理过程涉及密钥的生成、存储、使用、备份、恢复、更新、撤销和销毁等,为用户提供身份验证、可追溯、保密性、不可否认性和数据保护等多方面的安全服务。通常,密钥管理机制需充分考虑通信节点的可用带宽、传输距离、电池寿命、计算能力以及部署环境等约束条件,满足可用性、完整性、保密性、可拓展性、有效性、连接性和抗毁性等要求。当前,根据无线网络中的密钥对称性、节点类型、网络结构以及动态性等特征,可以将密钥管理的方案分为对称和非对称密钥管理、同构和异构密钥管理、分布式和集中式密钥管理、静态和动态密钥管理以及随机和确定密钥管理。本节以随机和确定密钥管理为例,介绍密钥管理机制的基本原理。

3.5.1　随机密钥管理

在随机密钥管理中,节点通常从密钥池中随机选取一部分密钥,其特点是分配机制简单,但通常具有盲目性且需要消耗较大的存储空间。具体来说,随机密钥管理通常包括以下几个阶段:

(1)密钥预分配阶段:每个传感器节点从一个密钥池中随机选择一定数量的密钥,并将其存储在内存中。这些密钥构成了节点的密钥环。密钥池的大小选择使得任意两个随机子集之间以一定概率共享至少一个密钥。

(2)共享密钥发现阶段:部署后,每个节点广播其携带的密钥索引,以便邻近节点发现是否存在共享的密钥。如果存在共享密钥,则使用该密钥来保护与广播节点的通信。

(3)路径密钥建立阶段:如果两个邻近节点没有共享密钥,它们可以通过安全的方式协商一个共同的密钥。此过程利用了已经建立的安全链接来传递密钥信息。此外,在实际的无线传感器网络中,随机密钥的分发与管理可以根据节点位置、网络拓扑和节点分组管理等信息进一步提高网络连接性并降低资源开销。例如,在无线传感器网络的部署过程中,节点的最终驻留位置可能遵循某种概率分布(如高斯或泊松分布等)。因此,可以预测节点之间的距离和连通概率,从而在密钥选择阶段提高邻近节点分配相同共享密钥的概率,增强网络的整体连接性。

最经典的随机密钥管理方案是由 Eschenauer L. 和 Gligor V. 在 2002 年提出的随机密钥预分配方案(E-G 方案)。在无线传感器网络中,为了确保节点之间的安全通信,通常采用预生成包含 K 个不同的密钥的密钥池。每个节点从密钥池中随机选择 k 个密钥(k 远小于

K），形成个体密钥集。当邻居节点发现彼此的密钥集有相同的密钥时，则共有密钥可作为双方的配对密钥，直接建立加密通信。当两个节点各自的密钥集中找不到可以直接共享的密钥，它们将尝试建立一个由多个中间节点组成的通信链路来进行通信，其中每一跳的链路都依赖于连续节点间的配对密钥。根据随机图理论，若任意两个节点之间至少存在一个相同密钥的概率为 p，则其与随机选取的密钥数量 k 和密钥总量 K 之间存在如下关系：

$$p = 1 - \frac{((K-k)!)^2}{(K-2k)!K!} \tag{3-3}$$

由此可见，网络的安全连通概率会受到几个因素的影响：首先是密钥池的大小，这决定了可供选择的密钥数量；其次是每个节点选择的密钥集的大小，即节点拥有的密钥数量；最后是网络的规模，也就是网络中节点的数量。

随机密钥管理增强了网络灵活性、可拓展性和安全性，即使在节点间不存在共享密钥的情况下，也可建立间接安全路径。此外，在分布式无线网络中，每个节点通过存储一定量的密钥也能够获得较高的安全连通概率。例如，从包含一万个密钥的密钥池中随机选取 75 个密钥，就可以确保任意两个节点间的安全连通概率达到 50%。此外，根据节点连接概率、密钥路径建立以及节点部署分布等先验信息，在 E-G 方案的基础上，又分别提出了 RKPS、q-Composite、CPKS 等密钥管理机制，进一步提升密钥管理效率和加密性能。

3.5.2　确定密钥管理

确定密钥管理机制通过在任意两个节点间建立起安全通信链路，保证节点间的高连通概率，相比于随机密钥管理提高了网络的安全性。特别地，针对无线传感器网络的存储空间、计算资源和能量受限等特征，基于密钥预分发机制在网络部署之前将密钥信息分发到所有传感器节点，以确保节点在无需网络拓扑知识的条件下安全通信，减少密钥存储和计算开销。然而，该机制可能存在部署灵活性低、网络可拓展性差以及抗毁能力弱等问题。

基于组合理论的确定密钥管理机制根据无线传感器网络的节点规模 N，将密钥分配视为一个组合设计问题，并采用平衡不完全区块设计（Balanced incomplete block design，BIBD）和广义角（Generalized Quadrangles，GQ）等方案使得每个传感器节点能够以均匀的方式共享密钥，从而提高任意两个节点之间共享密钥的概率。具体而言，首先确定一个满足 $n^2+n+1>N$ 的质数 n，然后生成 $n-1$ 个 n 阶的正交拉丁方矩阵。在该矩阵中，恰有 n 种不同的元素且同一行或同一列里只出现一次，该结构确保了元素的均匀分布和唯一性。然后，节点之间利用正交拉丁方矩阵中的行和列找到共享的密钥，从而实现直接的密钥共享。最后，通过 GQ 理论中的邻接结构、环结构、对称性，以及冗余连接等特性，为大规模传感器网络提供额外的连接路径和提高网络的结构复杂性来增强网络中节点之间的连通性。该方案可以保证网络中任意两个节点之间的连通概率为 1，提高密钥共享的概率和降低平均密钥路径长度。

此外，基于可信分发中心的密钥分发机制可采用伪随机数、主密钥和消息认证码等方式，为网络节点建立密钥配对以保证数据的保密性。具体来说，可信分发中心作为高度可信任的实体，负责密钥的生成、存储和分发，该过程通常依赖于严格的认证和授权流程，只有经过授权的用户或设备才能获得密钥，确保全过程的安全性和可靠性。其核心优势在于集中管理，从而简化了密钥的生命周期管理，提高了整体的效率和可控性。例如可信分发中心负责密钥的更新和撤销，在密钥过期或泄露时生成新的密钥，并更新相关记录，以防止旧密钥的继续使用。为了确保所有操作的可追溯性,可信分发中心通常会记录详细的审计日志。

3.6　无线通信物理层加密技术

物理层加密技术作为上层加密算法的补充,具有诸多优势。首先,物理层密钥可以在通信双方直接生成,无需密钥管理及分发过程,降低了密钥泄露的风险。其次,物理层密钥利用无线信道天然的随机特性,降低了密钥生成的计算复杂度。最后,信道的互易性与时变性可用于高效生成"一次一密"的动态密钥,提高无线通信的安全性能。

Maurer 提出通过提取通信信道的共有信息生成加密密钥的方法。根据信道的短时互易性,通信双方在同一时刻测得的信道特征相同,可以作为生成密钥的随机源。进一步,利用无线信道的时变性自动更新密钥,从而降低被窃听的概率。具体来说,无线通信信道具有很好的随机性和互易性,即通信双方在同时同频工作时,上下行信道在短时间内具有相同的信道特性(信道相干时间),且随着发射机或接收机的位置而改变。而窃听者只有在非常接近合法接收者的位置(相干距离)时,才能获得相近的信道特性,这在实际系统中难以达到。当把无线信道的随机性转化为加密密钥,该密钥就具有近似"一次一密"的安全特性。另外,由于上下行通信信道的互易性,通信双方由信道特性转化出的密钥通常具有对称性,因而无需给通信双方分发对称密钥。因此,利用无线收发信机之间的多径信道特性的密钥生成方法,可以构造安全的无线保密通信系统,保护空中接口的安全。

如图 3-7 所示,基于无线信道随机性的物理层加密密钥生成技术通常包括以下 5 个步骤。

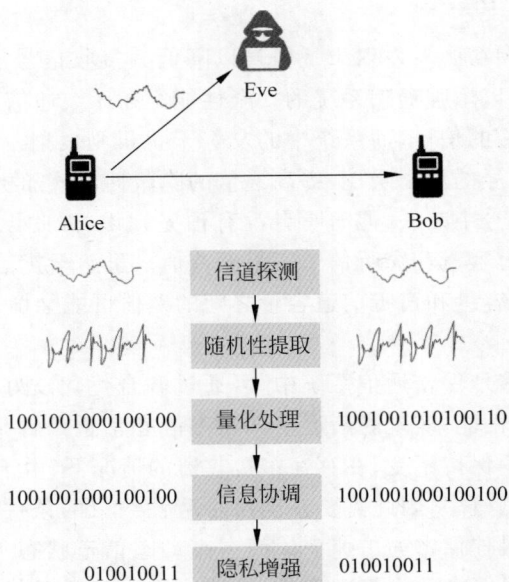

图 3-7　基于无线信道随机性的物理层密钥生成

（1）信道探测:用于测量通信双方的信道状态信息、接收信号强度或相位等信息。由于信道的互易性,通信双方在相干时间内会探测到高度相关的接收信号。

（2）随机性提取：从信道衰落中提取出随机性并去除确定性的部分，如由通信距离引起的路损，用来生成共享密钥。通常可以采用移动窗口平均法提取信道小尺度衰落随机性。

（3）量化处理：将提取的随机性信息离散化处理，便于处理和存储。

（4）信息协调：通信双方之间进行的一种纠错方式，目的是确保双方分别生成的密钥是相同的。由于无线信道的不完全互易性，量化后双方提取的比特通常不完全相同。

（5）隐私增强：用于消除关于密钥和量化比特之间的相关性的方法，该部分信息可能在信道探测或信息协调时被窃听。

3.7　基于友好干扰和人工噪声的无线抗窃听技术

无线通信的广播特性使得合法的数据传输极易受到窃听攻击，存在用户隐私泄露风险。基于友好干扰和人工噪声的抗窃听技术通过人为产生噪声信号，阻止窃听节点截获合法传输信号，从而降低数据泄露风险，增强系统的安全性。抗窃听系统的安全性一般由保密速率衡量，定义为合法传输速率和窃听速率的差值。1949年，克劳德·香农为秘密通信的研究奠定了理论基础，其研究表明，如果窃听者可以访问与接收者完全相同的信息（除了加密密钥），只有当密钥长度至少与保密信息一样大时，才能实现完美的保密。Csiszár等则进一步证明了如果窃听者的信道容量小于收发机之间的信道容量，则保密通信是可实现的。但是，如果窃听者拥有比接收机更好的信道条件，例如窃听者比接收机更靠近发射机，则保密能力可能为零，但这并不意味着不能实现保密通信。例如，发射机可以通过发送人工噪声来降低窃听者截获到的数据质量。

3.7.1　友好干扰

友好干扰技术通过向窃听者发射干扰信号以降低其接收信号质量，从而降低其对合法信号的解码概率，因此可以增强通信系统的安全性能。在无线通信系统中，窃听者可以截获发射机和接收机之间传输的信号，而系统中的友好干扰机则发射一串随机信号对窃听者造成干扰，以降低被截获信号的信干噪比，提高通信的隐蔽性。该随机码字可以被合法的接收者解码，并从接收到的信号中减去，但窃听者没有预先知识，因此无法解码。抗窃听系统的安全容量定义为合法信道容量和窃听信道容量的差值。虽然干扰信号会同时影响到窃听者和合法用户，但是主信道容量和窃听信道容量之间的差值可能会增大，因此可以有效提高通信的安全性。

在多用户正交频分多址保密通信系统中，可通过联合优化友好干扰的信道和发射机的功率，降低窃听者的检测性能，实现隐蔽通信。在准静态信道条件下，即信道变化缓慢且信道系数在一次传输过程中保持不变，在存在多接收器的情况下，由于在某单个频段增大传输功率会提高窃听者的检测概率，因此需要在满足隐蔽性约束的条件下分配发射机的传输功率以实现在不同频段的最佳保密通信速率。而在高动态信道状态下，即信道变化快且在一次传输过程中信道系数可能会发生多次变化，还需要进一步考虑优化用于信道估计的导频序列长度，以平衡信道估计和数据传输时间，从而在满足隐蔽性约束的条件下最大化保密通信速率。此外，友好干扰机和窃听者之间的交互过程可采用非零和博弈模型描述，其中，友好干扰机分配各个信道的干扰功率以提升网络的保密容量，而窃听者则通过选择攻击的信道以最大化其窃听速率。该抗窃听博弈的纳什均衡表明友好干扰机和窃听者都将选择在窃听容量最高的信道上进行功率分配和攻击，而当可用的通信信道多于窃听信道时，友好干扰机可以选择攻击具有最大窃听容量的信道，以提高系统的保密速率。

为了提高友好干扰的能量效率和成功概率，干扰信号的波形设计应该考虑到实际通信系统的协议配置，如通信带宽、调制编码方式和信号的时频域结构，使干扰信号的时频带宽与发射信号的时频带宽基本匹配。特别是，当发射信号不是严格平稳的情况下，使用普通高斯噪声或自由匹配噪声作为干扰信号，干扰效率相对较低。在实际系统中，由于干扰信号的随机结构和同步偏移，往往难以实现完美的时频带宽匹配，因此，在设计干扰信号波形时可以将信号分段，并分别分析每个段的频谱特征以设计相应的匹配波形结构。例如，信号频谱的中间部分通常具有较窄的带宽，如正交振幅调制或相位键控信号中包含的同相和正交分量，可以采用平坦的电压噪声覆盖这些关键信息，增加窃听者解码的难度。而边缘部分则具有较宽的带宽可以使用高斯白噪声，在多个频率上均匀分布能量，窃听者在尝试解码时，可能会将这些噪声视为背景噪声，从而无法有效提取出有用的信号信息。

然而，友好干扰技术也存在一些难点和挑战，有待进一步研究和解决。例如，接收机的干扰信号在实际情况中通常难以被完美消除，因此同样会降低接收信号的信干噪比，导致合法通信链路的误码率增加。此外，产生干扰信号也会消耗功率资源，带来额外的系统开销。因此，通信的安全性、可靠性和系统开销之间的折中是个重要的研究问题。

3.7.2　人工噪声

基于人工噪声的物理层安全技术通过在信道中引入特定的噪声信号，以降低窃听者的接收信号质量。如图 3-8 所示，通过引入噪声信号，使得窃听者难以获取有效信息，从而保护通信内容的机密性。一般而言，噪声信号是由发送端动态生成的，并且在通信过程中不断更新，以确保安全性。具体来说，发送端生成具有随机性和复杂性的噪声信号，并将原始信息与生成的噪声信号混合后发出。接收端通过相应的解码算法将噪声信号分离出来，还原出原始信息内容。由于噪声信号的引入，即使窃听者拦截到混合了噪声的通信信号，也很难还原出有效的原始信息。

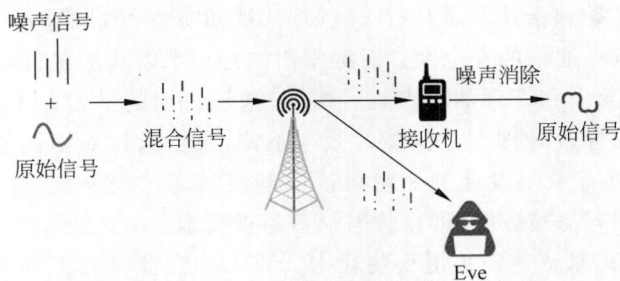

图 3-8　基于人工噪声的物理层安全技术

Goel 等研究了基于人工噪声的多天线通信系统，实现了窃听场景中的保密通信。其结果表明，当发射天线的总数超过窃听者的天线数时，无论窃听者的位置如何，即使窃听者距离发送端比接收端更近，系统均存在非零的保密速率。而在单天线通信系统中，可以通过中继节点的天线来产生人工噪声，从而提升系统安全性。具体而言，假设发射端有 N_T 个天线，接收端有 N_R 个天线，窃听者有 N_E 个天线，H_k 表示接收端信道矩阵，G_k 是窃听者信道矩阵，则在第 k 时隙，接收端和窃听者接收到的信号分别为 $z_k = H_k x_k + n_k$ 和 $y_k = G_k x_k + e_k$，其中，x_k 是发射信号，n_k 和 e_k 分别是接收端和窃听者的高斯白噪声。

在发射端，传输的信号 x_k 是信息信号 s_k 和人工噪声 w_k 的组合，即 $x_k = s_k + w_k$，其中，s_k 和 w_k 都是复高斯向量。为了确保人工噪声不会影响接收端，选择位于接收端信道 H_k 的零空间中的 w_k，即 $H_k w_k = 0$。此时，接收端和窃听者接收到的信号分别为

$$z_k = H_k s_k + n_k \tag{3-4}$$

$$y_k = G_k s_k + G_k w_k + e_k \tag{3-5}$$

只有窃听者会受到人工噪声的干扰，因此，在发射端设计人工噪声信号时，需要保证接收端可以正确地消除噪声信号的影响，因此

$$x_k = p_k s_k + Z_k v_k \tag{3-6}$$

其中，Z_k 是 H_k 零空间的正交基，则 $w_k = Z_k v_k$ 即是产生的人工噪声，p_k 为权重向量。为了最大化保密容量，发射端需要进一步优化选择 p_k 使得 $H_k p_k \neq 0$ 且 $|p_k| = 1$。

保密容量的下界由发射端与接收端和发射端与窃听者之间的互信息差值给出

$$C_{sec} \geqslant C_{sec}^a = I(z; u) - I(y; u) \tag{3-7}$$

因此，可以在保证接收端通信质量的前提下，有效地干扰窃听者的信道，从而提高通信系统的保密性。进一步地，Zhou 等研究了多用户多窃听者场景，若窃听者之间是非协作的，用户间采用平均功率分配是一种简单且接近最优的策略。当窃听者的数量增加时，需要相应地提高功率来产生人工噪声。此外，当收发机之间不能准确获得完全信道状态信息时，制造更多的人工噪声来混淆窃听者比增加接收方的信号强度更高效。然而，噪声的生成会额外增加通信系统的复杂性和成本，因此需要合理设计算法和参数，以平衡安全性和性能。

3.8　本章小结

本章深入探讨了无线通信的窃听威胁和安全技术，包括加密技术、密钥管理、加密协议和物理层加密技术等方面。通过本章的学习，读者可以对无线通信安全有全面的了解，为实际应用和研究提供基础和指导。面对窃听威胁，从被动窃听到主动窃听，无线通信系统需要采取一系列措施来确保通信的安全性。对称密钥加密技术以其加密解密速度优势而受到青睐，但需要解决密钥分发和管理的复杂性；相反，基于公钥的加密技术克服了密钥分发问题，但密钥长度较长，导致处理大数据量时效率下降。此外，针对不同的无线通信协议，如Wi-Fi 和蜂窝网络，都有专门设计的加密协议以确保其通信安全，但也存在一些劣势。例如，WEP 中静态密钥容易被破解，传输数据很容易被窃取。WPA2 提供了稳定的安全性和强大的加密性能，但其容易受到密钥重装攻击。WPA3 在此基础上加强了安全保护，采用SAE 防止密钥重装攻击，增加了数据安全性。密钥管理方面，随机密钥管理分配机制简单，但需要较大的存储空间；确定密钥管理则提供了一种更为便捷的方法，但是该机制带来的通信和计算开销较大。物理层加密技术利用信号的物理特性来保护通信安全，虽然更难以破解，但实现复杂且可能影响通信性能。最后，基于友好干扰和人工噪声的抗窃听技术为防御窃听攻击提供了有效手段，然而也可能对通信质量和通信开销造成一定影响。在选择安全技术时，需要全面考虑各种因素，以确保无线通信系统的安全性。

习题

3-1 简要描述窃听的概念以及分类。

3-2 简要描述 AES 加密的工作原理。

3-3 相比对称密钥加密技术,公钥加密技术有何优点?

3-4 简要描述 WEP 技术的原理和缺点,以及 WPA 针对这些缺点所做的改进。

3-5 简要描述 LTE 中进行双向身份验证的过程。

3-6 简要描述 5G 认证密钥协商协议的过程。

3-7 请简述随机密钥管理的特点、优势和不足。

3-8 无线通信物理层加密技术的核心原理是什么?

3-9 多用户多天线通信系统中,基于人工噪声实现保密通信的核心前提是什么?

3-10 人工噪声的基本含义是什么?其核心设计思想是什么?

参考文献

[1] Lu, X,Xiao. L,Li. P et al. Reinforcement learning-based physical cross-layer security and privacy in 6G [J]. IEEE Communications Surveys & Tutorials. 2023,25(1):425-466.

[2] Douglasr. S. 密码学原理与实践[M].冯登国等译. 第 3 版. 北京:电子工业出版社,2016.

[3] Zou Y,Zhu J,Wang X,et al. A survey on wireless security:Technical challenges,recent advances,and future trends[J]. Proceedings of the IEEE,2016,104(9):1727-1765.

[4] Smid M E,Branstad D K. Data encryption standard:Past and future[J]. Proceedings of the IEEE, 1988,76(5):550-559.

[5] Borisov N,Goldberg I,Wagner D. Intercepting mobile communications:The insecurity of 802. 11[C]//Proceedings of the 7th Annual International Conference on Mobile Computing and Networking (MobiCom),July 16-21,2001,Rome,Italy. New York:ACM press,2001:180-189.

[6] Hellman M E. An overview of public key cryptography[J]. IEEE Communications Magazine,2002, 40(5):42-49.

[7] Hellman M. New directions in cryptography[J]. IEEE Transactions on Information Theory,1976, 22(6):644-654.

[8] 何炎祥,孙发军,李清安,等. 无线传感器网络中公钥机制研究综述[J].计算机学报,2020,43(03): 381-408.

[9] 陈晓峰,王育民. 公钥密码体制研究与进展[J]. 通信学报,2004,25(8):109-118.

[10] Boneh D. Twenty years of attacks on the RSA cryptosystem[J]. Notices of the AMS,1999,46(2): 203-213.

[11] 侯整风,李岚. 椭圆曲线密码系统(ECC)整体算法设计及优化研究[J]. 电子学报,2004(11): 1904-1906.

[12] Mark Stamp. 信息安全原理与实践[M].杜瑞颖,等译. 北京:电子工业出版社,2007.

[13] Gupta V,Stebila D,Fung S, et al. Speeding up secure web transactions using elliptic curve cryptography[C]//Proceedings of the 11th Annual Network and Distributed System Security Symposium (NDSS),California,USA. San Diego:Internet Soceity,2004:231-239.

[14] IEEE standard for wireless lan medium access control (MAC) and physical layer (PHY) specifications,IEEE STD 802[S]. 11-1997,十.1-445,1997.

[15] Cremers C，Kiesl B，Medinger N. A formal analysis of IEEE 802.11's WPA2：Countering the KRACKS caused by cracking the counters［C］//Proceedings of the 29th USENIX Security Symposium (USENIX Security 20). August 12-14，2020，Boston，MA，USA，2020：1-17.

[16] Vanhoef M，Ronen E. Dragonblood：Analyzing the dragonfly handshake of WPA3 and EAP-pwd ［C］//2020 IEEE Symposium on Security and Privacy (SP). IEEE，2020：517-533.

[17] Pinkas B，Sander T. Securing passwords against dictionary attacks［C］//Proceedings of the 9th ACM Conference on Computer and Communications Security. 2002：161-170.

[18] Zhang Y，Weng J，Dey R，et al. Breaking secure pairing of bluetooth low energy using downgrade attacks［C］//29th USENIX Security Symposium (USENIX Security 20). 2020：37-54.

[19] Cao J，Ma M，Li H，et al. A survey on security aspects for LTE and LTE-A networks［J］. IEEE Communications Surveys ＆ Tutorials，2013，16(1)：283-302.

[20] Wang Y，Zhang Z，Xie Y. ｛Privacy-Preserving｝ and ｛Standard-Compatible｝｛AKA｝ Protocol for 5G ［C］//30th USENIX Security Symposium (USENIX Security 21). 2021：3595-3612.

[21] 刘彩霞，胡鑫鑫，刘树新，等. 基于 Lowe 分类法的 5G 网络 EAP-AKA'协议安全性分析［J］. 电子与信息学报，2019，41(8)：1800-1807.

[22] Basin D，Dreier J，Hirschi L，et al. A formal analysis of 5G authentication［C］//Proceedings of the 2018 ACM SIGSAC conference on computer and communications security. 2018：1383-1396.

[23] Arapinis M，Mancini L，Ritter E，et al. New privacy issues in mobile telephony：Fix and verification ［C］//Proceedings of the 2012 ACM conference on Computer and communications security. 2012：205-216.

[24] 张国印，孙瑞华，马春光，等. 无线传感网络密钥管理及认证综述［J］. 计算机科学，2010，37(02)：1-6＋11.

[25] 苏忠，林闯，封富君，等. 无线传感器网络密钥管理的方案和协议［J］. 软件学报，2007(05)：1218-1231.

[26] Hegland A M，Winjum E，Mjolsnes S F，et al. A survey of key management in ad hoc networks［J］. IEEE Communications Surveys ＆ Tutorials，2006，8(3)：48-66.

[27] Xiao Y，Rayi V K，Sun B，et al. A survey of key management schemes in wireless sensor networks ［J］. Computer Communications，2007，30(11)：2314-2341.

[28] Du W，Deng J，Han YS，et al. A key management scheme for wireless sensor networks using deployment knowledge［C］//Proceedings of the 23th IEEE International Conference on Computing and Commununications (INFOCOM)，March 07-11，2004，Hong Kong，China. Piscataway：IEEE Press，2004. 586-597.

[29] Eschenauer L，Gligor V. A key management scheme for distributed sensor networks［C］// Proceedings of the 9th ACM Conference on Computer and Communications Security (CCS)，November 18-22，2002，Washington DC，USA. New York：ACM press，2002；41-47.

[30] Chan H，Perrig A，Song D. Random key predistribution schemes for sensor networks［C］// Proceedings 2003 Symposium on Security and Privacy (SP)，May 11-14，2003，California，USA. Washington：IEEE Computer Society，2003：197-213.

[31] Liu D，Ning P. Establishing pairwise keys in distributed sensor networks［C］//Proceedings of the 10th ACM Conference on Computer and Communications Security (CCS)，October 27-30，2003，Washington DC，USA. New York：ACM press，2003：52-61.

[32] Camtepe S A，Blent Y. Combinatorial design of key distribution mechanisms for wireless sensor networks［J］. IEEE/ACM Transactions on Networking，2007，(15)2：346-358.

[33] Perrig A，Szewczyk R，Tygar J，et al. SPINS：Security protocols for sensor networks. ［C］// Proceedings of the 7th Annual International Conference on Mobile Computing and Networking

(MobiCom),July 16-21,2001,Rome,Italy. New York:ACM press,2001:189-199.

[34] 黄开枝,金梁,陈亚军,等.无线物理层密钥生成技术发展及新的挑战[J].电子与信息学报,2020,42(10):2330-2341.

[35] MAURER U M. Secret key agreement by public discussion from common information[J]. IEEE Transactions on Information Theory,1993,39(3):733-742.

[36] Zeng K. Physical layer key generation in wireless networks:Challenges and opportunities[J]. IEEE Communications Magazine,2015,53(6):33-39.

[37] Shannon C E. Communication theory of secrecy systems[J]. Bell System Technology Journal,1949,28:656-715.

[38] Csiszár I,Korner J. Broadcast channels with confidential messages[J]. IEEE Transactions on Information Theory,1978,24(3):339-348.

[39] Chen X,An J,Xiong Z,et al. Covert communications:A comprehensive survey[J]. IEEE Communications Surveys & Tutorials,2023,25(2):1173-1198.

[40] Huang K W,Deng H and Wang H M. Jamming aided covert communication with multiple receivers[J]. IEEE Transactions on Wireless Communications,2021,20(7):4480-4494.

[41] Xu Z,Baykal-Gürsoy M. Power allocation for cooperative jamming against a strategic eavesdropper over parallel channels[J]. IEEE Transactions on Information Forensics and Security,2023,18:846-858.

[42] Jin R,Zeng K,Zhang K,A Reassessment on Friendly Jamming Efficiency[J],IEEE Transactions on Mobile Computing,2021,20(1):32-47.

[43] Goel S,Negi R. Guaranteeing secrecy using artificial noise[J]. IEEE Transactions on Wireless Communications,2008,7(6):2180-2189.

[44] Zhou X,McKay M R. Secure transmission with artificial noise over fading channels:Achievable rate and optimal power allocation[J]. IEEE Transactions on Vehicular Technology,2010,59(8):3831-3842.

参考答案

3-1　简要描述窃听的概念以及分类。

答：无线通信的窃听威胁指未经授权的个人或实体截取或监听无线信号以获取敏感信息或进行恶意活动。窃听分为被动和主动两种方式。被动窃听仅监听通信内容,不修改数据;主动窃听则通过发送干扰信号或引诱受害者进行恶意操作,不仅监听还可能导致通信中断和数据篡改,具有更高的侵入性和破坏性。

3-2　简要描述 AES 加密的工作原理。

答：首先,明文被分成 128 位(16 字节)块,并使用长度为 128、192 或 256 位的密钥进行密钥加,即将明文与密钥进行异或运算。然后,进入主要的加密轮次,这些轮次包括字节代换,即通过固定的 S 盒对每个字节进行非线性替换;行移位,将每行字节循环左移不同的位数;列混合,将每列数据通过固定的矩阵进行线性混淆;以及密钥加,再次将当前块与本轮密钥异或。根据密钥长度,AES-128 执行 10 轮,AES-192 执行 12 轮,AES-256 执行 14 轮,最后一轮省略列混合步骤。

3-3　相比对称密钥加密技术,公钥加密技术有何优点?

答：密钥的传输与分发限制了基于对称密钥的无线通信加密技术的发展,基于公钥的加密技术无需使用安全信道进行密钥分发，通信双方允许双向通信用于区分窃听者和合法接收者。

3-4　简要描述 WEP 技术的原理和缺点，以及 WPA 针对这些缺点所做的改进。

答：有线等效加密（WEP）使用静态密钥、CRC 校验和初始化向量（IV）来保护数据传输，但存在严重的安全漏洞。主要问题包括静态密钥易被破解、IV 重用漏洞以及 RC4 加密算法的已知安全缺陷，这些使得攻击者可以轻松解密数据和窃取信息。

WPA 通过更强大的加密和认证机制解决了 WEP 的安全问题。其核心原理包括临时密钥完整性协议、消息完整性校验码和动态密钥生成。临时密钥完整性协议用于临时密钥加密数据，增强通信保密性；消息完整性校验码确保数据未被篡改，保障通信完整性；动态密钥生成定期更新会话密钥，提高网络安全性。

3-5　简要描述 LTE 中进行双向身份验证的过程。

答：首先，移动性管理实体向用户终端发送用户身份请求，用户终端回复其国际移动用户识别码。接着，移动性管理实体向归属用户服务器请求认证数据，该数据包含用户终端的国际移动用户识别码和服务网络身份。归属用户服务器返回包含输入随机参数 RAND、认证算法在 LTE 网络侧的输出 XRES、网络授权机构的标识 AUTN、接入安全管理实体的密钥集标识 KSI_{ASME} 的演进分组系统认证向量。然后，移动性管理实体将输入随机参数、网络授权机构的标识和接入安全管理实体的密钥集标识发送给用户终端，用户终端验证以确认网络，生成响应 RES 并发送给移动性管理实体。最后，移动性管理实体比较 LTE 网络侧的输出和用户终端生成响应，如果一致，用户终端认证通过。

3-6　简要描述 5G 认证密钥协商协议的过程。

答：在注册阶段，用户终端使用椭圆曲线集成加密算法用归属网络的公钥加密订阅永久标识符，并通过基站使用无线电信道发送用户隐藏标识符给归属网络。在 challenge-response 阶段，归属网络选择一个随机 challenge（即 RAND），并计算 AUTN。具体来说，AUTN 包含消息认证码和隐藏的归属网络序列。用户终端使用消息认证码来验证 RAND 的真实性和完整性（为简单起见，我们也说用户终端使用消息认证码来验证 RAND 的有效性），并使用归属网络序列检查 RAND。在收到（RAND，AUTN）后，用户终端首先检查消息的有效性，如果此检查失败，则返回 MAC_Failure 消息。然后，它通过比较归属网络序列和用户终端序列来检查消息，如果检查失败，则返回（Sync_Failure，AUTS）消息，其中用户终端使用 AUTS 与归属网络重新同步。当所有检查都通过后，用户终端为 RAND 生成响应，计算后续过程的锚密钥材料（K_{seaf}），并将响应发送给归属网络。当用户终端无法直接与其归属网络通信（如在漫游场景中归属网络的基站不可用）时，它可以连接到提供本地移动通信服务的服务网络。在这种情况下，通信消息是在服务网络的帮助下传输的，其中用户终端通过无线信道与服务网络的基站通信，服务网络通过 5G 核心网络提供的有线信道与归属网络通信。

3-7　请简述随机密钥管理的特点、优势和不足。

答：在随机密钥管理中，节点通常从密钥池中随机选取一部分密钥，具有分配机制简单的优势，但需要消耗较大的存储空间。随机密钥管理的特点在于通过随机生成和分配密钥来保护通信安全，这种方法具有高随机性和动态性，密钥可以定期更换，从而增强了系统的安全性和抗攻击能力。由于密钥是随机生成的，攻击者很难预测或破解，因此适用于各种网络结构,包括集中式和分布式网络。然而,这种方法的不足之处在于管理大量随机密钥需要复杂的算法和大量计算资源,增加了系统的复杂性和通信开销。频繁更换密钥虽然提高了安全性,但也需要额外的通信来分发新密钥,增加了网络负担。同时,在分布式系统中,确保所有节点同步使用正确的密钥是一项挑战,可能导致通信中断或安全漏洞。尽管如此,随机密钥管理在提升网络安全性方面的优势仍然显著,但在实施过程中需要克服其固有的复杂性和同步问题。

3-8　无线通信物理层加密技术的核心原理是什么?

答:利用无线通信信道天然的随机特性,降低密钥生成的计算复杂度。特别是信道的互易性与时变性,可用于高效生成"一次一密"的动态密钥,提高无线通信的安全性能。具体来说,收发双方利用无线信道的独特特性,如多路径效应、衰减和噪声,生成和分配加密密钥。这种方法依赖于发送端和接收端所共享的信道状态信息,只有在同一信道内的合法通信双方才能正确解密。

3-9　多用户多天线通信系统中,基于人工噪声实现保密通信的核心前提是什么?

答:在多用户多天线通信系统中,基于人工噪声实现保密通信的核心前提是利用发射端的多天线优势,通过在信号传输过程中同时发送有用信息和人工噪声来干扰潜在的窃听者。具体而言,发射端将人工噪声投射到与合法接收者信道正交的空间,使得合法接收者能够通过其特定的信道矩阵有效地解码有用信息,而窃听者由于无法区分有用信号和人工噪声,其接收到的信号中包含大量无法消除的干扰,从而难以正确解码或理解信息。

3-10　人工噪声的基本含义是什么?其核心设计思想是什么?

答:人工噪声指的是在发射端生成具有随机性和复杂性的噪声信号,并将原始信息与生成的噪声信号混合后发出。接收端通过相应的解码算法将噪声信号分离出来,还原出原始信息内容。由于噪声信号的引入,即使窃听者拦截到混合了噪声的通信信号,也很难还原出有效的原始信息。

其核心设计思想是使产生的人工噪声位于接收机信道矩阵的零空间内,使得接收端可以完美消除噪声信号,而窃听者往往由于不满足信道矩阵的零空间的约束而无法消除噪声信号,从而达到保密通信的目的。

第 4 章

物联网接入安全技术

物联网（Internet of Things，IoT）是一种将广泛分布的海量异构设备连接到互联网的系统，能够实时收集、交换和处理环境数据，以支撑海量智能化应用。本章首先系统性地介绍了 IoT 基本体系架构，涵盖感知层、网络层、处理层、应用层和业务层的主要功能及其关键技术，详细描述了数据从采集、传输、处理到应用的全过程。随后详细分析了 IoT 系统中与云平台访问控制、通信协议和设备固件相关的安全漏洞。为了应对上述漏洞，本章深入探讨了 IoT 安全机制，包括身份认证、访问控制和入侵检测等技术。

4.1　物联网基本体系结构

IoT 系统通过互联网连接海量异构设备，令传感器、摄像头等 IoT 设备可以在任何时间、任何地点与任何用户建立联系，设备协作与数据共享促进了智能交通和智慧医疗等应用的自动化管理，进而支撑信息管理、需求预测和系统维护等业务。常见的 IoT 分层架构可分为五个层次：感知层、网络层、处理层、应用层和业务层，如图 4-1 所示。

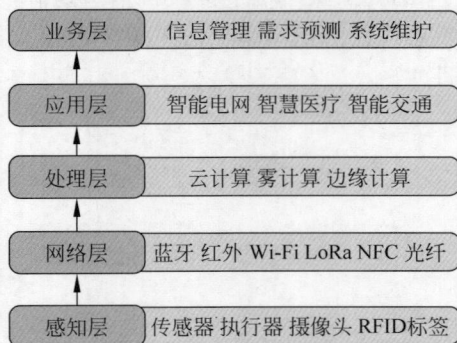

业务层	信息管理 需求预测 系统维护
应用层	智能电网 智慧医疗 智能交通
处理层	云计算 雾计算 边缘计算
网络层	蓝牙 红外 Wi-Fi LoRa NFC 光纤
感知层	传感器 执行器 摄像头 RFID标签

图 4-1　物联网基本体系结构

感知层位于 IoT 架构的最底层，负责实时监测和收集环境中的各种数据。该层通常部署海量低功耗且异构的智能设备，例如环境传感器、运动传感器、执行器、摄像头、可穿戴设备和射频识别（Radio Frequency Identification，RFID）标签等，与物理世界交互并测量、收集和提取信息，包括环境参数、设备设施状态等，从而准确反映被监测事物或环境状态。例如，环境传感器监测温湿度和光线变化，可穿戴设备提供用户位置和移动轨迹，RFID 标签用于提供对象的身份,支持非接触式识别物体。此外,感知层还支持即插即用机制,新设备可以快速加入网络并自动获取所需的网络参数和服务配置,简化了系统的部署和维护流程。

网络层负责接收感知层提供的数据,确定网络路由机制,并通过集成异构网络支持数据传输。该层可使用 Wi-Fi、蓝牙、Z-wave、IEEE 802.15.4、红外和 ZigBee 等多种通信协议,以及近场通信、LTE、GSM 和光纤电缆等通信技术,将感知层数据传输到交换机、网关和云计算服务器等网络设备中。

网络层支持个人或家庭区域网、局域网、广域网及无线传感器网络等网络类型。其中,无线传感器网络通过设备自组织或者多跳的形式构建而成,以协作监视和跟踪事物状态。当设备受环境、电力、内存和计算资源等因素导致故障时,网络拓扑结构也会随之发生变化。因此,在保证网络覆盖和连通性的前提下,可通过功率控制、节点优化等方式,提高网络效率。

处理层采用微型控制器和处理器等模块,实现海量数据的存储、处理、分析和加工,提取有用信息。例如,将接收到的数据备份到 MySQL 等数据库,可有效防止数据丢失;或者分析接收到的数据,以预测物理设备的未来状态。该层通过统一接口、中间件和协议适配等机制,适应不同通信网络以及操作系统的差异性,进而提升 IoT 系统处理不同来源数据效率和服务质量。

IoT 系统在处理层可与云计算、雾计算和边缘计算等新兴技术结合,提升数据处理的速度和准确性。云计算通过创建虚拟机或容器等方式,将物理硬件资源(如计算、存储和网络资源)整合到一个集中式的数据中心进行处理,为 IoT 系统提供强大的计算能力和弹性的资源管理能力。相较于云计算,边缘计算和雾计算则采用分布式架构来优化数据处理过程,可显著降低端到端延迟、节省带宽和提升服务质量。边缘计算将数据处理功能推向最初生成传感数据的网络边缘设备,适合对实时性要求较高的应用(如自动驾驶),而雾计算则由位于系统局域网级别的雾节点或网关处理。

应用层直接面向用户或企业,将物理世界数据转换为网络世界需求的表达。该层涵盖多种智能服务,如智能电网、智慧工业、智能家居、智能交通、智慧农业和智慧医疗等,用户可以使用图形界面与系统进行交互,方便查看实时数据并控制设备。

智慧农业可实现自动监测农业设施综合生态信息,确保农作物拥有最适宜的生长环境,为智能化管理提供科学依据。例如,分析土壤条件可预测最佳作物耕种序列;基于湿度、光强度和温度等环境信息可实现自动灌溉,控制温室开关阀门、排风扇、百叶窗等设备;通过监测农作物健康状态,可预测作物的收成。智慧工业应用在企业的原材料采购、库存、生产和销售等领域,通过优化供应链管理系统,提高了生产效率,并节约了成本。例如,在采矿设备、油气管道和矿工设备中嵌入监控平台,可确保运行期间设备和人员安全。再如,智能交通通过收集交通状况和驾驶行为等信息,可预测交通拥堵情况,提供合理的交通出行指导,进而减少交通事故的发生。

业务层专注于数据的深入分析和业务流程的优化,全面管理和协调 IoT 系统的所有活动。该层接收应用层的数据,构建业务模型、图表和流程图等,生成高级分析和报告,支撑信息管理、资源分配、需求预测和系统维护等高端服务。例如,线上购物平台可根据客户历史偏好等信息,创建销售趋势图分析客户需求,预测产品的未来需求量,进而优化库存管理,并制定精准的营销策略。

综上，以上每一层在 IoT 系统均具有不同的功能与作用。感知层负责从物理世界中收集数据，网络层提供设备间的连接和数据传输，处理层对数据进行分析和处理，应用层将处理结果转化为实际的智能服务，业务层则管理和优化整个系统的运营。通过这些层次的协同工作，IoT 系统实现了从数据采集、传输、处理到应用的全流程智能化，以满足用户的多样化需求，提升了用户体验。

4.2　物联网安全问题

物联网设备由于能量受限，计算能力低以及异构设备的接口访问控制管理复杂等问题，难以部署复杂加密和认证算法，特别是在物联网协议设计开发、节点间通信交互、身份访问控制等方面标准不统一，导致大量设备容易受到恶意代码注入、远程流量劫持或非法控制等安全威胁，难以保证合法设备的安全访问以及数据的机密性和完整性的保护需求。例如，攻击者可能利用 IoT 设备固件中的漏洞（如编码设计中的内存漏洞），发起内存非法访问和流量劫持等攻击，甚至通过恶意程序进一步篡改设备任务，上传虚假数据，造成系统崩溃和隐私泄露等安全威胁。其次，IoT 设备由于难以实施复杂的认证和加密机制，攻击者可能通过生成大量虚假或重放的消息来耗尽设备能量，导致合法设备的进程失效，并利用伪造的节点身份或无效的身份验证方法入侵网络，进而造成数据泄露等威胁。下面通过介绍 IoT 云平台访问控制漏洞、IoT 通信协议漏洞和 IoT 设备固件漏洞等三种攻击方式，分析各类威胁的漏洞成因和主要危害，例如 IoT 云平台访问控制漏洞攻击主要是因为授权粗粒度和标准不统一，可能导致越权控制和隐私泄露等威胁。

4.2.1　IoT 云平台访问控制漏洞攻击

IoT 云平台连接了大量异构的低算力和低能耗设备，为物联网用户提供集成服务，并授权用户访问相应的 IoT 设备，以实现通信和管理功能。IoT 设备首先需要在云平台注册，用户的控制指令（例如远程开锁或电表数据读取等）会经过云平台的认证和授权，确保只有合法授权的用户才能操作这些设备。当前的云平台通常还提供设备访问共享、跨云平台控制以及交叉身份验证或权限管理等功能，为用户提供更加便利和复杂的操作体验。例如，用户可以通过 Google Home 统一管理来自不同供应商的多个设备，或者 Airbnb 房东可以在客人入住期间暂时授权使用家中的智能设备。然而，由于缺乏统一的平台间授权标准，并且通常对设备应用服务的访问控制采用粗粒度的权限划分，攻击者可以利用访问控制和身份验证中的漏洞发起非法访问、信息监听或越权控制等攻击，导致用户隐私泄露，甚至引发系统崩溃等严重后果。

以物联网在智能家居领域的应用为例。在这种场景中，多个不同角色的用户（如房东、租客和保姆等）需同时与多种家庭物联网设备交互（如智能锁、灯泡和语音助手等）。单一的访问控制策略和身份认证技术难以满足多样化的设备权限管理、应用服务需求和隐私保护要求。例如，Airbnb 房东可能通过云平台服务（如 Tuya 云）将设备的访问权限授权给潜在的攻击者（如 Airbnb 客人），并在 Google Home 等平台上输入其 Tuya 账户的凭据。在此授权过程中，Tuya 云会生成一个 OAuth 令牌，并将其转发给 Google Home，允许攻击者通过 Google Home 访问和控制用户的设备。在服务结束后，用户虽可以在 Tuya 云的后台控制中心撤销智能设备的访问权限以中止攻击者的持续访问,但 Tuya 云撤销用户访问权限的操作不会同步取消已发放给 Google Home 的 OAuth 令牌。这意味着攻击者仍然可以使用该令牌通过 Google Home 继续访问和控制用户的智能设备,进而发起非法访问或越权控制等攻击(如打开门锁或关闭安全摄像头),造成用户隐私泄露甚至财产损失等后果。

4.2.2　IoT 通信协议漏洞攻击

IoT 系统通常采用消息队列遥测传输(Message Queuing Telemetry Transport,MQTT)、受限制的应用协议(Constrained Application Protocol,CoAP)、蓝牙、ZigBee 等适用于低功耗、低算力和窄带宽的通信协议。然而,在对抗性应用场景下,由于缺乏成熟的安全机制,这些协议在数据传输的完整性和保密性方面面临极大的威胁。例如,在基于 ZigBee 的 IoT 系统中,幽灵攻击可能导致设备能量耗尽,甚至进一步伪造设备状态,引发重放攻击和拒绝服务攻击等安全威胁。

MQTT 协议可支持低算力设备在窄带宽和不可靠信道上的通信,已被广泛部署于物联网设备和用户之间的通信(例如控制信令和数据传输),典型的应用如亚马逊、微软和谷歌等云服务商。该协议支持用户随时随地远程控制智能锁、开关和恒温器等智能家居设备。然而,由于 MQTT 协议本身几乎没有内置身份验证和授权机制,云服务商需要在上层开发定制化的安全机制,以保护用户数据的完整性和保密性。在多用户共享多设备控制权限的 IoT 环境中,MQTT 协议在用户与设备之间的会话管理中存在安全漏洞。例如,当用户重置设备状态时,通常难以及时更新与临时用户和设备之间所有的会话状态。攻击者可能利用这一安全漏洞,在合法用户重置设备后,通过之前建立的会话继续接收设备消息,持续监控设备状态,获取用户的出行信息和健康状况等敏感信息。攻击者甚至可以进一步劫持设备,向用户发送虚假消息,发动拒绝服务攻击,导致网络瘫痪等威胁。另外,基于蓝牙的低算力 IoT 设备在采用安全简易配对模式时,主从设备之间仅需采用单向认证模式,无需输入 PIN 码或其他形式的身份验证,导致从设备可能在未验证主设备身份的情况下接受连接请求。攻击者可以伪装成蓝牙主设备或从设备,利用蓝牙认证机制中的漏洞,建立与合法设备的安全连接,冒充合法设备获取敏感信息,甚至可能获取合法设备的控制权,进而入侵网络,导致数据泄露等后果。

4.2.3　IoT 设备固件漏洞攻击

固件是运行在 IoT 设备中的二进制程序,负责管理设备的硬件外设并实现设备的应用功能。IoT 设备的固件与传统个人计算机或手机程序不同,通常缺乏成熟的漏洞检测和系统保护技术。大部分固件运行的实时操作系统也缺乏基本的安全防护措施。攻击者可以利用固件程序设计中的逻辑漏洞,通过构造特定的恶意输入,导致设备功能异常,进而实施非法操作和劫持攻击。例如,在网络打印机的案例中,攻击者通过访问制造商的官方网站获取目标型号打印机的固件文件,进而研究打印机固件的结构和验证算法(如专有的校验算法)。攻击者了解固件的结构和校验机制后,可对固件进行修改,在特定位置插入恶意代码。例如,在打印作业处理、网络通信或用户输入处理的功能入口处插入用于数据保存和篡改的恶意代码,改变固件程序的行为。随后,攻击者重新计算修改后固件文件的校验和,以确保该固件能够顺利通过设备的验证阶段。大部分打印机允许通过打印作业进行固件更新,因此攻击者能够绕过安全措施（如固件完整性检查和来源限制）。一旦恶意固件被成功上传并执行，攻击者便可通过恶意程序控制打印机，窃取数据，进而发动大规模网络攻击。

4.3　物联网安全机制

本节首先讨论 IoT 安全体系结构，然后进一步详述身份认证、访问控制和入侵检测技术，探讨如何增强 IoT 系统的安全性。

4.3.1　安全体系结构

IoT 安全体系架构由感知层、网络层、处理层、应用层和业务层组成，各层的安全目标包括机密性、完整性、可用性、不可否认性、真实性和隐私性。

（1）感知层安全：涵盖物理安全和运行安全。物理安全涉及对 IoT 设备的防护措施，以防止电磁干扰和电磁泄漏，从而抵御侧信道攻击。由于大多数 IoT 设备运行嵌入式操作系统，必须及时修补已发现的安全漏洞，确保操作系统的安全性。

（2）网络层安全：包括基于 TCP/IP 协议的安全机制和常见的网络安全协议，如 IPSec（Internet Protocol Security）、SSL/TLS，以及认证与密钥协商（Authentication and Key Agreement，AKA）协议和加密算法。例如，LoRa 协议采用 AES-128 的计数器模式，将密钥流与明文数据进行异或运算，对数据进行加密。

（3）处理层安全：涉及操作系统安全、数据安全、硬件冗余机制、并发处理控制和攻击检测。云计算通常作为物联网处理层的核心，其安全性包括平台安全、服务安全和数据安全。访问控制机制是云计算平台的关键安全措施，用于规范数据库访问策略。此外，云计算平台还应具备入侵检测能力，并在数据存储过程中保障数据的机密性和完整性。

（4）应用层安全：涉及 IoT 应用场景中的安全需求。典型的应用层安全服务包括隐私保护、对称密钥和公钥管理，以及用户移动设备的安全保障。IoT 设备面临屏幕偷窥、密码窃取、恶意代码和钓鱼攻击以及设备被盗等威胁。通过身份认证和访问控制机制，可以有效地保护用户隐私和系统资源的安全。

（5）业务层安全：主要关注数据安全。在数据的存储、处理和传输过程中，必须确保其完整性、机密性和可用性，防止未经授权的访问和篡改。数据完整性校验可以通过数字签名或校验码等方式实现，以此确保数据在业务层的安全性。

4.3.2　身份认证

IoT 应用程序和服务依赖于跨平台的数据交换，用户必须经过身份认证才能访问这些资源。来自 IoT 设备的数据通常会经过预处理和分析，然后通过决策支持系统进行解读。当应用程序或用户需要访问 IoT 设备中的特定数据时，实体（用户或应用程序）必须首先通过 IoT 网络的身份认证，并具备相应的访问权限；否则，访问请求将被拒绝，以确保数据的安全性和隐私性。身份认证方式可以分为基于知识的认证（Knowledge-Based Authentication）、基于持有物的认证（Possession-Based Authentication）和基于生物特征的认证（Biometric Authentication）。

基于知识的认证依赖于用户或设备已知的信息，其典型方式包括用户名和密码。通过输入预设的密码,用户或 IoT 设备能够验证身份。这种认证方式实现简单、应用广泛,但存在密码泄露、暴力破解和社会工程攻击等安全风险。此外,复杂密码的设置和管理对用户体验构成挑战,容易导致密码重复使用或选择弱密码,从而降低整体安全性。为增强基于知识的认证,通常会引入双因素认证或多因素认证机制。

基于持有物的认证通过验证用户是否持有特定的物理设备来确认身份,如硬件令牌、智能卡或密钥对等。此类方法需要实际访问设备或密钥,相较于仅依赖密码的方式,安全性更高;然而,设备的丢失或被盗仍然是潜在风险。公钥密码学(Public Key Cryptography,PKC)可提升 IoT 系统认证的可靠性,通过数字证书对两个实体进行身份认证,并将用户的公钥与其证书绑定,以便第三方进行验证,为身份验证提供了更高的信任度。

基于生物特征的认证通过测量和分析人体的生理或行为特征来进行身份认证。此方法利用生物特征的唯一性和不可复制性,通过采集和匹配生物特征数据验证合法用户,防止冒名顶替;然而,采集和处理生物特征数据需要额外的硬件支持。目前,基于生物特征的身份认证技术主要分为两类:基于生理特征和基于行为特征;前者包括指纹和静脉等生理数据,后者则使用语音和步态等行为数据。

4.3.3 访问控制

在 IoT 环境中,访问控制同样至关重要,但面临着独特的挑战,这些挑战包括网络的异构性、网络容量、设备资源限制、网络安全问题以及潜在的攻击漏洞。访问控制机制的核心功能是对所有资源和数据请求进行系统管理,系统根据预设规则决定是否授予或拒绝访问请求。物联网系统必须保障资源和数据的隐私性与完整性,依据不同系统的安全策略执行相应的访问控制决策,以确保只有经过授权的访问能够被允许。因此,所有未经授权的资源访问、数据泄露或修改行为都被严格禁止,而合法用户或 IoT 设备则可以访问其授权的资源和数据。

根据访问权限用户的不同角色,可分为自主访问控制(Discretionary Access Control,DAC)和强制访问控制(Mandatory Access Control,MAC)。自主访问控制允许合法用户基于其个人或群组身份访问资源,同时防止未授权用户的访问。资源所有者可以自主决定将其拥有的对象的访问权限授予其他用户,从而满足其特定的安全需求。然而,由于访问权限依赖于用户的授权,自主访问控制的权限管理往往较为分散,需要手动管理用户、权限和资源,因此不适合资源有限的物联网系统。相比之下,强制访问控制通过中央机构设定的规则来分配访问权限,通常基于多级安全模型。这种方法通过集中授权管理解决了资源管理分散的问题,但在 IoT 系统中,强制访问控制的管理效率较低,难以适应快速变化的网络拓扑。

在典型的 IoT 环境(如智能家居),资源受限的设备通过多种协议与多个用户及其他设备进行通信。这种设备和协议的多样性扩大了攻击面,使智能家居成为众多潜在安全威胁的目标。目前,面向 IoT 的访问控制模型主要采用的是基于角色的访问控制(Role-Based Access Control,RBAC)或基于属性的访问控制(Attribute-Based Access Control,ABAC)。

基于角色的访问控制将权限与角色关联,并将用户分配为适当角色的成员,从而获得角色所赋予的权限。该模型在管理和审查上相对简单,对于资源有限的 IoT 设备可能更为轻量。相比之下,基于属性的访问控制是一种更加动态和灵活的模型,其访问权限基于用户和资源的相关属性进行授予，能够捕捉特定设备和环境条件的上下文信息，可扩展性较强。

动态访问控制模型在授权策略中需要处理和利用两种类型的属性：静态属性和动态属性。静态属性在较长时间内保持相对固定，其设置和更改通常需要管理员干预，例如，用户与设备的关系、设备操作的危险级别以及设备所有者信息。而动态属性反映上下文信息，这些信息可能因各种情况而发生变化，变化速度快且难以预测，例如，一天中的时间、用户的位置和设备的温度；再如在智能家居场景中，通常由智能传感器实时采集并提供动态属性信息。

4.3.4 入侵检测

入侵检测系统用于监控网络流量或主机活动，以识别包括零日攻击和拒绝服务攻击在内的多种威胁，并发出警报。在 IoT 环境中，入侵检测系统可部署在边界路由器、多个专用主机或每个物理设备上。依据检测对象的不同，入侵检测方法分为基于主机的检测和基于网络的检测。由于 IoT 系统的设备种类繁多且存在异构性，因此，基于网络的检测方法更适合物联网的安全需求，能够有效捕获和分析网络流量数据。根据检测数据的不同，入侵检测可以进一步分为误用检测、异常检测和混合检测。

误用检测基于一组预定义的规则，例如，网络流量中的特定字节序列或恶意软件中的已知恶意指令序列，通过将这些规则应用于实际流量进行匹配，以识别入侵。误用检测技术如 Snort 和 Suricata 通过配置文件中的规则分析网络流量来进行检测，在识别已知攻击时具有较低的误报率，但对未知攻击的检测能力较弱。

异常检测则建立一个正常活动的基线，任何偏离该基线的行为均被视为潜在的攻击。该方法通过数据分析和数据挖掘来识别异常，能够检测未知攻击，但通常会产生较高的误报率。随着攻击技术的不断演变，IoT 系统可采用决策树、支持向量机、朴素贝叶斯、随机森林、k-均值聚类、生成对抗网络和强化学习等人工智能算法，进一步增强防御能力。

混合检测方法结合了误用检测和异常检测的优点，利用误用检测模块识别已知攻击；同时采用异常检测模块建立网络流量的正常行为基线，检测未知攻击，并降低误报率。例如，在资源受限的 IoT 设备上部署轻量级的误用检测模块，同时在边界路由器上部署资源密集型的异常检测模块。

4.4 本章小结

本章首先回顾了 IoT 基本体系结构及各层涉及的主要技术，包括感知层、网络层、处理层、应用层和业务层；随后，分析了 IoT 系统在访问控制、协议设计、设备固件等方面的安全漏洞；最后，探讨了身份认证、访问控制和入侵检测等安全机制在 IoT 系统机密性、完整性、可用性、不可抵赖性、真实性和隐私性方面的重要性，以提供更加安全可靠的服务。

习题

4-1 简述物联网中常用的身份认证技术。

4-2 简述基于属性的访问控制在物联网场景下的优势。

4-3 简述误用检测和异常检测。

参考文献

[1] Hamad S A, Sheng Q Z, Zhang W E, et al. Realizing an Internet of secure things: A survey on issues and enabling technologies[J]. IEEE Communications Surveys & Tutorials, 2020, 22(2): 1372-1391.

[2] Al-Fuqaha A, Guizani M, Mohammadi M, et al. Internet of Things: A survey on enabling technologies, protocols, and applications[J]. IEEE Communications Surveys & Tutorials, 2015, 17(4): 2347-2376.

[3] Makhdoom I, Abolhasan M, Lipman J, et al. Anatomy of threats to the Internet of Things[J]. IEEE Communications Surveys & Tutorials, 2018, 21(2): 1636-1675.

[4] Islam M M, Nooruddin S, Karray F, et al. Internet of Things: Device capabilities, architectures, protocols, and smart applications in healthcare domain[J]. IEEE Internet of Things Journal, 2022, 10(4): 3611-3641.

[5] Al-Garadi M A, Mohamed A, Al-Ali A K, et al. A survey of machine and deep learning methods for Internet of Things (IoT) security[J]. IEEE Communications Surveys & Tutorials, 2020, 22(3): 1646-1685.

[6] Burg A, Chattopadhyay A, Lam K Y. Wireless communication and security issues for cyber-physical systems and the Internet-of-Things[J]. Proceedings of the IEEE, 2017, 106(1): 38-60.

[7] Qiu T, Chen N, Li K, et al. How can heterogeneous Internet of Things build our future: A survey[J]. IEEE Communications Surveys & Tutorials, 2018, 20(3): 2011-2027.

[8] Lin J, Yu W, Zhang N, et al. A survey on Internet of Things: Architecture, enabling technologies, security and privacy, and applications[J]. IEEE Internet of Things Journal, 2017, 4(5): 1125-1142.

[9] Lei L, Tan Y, Zheng K, et al. Deep reinforcement learning for autonomous Internet of Things: Model, applications and challenges[J]. IEEE Communications Surveys & Tutorials, 2020, 22(3): 1722-1760.

[10] Yaqoob I, Ahmed E, Hashem I A T, et al. Internet of Things architecture: Recent advances, taxonomy, requirements, and open challenges[J]. IEEE Wireless Communications, 2017, 24(3): 10-16.

[11] 杨毅宇, 周威, 赵尚儒, 等. 物联网安全研究综述: 威胁、检测与防御[J]. 通信学报, 2021, 42(08): 188-205.

[12] Neshenko N, Bou-Harb E, Crichigno J, et al. Demystifying IoT security: An exhaustive survey on IoT vulnerabilities and a first empirical look on Internet-scale IoT exploitations[J], IEEE Communications Surveys & Tutorials, 2019, 21(3): 2702-2733.

[13] Trappe W, Howard R, Moore R S. Low-energy security: Limits and opportunities in the Internet of Things[J], IEEE Security & Privacy, 2015, 13(1): 14-21.

[14] He W, Golla M, Padhi R, et al. Rethinking access control and authentication for the home Internet of Things (IoT)[C]//USENIX Security Symposium. Berkeley: USENIX Association, 2018: 255-272.

[15] Yuan B, Jia Y, Xing L, et al. Shattered chain of trust: Understanding security risks in cross-cloud IoT access delegation [C]//USENIX Security Symposium. Berkeley: USENIX Association, 2020: 1183-1200.

[16] Fernandes E, Jung J, Prakash A. Security analysis of emerging smart home applications[C]//2016 IEEE Symposium on Security and Privacy (SP). IEEE, 2016: 636-654.

[17] Meneghello F, Calore M, Zucchetto D, et al. IoT: Internet of Threats? A survey of practical security

vulnerabilities in real IoT devices[J]. IEEE Internet of Things Journal,2019,6(5): 8182-8201.

[18] CAO X H,SHILA D M,CHENG Y,et al. Ghost-in-ZigBee: Energy depletion attack on ZigBee-based wireless networks[J]. IEEE Internet of Things Journal,2016,3(5): 816-829.

[19] Jia Y,Xing L,Mao Y,et al. Burglars' IoT paradise: Understanding and mitigating security risks of general messaging protocols on IoT clouds[C]//Proceedings of 2020 Symposium on Security and Privacy (SP), May 18-20, 2020, San Francisco, USA. Washington: IEEE Computer Society,2020: 465-481.

[20] Antonioli D, Tippenhauer N O, Rasmussen K. BIAS: Bluetooth impersonation attacks [C]// Proceedings of 2020 Symposium on Security and Privacy (SP), May 18-20, 2020, San Francisco, USA. Washington: IEEE Computer Society,2020: 549-562.

[21] Müller J,Mladenov V,Somorovsky J,et al. SoK: Exploiting network printers[C]//Proceedings of 2017 Symposium on Security and Privacy (SP), May 22-24, 2017, California, USA. Washington: IEEE Computer Society,2017: 213-230.

[22] Li S,Da Xu L. Securing the Internet of Things[M]. Cambridge,MA: Syngress,2017.

[23] Wu C K,Wu. Internet of Things Security[M]. Singapore: Springer,2021.

[24] Sundaram J P S, Du W, Zhao Z. A survey on LoRa networking: Research problems, current solutions,and open issues[J]. IEEE Communications Surveys & Tutorials,2019,22(1): 371-388.

[25] Lee E,Seo Y D,Oh S R,et al. A Survey on standards for interoperability and security in the Internet of Things[J]. IEEE Communications Surveys & Tutorials,2021,23(2): 1020-1047.

[26] Hussain F,Hussain R,Hassan S A,et al. Machine learning in IoT security: Current solutions and future challenges[J]. IEEE Communications Surveys & Tutorials,2020,22(3): 1686-1721.

[27] Alzubaidi A,Kalita J. Authentication of smartphone users using behavioral biometrics[J]. IEEE Communications Surveys & Tutorials,2016,18(3): 1998-2026.

[28] Meng W,Wong D S,Furnell S,et al. Surveying the development of biometric user authentication on mobile phones[J]. IEEE Communications Surveys & Tutorials,2014,17(3): 1268-1293.

[29] Roy A,Memon N, Ross A. Masterprint: Exploring the vulnerability of partial fingerprint-based authentication systems[J]. IEEE Transactions on Information Forensics and Security,2017,12(9): 2013-2025.

[30] Ren H,Sun L,Guo J,et al. A dataset and benchmark for multimodal biometric recognition based on fingerprint and finger vein[J]. IEEE Transactions on Information Forensics and Security,2022,17: 2030-2043.

[31] Wu L,Yang J,Zhou M,et al. LVID: A multimodal biometrics authentication system on smartphones [J]. IEEE Transactions on Information Forensics and Security,2019,15: 1572-1585.

[32] Muaaz M,Mayrhofer R. Smartphone-based gait recognition: From authentication to imitation[J]. IEEE Transactions on Mobile Computing,2017,16(11): 3209-3221.

[33] Gupta M,Bhatt S,Alshehri A H,et al. Access control models and architectures for IoT and cyber physical systems[M]. Cham,Switzerland: Springer,2022.

[34] Tange K, De Donno M, Fafoutis X, et al. A systematic survey of industrial Internet of Things security: Requirements and fog computing opportunities [J]. IEEE Communications Surveys & Tutorials,2020,22(4): 2489-2520.

[35] Ameer S,Benson J,Sandhu R. Hybrid approaches (ABAC and RBAC) toward secure access control in smart home IoT[J]. IEEE Transactions on Dependable and Secure Computing,2022,20(5): 4032-4051.

[36] Moustafa N,Koroniotis N,Keshk M,et al. Explainable intrusion detection for cyber defences in the Internet of Things: Opportunities and solutions[J]. IEEE Communications Surveys & Tutorials,

2023,25(3)：1775-1807.

[37] Chaabouni N,Mosbah M,Zemmari A,et al. Network intrusion detection for IoT security based on learning techniques[J]. IEEE Communications Surveys & Tutorials,2019,21(3)：2671-2701.

[38] Heartfield R,Loukas G,Bezemskij A,et al. Self-configurable cyber-physical intrusion detection for smart homes using reinforcement learning[J]. IEEE Transactions on Information Forensics and Security,2020,16：1720-1735.

[39] Benkhelifa E,Welsh T,Hamouda W. A critical review of practices and challenges in intrusion detection systems for IoT：Toward universal and resilient systems[J]. IEEE Communications Surveys & Tutorials,2018,20(4)：3496-3509.

参考答案

4-1 简述物联网中常用的身份认证技术。

答：物联网中常用的身份认证技术可以分为基于知识、基于持有物和基于生物特征的认证。基于知识的认证依赖用户提供已知的信息如密码,其实现简单且广泛使用,但容易受到密码泄露、暴力破解和社会工程攻击的威胁。基于持有物的认证通过验证用户是否持有特定设备,如智能卡或硬件令牌来确认身份。这种方式比单纯依赖密码更安全,但设备可能会丢失或被盗。基于生物特征的认证利用用户的生理或行为特征,如指纹或语音,进行身份验证。由于生物特征的唯一性和不可复制性,此方法能够有效防止冒名顶替,但需要额外的硬件支持,并存在隐私和数据处理方面的风险。

4-2 简述基于属性的访问控制在物联网场景下的优势。

答：基于属性的访问控制能够根据用户、设备和环境的相关属性动态授予访问权限。通过捕捉特定于不同设备和环境条件的上下文信息,它能适应物联网系统中人、设备和环境特征的频繁变化,从而提供更好的可扩展性和动态性。

4-3 简述误用检测和异常检测。

答：误用检测依赖一组预定义的规则,如网络流量中的字节序列或恶意软件中已知的恶意指令序列,这些规则被加载后与实际流量进行匹配来检测入侵。异常检测构建了一个正常活动的轮廓,并将偏离正常活动的情况视为攻击,通过数据分析和数据挖掘来识别异常,从而可检测未知攻击。

第 5 章

无人机智能通信安全

近年来,无人机通信技术引起了广泛关注,并被应用于无线设备间的辅助通信。然而,该技术面临诸如干扰、窃听等多种安全威胁,这些威胁可能导致无人机通信中断、电量耗尽,甚至设备失控等严重后果。本章主要探讨无人机智能通信安全技术,包括无人机通信系统的基本概念、安全威胁及通信安全机制。通过学习本章内容,读者将对无人机智能通信的安全性有一个全面的了解,从而为实际应用和进一步研究提供理论支持和指导。

本章首先介绍无人机通信系统的基本概念;然后,讨论无人机通信所面临的安全威胁,并分析这些威胁的潜在危害,包括干扰、窃听、差分攻击、拒绝服务攻击以及电子欺骗攻击等;接着在此基础上,探讨无人机智能抗干扰通信的关键技术,涵盖频谱管理、功率控制、波束控制和调制技术等;最后,介绍基于友好干扰、功率控制、轨迹控制和网络编码的无人机智能安全通信技术,并阐明如何提升无人机通信系统的安全性和可靠性。

本章节需重点掌握以下要点:

(1) 理解无人机通信系统的基本概念及主要通信方式。

(2) 识别无人机网络中可能存在的各种攻击。

(3) 掌握无人机智能抗干扰通信的方法及其原理。

(4) 理解无人机智能安全通信的关键性及相关技术。

5.1 无人机通信系统

无人机按照飞行平台构型可以分为固定翼无人机、旋翼无人机、伞翼无人机等。近年来,无人机在交通物流、农业植保、安防巡检、地理测绘及应急救援等行业得到广泛应用。无人机由于其机动性与灵活性等特点,可支持与多类型设备通信(如无人车、移动终端、地面基站等),旨在为缺乏基础设施覆盖的设备提供高效通信网络服务。此外,在安防巡检等特定场景下,无人机可构建自组织网络,实现多个无人机信息的实时传输,无需通过地面基站中继转发,极大地提高了无人机群执行空中任务的能力。根据无人机通信对象的不同,无人机通信系统可分为空对空通信和空对地通信。

5.1.1 空对空通信

空对空通信是指无人机之间在低空中进行通信的方式,无人机之间直接进行无线通信,相互进行数据传输、指令交互和协同操作,无需依赖地面设备或基础设施,支撑编队飞行、任务协同和信息共享等功能。

空对空通信可以实现无人机之间的实时数据和信息传递,每架无人机都能根据所接收到的最新信息调整空中行为,灵活地应对各种环境变化。例如,通过与其他无人机之间共享位置、任务指令和传感器数据等信息,各无人机可同时在不同的区域执行任务。同时,无人机之间可相互作为备份,在其他无人机出现故障时迅速接替其任务,从而保障任务的连续性和可靠性。

基于上述优点,空对空通信被广泛用于军事领域和民事领域。在军事领域中,无人机采用空对空通信的方式快速共享目标信息和战场态势,进行协同作战,从而提高作战效率和战场感知能力;在民用领域,无人机可通过空对空通信的方式优化飞行轨迹、收集信息和共享数据,适配物流配送、灾害救援、环境监测等应用需求。例如,在灾害发生后,无人机可通过空对空通信方式,覆盖大面积区域,实现食物等物资的快速投放,或使用红外感应摄像头通过协作传递地面信息搜救被困人员。

然而,空对空通信的场景中,临时建立的通信连接复杂快变,无人机通信面临外部攻击和通信延迟等问题,亟需研究高效可靠的无人机通信技术,满足多类型业务需求。

5.1.2 空对地通信

空对地通信是指无人机与地面基站或地面设备之间的通信。在这种通信方式下,无人机可以与地面基站进行数据传输、指令交互、信息交换,使地面操作人员能够实时监控无人机的状态、位置和传感器数据,从而实现远程控制无人机飞行和执行任务,增强数据传输能力以支持实时决策和数据分析。空对地通信主要涵盖无人机-地面基站和无人机-地面设备两种方式。

(1)无人机-地面基站:无人机与地面基站建立通信链路,向地面基站发送位置和图像数据等信息,或接收地面基站的指令和控制信号等,可提高任务的执行效率和响应速度。例如,相较于无人机,地面基站通常具有较强的计算能力和存储能力,因此无人机在执行计算任务时,可将部分或全部任务卸载至地面基站进行处理,节约自身能耗的同时,降低任务的计算时延,从而提升了任务的计算效率。

(2)无人机-地面设备:无人机与手机、计算机、车辆等地面设备之间进行通信时,可实现信息共享和数据传输,从而更好地完成远程控制和指令交互等目标。无人机的智能化和自主化为用户带来更加高效和便捷的操作体验,也为未来的智能化社会带来更多可能。例如,无人机可通过摄像头等传感器,将车辆周围环境和前方路况等信息发送给车辆,使得车辆可及时获取交通状况,提升车辆安全性和驾驶效率。在物流运输方面,无人机携带物品按照既定的路径飞行,通过空对地通信方式向地面设备发送自身位置、速度等飞行状态信息。

由于空对地通信环境是开放的,且无人机飞行具有一定的灵活性,空对地通信也面临通信距离受限、通信延迟及干扰、窃听等问题。因此,需要设计和优化空对地通信系统,提高通信的可靠性、稳定性及安全性。

5.2 无人机网络攻击

在无人机与无人机、地面基站以及其他设备通信过程中,开放的无线信道使得攻击者可对信号进行拦截、干扰或窃听等操作,导致无人机通信误码率与能耗急剧升高,引发数据隐私泄露,甚至造成通信中断等后果,对无人机安全可靠传输带来了严峻的挑战。此外,由于无人机自身的灵活性,导致无人机通信网络拓扑发生剧烈变化且不稳定,易引发多种安全威胁,严重影响无人机通信的安全。常见的无人机网络攻击有干扰攻击、窃听攻击、差分攻击、拒绝服务攻击和电子欺骗攻击等,如图 5-1 所示。

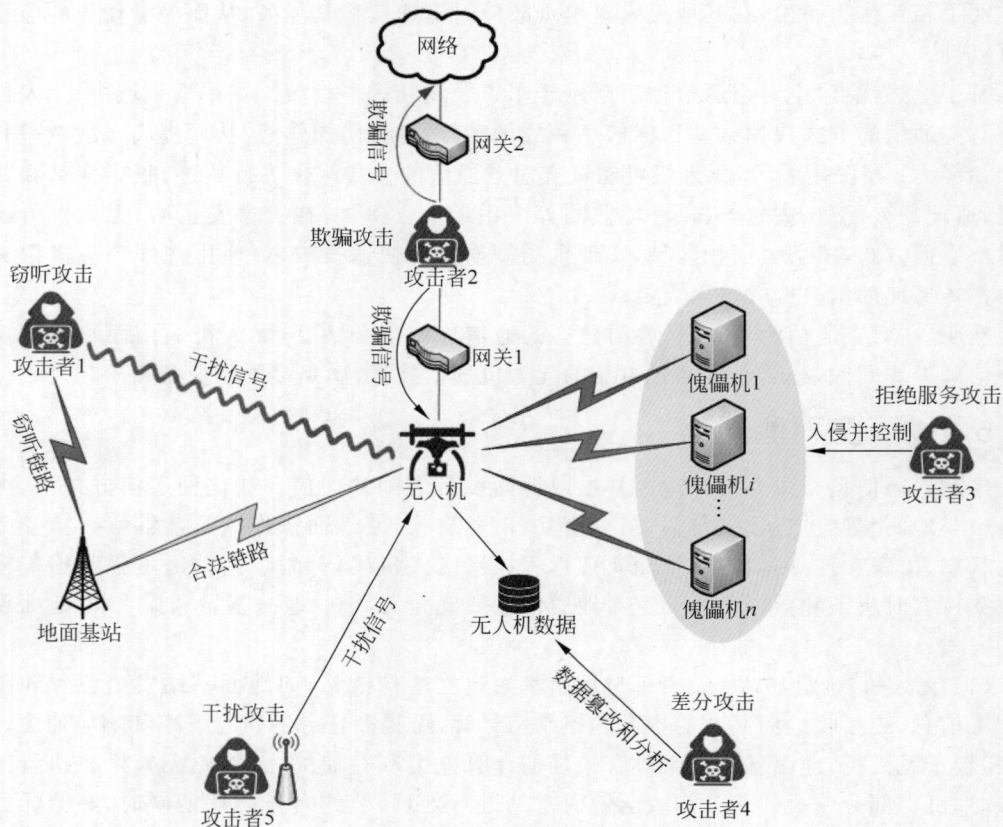

图 5-1　无人机网络攻击

5.2.1　干扰攻击

攻击者向无人机或地面设备发射干扰信号(如恶意信号或欺骗信号),旨在降低接收端的通信质量,甚至造成通信中断,严重威胁通信系统的可靠性。针对无人机通信的干扰类型主要有阻塞干扰、欺骗式干扰与智能干扰等。阻塞干扰是通过持续发射大功率干扰信号来干扰无人机通信,旨在阻塞合法信号的接收,因此需要较高的能耗。欺骗式干扰则是通过模拟无人机的信号结构,伪装成合法用户,诱导和欺骗无人机进行通信。智能干扰可采用机器学习等方法、软件无线电等可编程通信设备,通过感知无人机的当前位置和信号强度等状态,灵活切换干扰、窃听或电子欺骗等不同攻击模式,实时调整干扰信号强度及攻击策略。相较于阻塞干扰,智能干扰可动态适应环境变化,采用强化学习等智能算法优化攻击手段和时机,提升干扰效果,并节约攻击能耗,因此更加复杂、灵活和精准,防御难度激增。

在无人机通信网络中,常见的攻击方法是持续干扰和反应式干扰。持续干扰中,攻击者持续不断地发送干扰信号,覆盖通信频段,会导致通信链路完全中断,使无人机无法与其他设备进行有效通信,如图 5-2 所示。而反应式干扰会根据通信的实际情况进行反应,当检测到某个信号的传输时,攻击者才会发起干扰;在没有检测到通信时则保持静默。

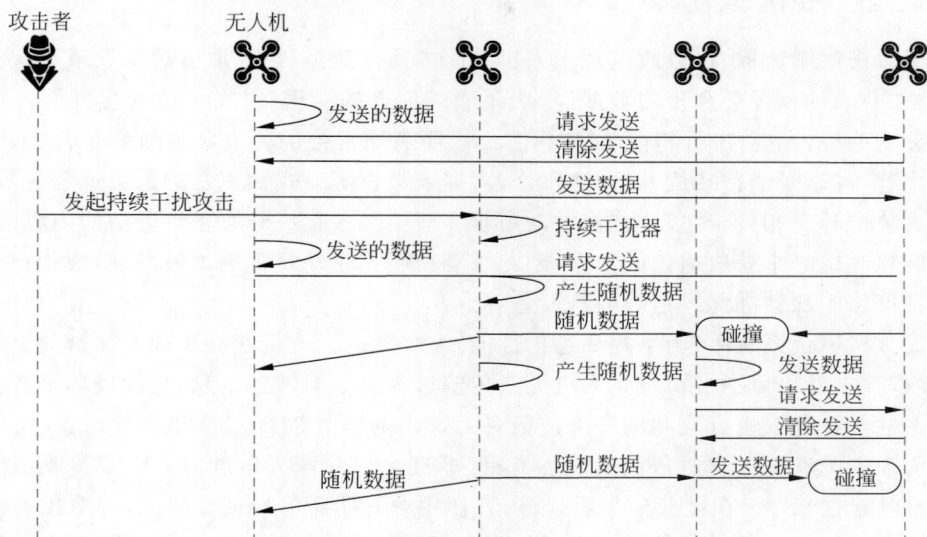

图 5-2　持续干扰攻击示意图

干扰攻击对无人机通信系统构成了严峻的威胁和挑战。首先,无线信道的时变性是一个重要的因素。由于信道状态随时间剧烈变化,无人机无法及时获知当前的无线信道状况,难以有效地调整其信号发射功率、信道以及飞行轨迹等策略。这种不确定性导致无人机通信系统在动态环境下的适应能力不足,难以保障通信质量和稳定性。其次,无人机在飞行过程中,速度和空间位置不断变化,使得通信链路的衰落特性变得更加复杂和难以预测。无线信号在传播过程中受到反射、折射和散射等多种因素的影响,这些因素随着无人机位置的变化而变化,导致通信链路的不稳定性增加。这种情况下,传统的固定频率和功率的通信策略难以应对,需要更加灵活和自适应的解决方案。此外,无人机难以提前预知或精准估计干扰信号的强度。干扰信号的来源可能是多样的,包括其他无线设备、环境中的电磁干扰以及外部的敌意干扰攻击。

与此同时,在进行实时处理动态信息的过程中,无人机需要消耗大量的计算资源,这不仅增加了系统的复杂性,且对无人机的计算能力提出了更高的要求,进一步限制了资源受限的无人机抗干扰能力的提升。针对这些挑战,无人机通信系统难以进行精确建模和实时维护,从而无法实现高效的抗干扰通信策略优化。因此,需要对无人机通信系统进行进一步的研究和改进,采取有效的防御措施以提高其抗干扰能力,保障无人机通信的可靠性。

针对干扰攻击,无人机系统可通过频谱管理、调制、功率控制等技术进行防御。干扰攻击会使数据在传输过程中出现误码等问题,根据香农的信道编码理论,只要信号的传输速率低于信道容量,就能找到合适的信道编码方法,降低误码率。因此,通过信道编码处理数据,可以增强数据链路对干扰攻击的防御能力。然而,信道编码的复杂度越高,链路设备的处理时间就越长。因此,在设计无人机数据链信道编码时,需要综合考虑无人机数据链传输时延和抗干扰性能的要求。此外,还可以从网络层防御的角度出发,对路由协议进行优化或利用多条路径传输数据来抵御干扰攻击。与此同时，可利用机器学习等方法，实时分析和预测信道及环境的状态，动态调整抗干扰通信策略，进而提升无人机通信系统的抗干扰能力。

5.2.2　窃听攻击

窃听攻击试图截取、窃取或监视无人机之间的通信数据，以获取敏感信息或干扰无人机的操作，如获取计算任务和传输数据等，从而造成信息的泄露，引发多种安全威胁。窃听攻击一般分为两种：主动窃听和被动窃听，主动窃听者通常会伪装成合法的参与者，不仅会监听信道内容，甚至对通信造成篡改，通过修改、插入数据等方式对正常的通信过程进行攻击，如中间人攻击等。相较于主动窃听，被动窃听一般不会干扰或修改正常通信的内容，而是通过监听和接收信号来获取通信的数据，因此被动窃听比主动窃听更难被发现，被动窃听技术主要包括网络嗅探器和无线信号捕获设备等。

在无人机通信系统中，为了提高通信性能，大多数的无人机往往采取不加密的无线传输方式，使得攻击者可以通过窃听无人机无线传输过程以获取敏感信息，从而破坏了通信和数据的保密性。这种攻击方式利用窃听设备对无人机的信号进行监控和窃听，无人机通信系统中窃听攻击的实施过程通常包括以下步骤：攻击者利用高灵敏度的天线或接收器等设备截取和捕获合法信号；在截获信号后，攻击者使用解码器对信号进行解码，提取出有用的数据。如果此时无人机的通信数据未经过加密处理，那么攻击者可以直接获取其中的敏感信息，进而能够从隐私数据中了解到无人机的操作指令、传输的计算任务和数据，甚至能够获取无人机的飞行位置和轨迹等隐私数据。

无人机通信系统中的窃听攻击在军事领域尤为常见。无人机常用于侦察、监视和战斗任务，其传输的数据包括实时视频、目标信息和导航指令等，一旦这些数据被敌方截获，不仅会导致任务失败，还可能暴露己方的战略意图和行动计划，严重威胁国家安全。除了军事应用，窃听攻击在民用领域也存在显著风险。例如，在工业无人机应用中，窃听攻击可导致商业秘密泄露，给相关企业带来巨大的经济损失。再如在公共安全领域，攻击者通过窃听执法无人机的通信，破坏公共安全措施，提升了犯罪活动的隐蔽性和复杂性。

在军事、公共安全等关键应用领域，确保通信数据不被窃听是维护系统整体安全的关键环节。针对无人机窃听攻击的特点，使用加密算法对通信内容进行加密，并建立身份认证机制可有效防止窃听者获取敏感信息，确保合法通信。此外，使用无线频谱友好干扰、人工噪声和物理屏蔽等方法，也可防御无人机通信系统中的窃听攻击。同时，需要加强相关法律法规和监管措施，以确保无人机的合法使用，防范无人机通信中潜在的窃听攻击。

5.2.3　差分攻击

在无人机通信中，差分攻击是一种用于分析和破坏加密算法或通信协议的密码分析方法。差分攻击的目标是通过比较输入和输出之间微小的差异，来推断出加密算法的密钥或破坏通信的安全性，在许多对称密钥加密算法中具有很强的攻击效果。

差分攻击通常涉及以下步骤：攻击者首先选择两个或多个具有微小差异的明文作为输入，并观察相应的密文输出，其中，这些微小差异可以是某些位的变化或者特定模式的变化。然后，攻击者对这些明文进行加密，得到相应的密文输出，寻找它们之间的模式或差异。攻击者可能会分析输出之间的位级差异、概率分布或其他统计特征。例如，两个明文之间可能只有一个比特位不同。通过观察和分析不同明文的加密输出之间的差异,攻击者可以尝试推断出加密算法使用的密钥,并使用差分攻击的结果来还原密钥或直接破解加密系统。由于差分攻击通常需要计算大量的明文-密文对,在实践中可能需要高性能计算资源,但它对于密钥依赖于明文的加密算法或协议(如 DES 算法),是一种有效的攻击方式。

在无人机通信中,差分攻击也可以攻击加密通信协议。无人机通常依赖于加密技术来保护其通信数据的机密性和完整性,而差分攻击利用已知明文对的差分特性,通过对比密文的变化来还原密钥或直接破解加密系统,从而获取敏感信息、干扰通信或执行其他恶意行为。例如,攻击者可在获取密钥之后,对无人机的通信数据、指令及反馈进行篡改,达到操控无人机的目的,甚至会导致无人机的飞行路线等产生改变,引发无人机坠毁等严重后果,导致任务失败。因此,在设计无人机通信系统时,需要特别关注防御差分攻击的方法。

为了防范差分攻击,无人机可以采取多种措施。例如,加密存储器可以保护敏感数据,即使无人机被攻击者物理获取,也难以直接读取或篡改其中的数据。除了物理安全措施外,可以使用更加复杂的加密技术(如同态加密等)对通信内容进行加密。此外,增加密钥长度也是一种有效的防御方法,更长的密钥意味着攻击者需要更多的计算资源和时间来破解,从而增加了攻击的难度。另外,随机填充技术也可用于防御差分攻击,即在每次加密时加入随机数据,使每次加密的结果都不相同,即使明文数据相同,密文也会有显著差异,从而增加了攻击的复杂性。通过数字签名、消息认证码等技术,也可确保无人机通信数据的完整性和真实性,防止差分攻击者伪造或篡改数据。

5.2.4　拒绝服务攻击

拒绝服务攻击者通过反复发送大量无意义恶意消息,占用或阻塞合法无人机的通信信道,从而降低无人机网络利用率和服务器工作效率,导致其他无人机无法正常请求网络服务和接收数据,进一步对整个系统的稳定性和安全性构成严重威胁。

针对无人机的拒绝服务攻击,主要采用基于地面和基于频率的攻击方式。其中,基于地面的拒绝服务攻击利用物理手段或者网络连接的方式来破坏目标系统。例如,攻击者可以通过物理破坏或者网络入侵直接切断无人机与控制基站之间的通信链路,导致无人机失控或者无法接收到指令,这类攻击方式一旦成功,会给无人机造成不可逆损害。基于频率的拒绝服务攻击通过发送大量请求或数据包到目标节点,导致其无法正常处理其他请求。数据加密、数字身份认证等措施可以有效防御拒绝服务攻击。这类攻击利用了无线通信的特性,通过占用大量频率资源,导致无人机无法进行正常的数据传输。这类攻击的优势在于隐蔽性强,攻击者不需要直接接触无人机,只需在合适的位置发送大量的干扰信号即可进行攻击。

拒绝服务攻击使无人机通信系统无法接收到正确指令或及时响应地面基站的请求,进而导致无人机任务失败甚至失去控制。同时,拒绝服务攻击可以通过发送虚假请求,持续消耗无人机的计算资源和网络资源,造成资源的滥用和耗尽,进而影响无人机的正常运行。

无人机可在网络层、系统层和应用层分别防御拒绝服务攻击。例如,在网络层,通过部署入侵检测系统和入侵防御系统实时监控网络流量,或配置防火墙,设置访问控制列表以过滤恶意流量,进而防御拒绝服务攻击;在系统层,利用虚拟化和容器化技术将关键服务隔离,尽可能减小拒绝服务攻击对整个系统的影响;在应用层,可设置访问控制策略以限制特定用户的请求频率。此外,安全套接层协议和安全传输层协议也可用于抵御无人机网络中的拒绝服务攻击。

5.2.5　电子欺骗攻击

无人机通信网络因其通过无线空间进行信息广播的特性,容易受到电子欺骗攻击的威胁。电子欺骗攻击是指攻击者利用合法用户的身份,向接收方发送虚假信息,导致合法无人机执行错误指令。例如,攻击者可能通过窃取合法节点的身份信息(如 MAC 地址和 IP 地址),伪装成合法节点,篡改控制信息,从而获取非法利益。这种攻击还可能引发中间人攻击和拒绝服务攻击,导致无人机网络性能下降。与干扰攻击相比,电子欺骗攻击具有更强的隐蔽性。攻击者可能利用合法节点的身份向其他节点发送恶意信息,通过监听合法的传输信道,隐藏自身位置和真实身份。在无人机网络中,电子欺骗攻击的方式包括:

(1) 误导性指令:攻击者伪造通信信号发送虚假指令,误导无人机执行不符合预期的操作。例如,攻击者可能使无人机飞向错误地点,或突然改变其飞行高度或速度。这种攻击可能导致任务失败、无人机进入危险区域或发生事故。

(2) 虚假导航信息:攻击者向无人机系统发送虚假的导航信息,干扰无人机的定位和导航。这些虚假信息可能包括错误的位置、速度或方向数据,导致无人机偏离预定路线或陷入危险中。

(3) 信号干扰与篡改:攻击者通过干扰或篡改通信信号,阻塞、干扰无人机的正常通信。这可能包括对无线电频谱的干扰,或通过信号篡改影响无人机的控制指令,造成操作失败或安全事故。

(4) 虚假目标与伪装:攻击者创建虚假的目标或伪装成合法通信实体,欺骗无人机系统。例如,攻击者可能模拟合法地面基站,向无人机发送虚假任务指令或导航信息,或在无人机传感器中制造虚假目标,导致无人机误认为虚假目标是真实的,从而执行错误操作或暴露于潜在威胁中。

电子欺骗攻击还可能与其他网络攻击结合使用,例如,攻击者通过电子欺骗攻击获取无人机的身份信息,向无人机发送虚假指令,同时实施拒绝服务攻击,向地面基站发送大量垃圾数据包,导致通信瘫痪,最终使无人机无法及时接收正确的控制指令,可能导致操作错误或事故。

针对电子欺骗攻击可采取多种措施,包括使用现代加密算法加密无人机通信信号,确保传输过程中的数据安全。身份认证也能防止伪造设备的干扰,公钥基础设施可以用来验证无人机和基站的身份,确保只有经过授权的设备才能进行交互。此外,还需结合多种防护措施,实施多层次的安全机制,增强无人机系统的抗干扰能力。

5.3　无人机智能抗干扰通信

无人机通信链路在实际应用中极易受到其他无线设备及电磁干扰源的干扰,这些干扰可能引发数据泄露、隐私侵犯等一系列安全威胁。因此,确保无人机通信链路在执行任务过程中不受干扰和攻击的影响,已成为当前亟待解决的关键问题。抗干扰技术通过运用频谱管理与功率控制等措施,有效降低干扰源的影响,从而保障通信链路的稳定运行。现代无人机通信系统引入了智能抗干扰技术,基于强化学习和深度学习等人工智能方法,能够根据环境变化和干扰源特性实时调整通信参数,优化功率控制与频谱管理等抗干扰策略,确保通信质量与安全。同时,深度学习算法通过对大量历史通信数据的分析,能够预测潜在的干扰模式,提前采取防御措施,以降低干扰对通信链路的影响。

5.3.1 频谱管理

无人机通信的频谱资源指用于无人机通信的电磁频率范围,这些频率由基础设施提供者和移动虚拟网络运营商拥有和管理。对无人机通信的频谱资源进行合理规划和管理是确保其有效运行的关键环节。通过合理的频谱分配,无人机可以避免与其他无线设备的频率重叠和冲突,从而减少信号干扰,帮助无人机在高干扰环境中保持稳定通信;有效的频谱共享方案能够极大地利用频谱资源;跳频技术的应用使无人机能够在多个频率间迅速切换,规避已知干扰信号,提高抗干扰能力。无人机频谱管理不仅有助于提升通信质量,还能增强无人机在复杂环境下的作业能力。

无人机频谱管理的核心任务包括频谱分配、频谱监测和频谱贡献等。频谱分配根据实际需求和环境条件,为不同的无人机通信系统分配适宜的频段;频谱监测是实时跟踪和分析频谱使用情况,以迅速识别潜在的频谱冲突和干扰源;频谱贡献指无人机在使用频谱资源时需兼顾对整体通信环境的影响。为了提高通信的抗干扰能力,基于频谱管理的无人机通信抗干扰技术主要包括直接序列扩频、跳频扩频和混合扩频技术等。这些技术的应用有助于增强无人机在复杂通信环境中的鲁棒性和稳定性。扩频技术通过相关接收恢复信号,使其回归至原始的信息带宽,从而实现高效的信息传输和处理,同时增强信号的抗干扰能力。具体可用以下公式表示

$$C = B\log_2\left(1 + \frac{S}{N}\right) = B\log_2\left(1 + \frac{S}{n_0 B}\right) \tag{5-1}$$

其中,N、S、B、C 分别为噪声功率、信号平均功率、信号带宽和信道容量;n_0 为白噪声的功率谱密度。为了提升信道容量,可以通过提高信噪比或扩展信号带宽来达到目的。然而,信噪比和信道容量之间的关系是成正比的,因此,扩大信号带宽更为有效。

例如,直接序列扩频技术利用高速率的伪随机序列扩展码对信号频谱进行扩展。具体而言,信号在发送端经过扩频处理后传输,并在接收端使用相同的伪随机序列码进行解扩,从而将信号还原到其原始频谱。由于信号频谱得到扩展,功率谱密度相应降低,因此接收端在信号谱密度低于噪声功率谱密度的情况下仍能正常工作。这意味着信号可以完全隐藏在噪声中,不易被探测到。即使信号被探测到,由于频谱扩展由伪随机序列码控制,干扰源在未掌握扩频规律的情况下也难以破解信号。频谱资源在无线通信中是有限的,且可能会受到多个干扰源的影响。

强化学习可以基于频谱的使用情况、干扰源的位置和功率等信息,通过与环境的不断交互和学习,使无人机适应不同的频谱环境。具体而言,可以将当前频谱使用情况、干扰源的位置和功率、周围设备的活动情况作为状态,然后采用 Q 学习等强化学习算法进行频率选择和带宽分配。通过定义奖励函数,使算法能够在通信性能和频谱利用效率之间进行权衡,从而引导无人机学习到最优的频谱管理策略。如图 5-3 所示,通过优化无人机空间频谱传感的半径,能够极大地提高无人机网络的频谱效率。

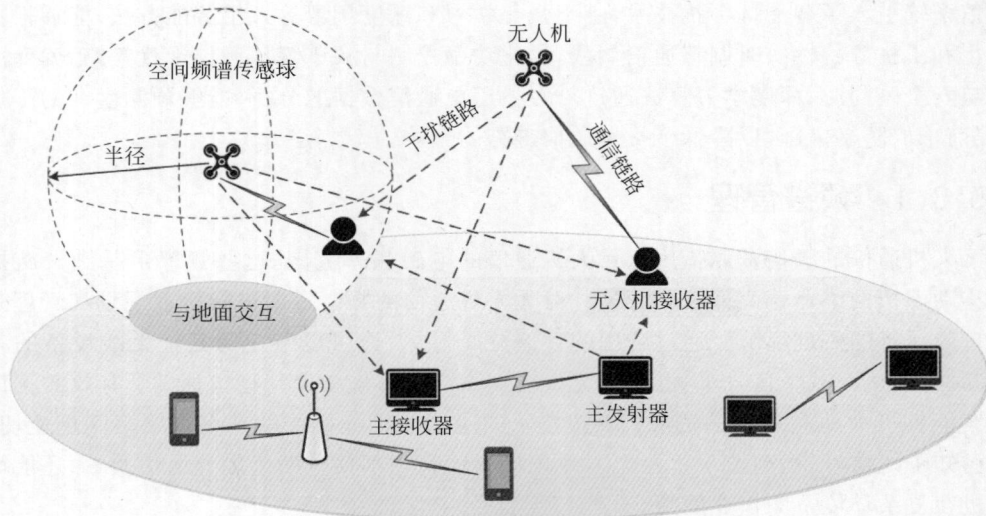

图 5-3　频谱管理示意图

　　例如，为解决无人机等无线设备在开放频谱环境下遭受恶意干扰的问题，设计了基于深度强化学习的智能动态频谱抗干扰方案。该方案主要利用深度确定性策略梯度算法和深度 Q 网络算法对动态频谱策略进行探索。系统将包括信号干扰噪声比、频谱占用的频段、干扰强度等即时频谱信息以及前几个时间段的历史状态序列作为强化学习的观测输入。这种方法既反映了当前的网络环境，又综合考虑了干扰器行为和时变信道增益等因素。然而，由于复杂环境中的信息可能难以完全观测，方案使用长短期记忆网络的循环结构与连体网络共同处理部分可观测马尔可夫决策过程的问题。同时，考虑到缺失信息与已获取信息在时间和频率上的相关性，可以通过数据增强技术补全数据，获取更完整的状态信息。

　　在有限资源条件下，用户依据观测信息探索最佳抗干扰策略。抗干扰策略涵盖功率、频率、空间和编码 4 个领域，以及隐藏、欺骗、躲避、消除和对抗 5 种方法。针对不同领域，需要采取特定的动态频谱抗干扰策略。例如，在功率领域，当干扰器的感知能力较弱时，用户可以通过调整传输功率和通信行为采取隐藏策略；当干扰器的传输能量有限时，可以通过学习其攻击规律实施对抗策略。在频率领域，若干扰器具有强感知能力并能够实时检测全频带信号，用户应采取躲避策略，通过预测干扰器的信道选择来找到空闲频率；而在干扰器感知能力有限的情况下，则可以发送欺骗信号，诱使干扰器发出干扰信号，然后选择远离干扰频率的通信频率。在空间领域，对多天线发射机而言，用户可以通过调整发射和接收天线的方向来减少干扰。在编码领域，抗干扰方法适用于要求低速率和高可靠性的场景。

　　抗干扰的马尔可夫决策过程旨在最大化累积未来奖励。为此，设计了及时且密集的奖励机制，并明确更新深度强化学习网络，将奖励函数构建为通信速率、信号干扰噪声比等收益减去资源消耗或切换成本等开销。此外，设置良好动作与不良动作之间的奖励差异，以避免累积未来奖励时，其他动作奖励覆盖对不良动作的惩罚。智能动态频谱抗干扰技术在缺乏干扰器和环境的先验知识的情况下，通过试错方式改进抗干扰策略，从而选择最优策略以应对各种干扰场景，保障系统的安全性和高效性。

5.3.2　功率控制

无人机可以通过功率控制来保障通信安全,并有效抵御通信系统中的干扰攻击。通过配备高灵敏度的干扰检测设备,无人机能够实时监测干扰信号的强度和类型。调整发射功率可以针对不同的干扰情况进行优化。例如,当干扰信号强度增加时,无人机可以提高发射功率,从而增强信号强度,使接收端更清晰地区分正常信号与干扰信号,确保通信链路的稳定性。反之,当干扰信号强度减弱时,降低功率有助于减少能耗并减少对其他设备的干扰,从而延长无人机的续航时间。此外,结合人工智能技术,无人机可以根据监测到的干扰信号和通信信息,以及飞行环境中的干扰程度、信号衰减和通信距离等因素,智能地调整其功率,以实时应对各种干扰攻击,确保通信的可靠性。

在大规模应急通信场景中,超密集无人机网络的设计可以有效替代受损的地面基站,为密集用户和广泛区域提供服务,如图 5-4 所示。由于无人机采用频率复用技术,这会导致大量同频干扰,从而影响下行链路的信号传输。为解决这一问题,研究提出了一种离散平均场博弈理论框架,用于模拟个体无人机与大量无人机之间的交互。该框架考虑了无人机的密集部署,通过分析用户的信干噪比,得出无人机的成本函数。在此框架中,状态空间涵盖无人机的位置、剩余能量、网络拥塞程度及其他无人机引入的干扰等因素。通过动态调整无人机的发射功率和飞行路径,优化能效,并有效抑制干扰攻击,从而实现合理的资源分配和最大化的能源效率。

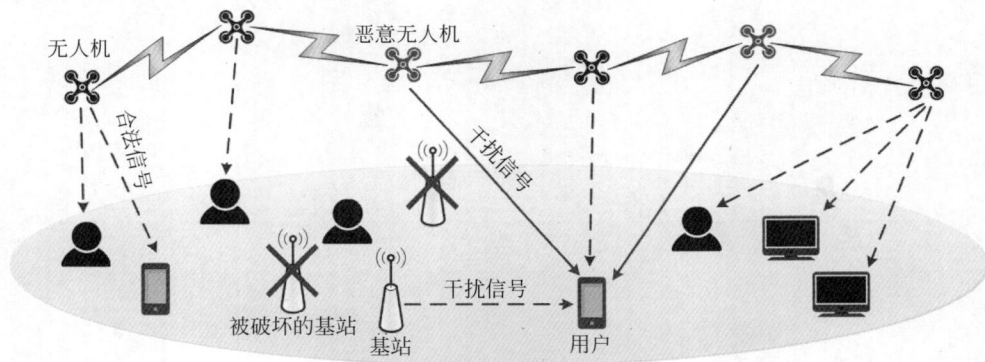

无人机

恶意无人机

合法信号

干扰信号

被破坏的基站

基站

干扰信号

用户

图 5-4　无人机功率控制方案示意图

综上,无人机采用功率控制方法可抵御干扰攻击。具体而言,配备高灵敏度干扰检测设备后,无人机能实时监测干扰信号的强度和类型,并根据不同的干扰情况调整发射功率。此外,无人机可根据监测到的干扰信号强度等信息,采用人工智能技术动态调整功率控制策略,进一步提升通信的可靠性。

5.3.3　波束控制

通过优化天线设计以实现波束控制,可以显著提升天线对有效传输信号的接收灵敏度、信号覆盖范围及传输距离,同时有效削弱恶意信号干扰。天线波束的窄化不仅增强了隐蔽性,还提高了抗干扰能力。具体而言,波束控制通过调节天线阵列中各天线单元的相位和幅度,生成具有特定方向性的波束。这一过程使信号能量能够集中于特定方向,进而增强信号的强度和覆盖范围,优化通信系统在目标方向上的信号质量和传输距离。此外,波束控制技术还具有动态规避干扰源的能力。通过减少其他方向上的信号发射,可以有效降低外界干扰的影响,从而提高通信的可靠性和稳定性。这种技术特别适用于无人机在复杂电磁环境中的通信,确保在多变环境下保持稳定的信号连接。

例如,低地球轨道卫星采用多天线组播波束成形技术,将信号集中于特定无人机组,从而增强目标无人机的信号接收强度,并减少对其他无人机组的干扰。成功接收信号的无人机被标识为中继无人机,而无法接收信号的无人机则被标识为受干扰无人机。中继无人机通过解码转发策略,利用无干扰通道将接收到的低地球轨道信号转发给受干扰的无人机。同时,受干扰的无人机可以通过调整悬停高度来优化其位置,减少地面通信卫星用户的干扰。通过计算最佳的波束成形向量和悬停高度,并将这些优化参数广播给组内其他无人机,可以实现波束成形和高度调整的优化,从而最大化每个无人机的最小数据速率,显著提升抗干扰能力,如图 5-5 所示。

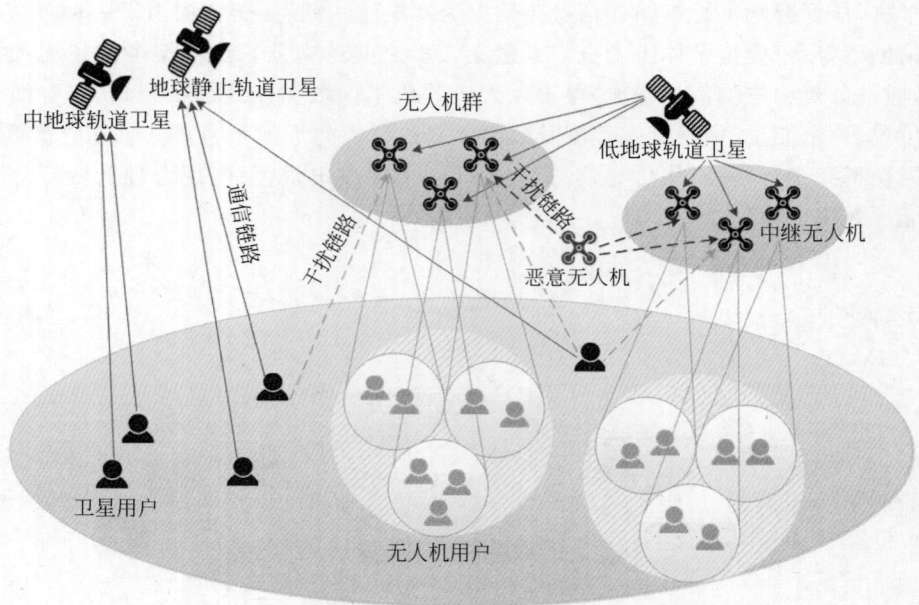

图 5-5　无人机波束控制抵御干扰攻击方案模型图

现代波束控制系统通常结合先进的信号处理技术,以提升系统的抗干扰能力。这些技术能够有效地检测和识别来自不同方向的干扰信号,并通过自适应算法动态调整波束模式,以抑制干扰信号的影响。系统能够实时监测环境变化,并迅速做出响应和调整,从而在干扰环境中显著增强目标信号的接收效果。自适应波束控制技术的引入,显著提高了系统在复杂电磁环境下的稳定性和安全性。然而,基于凸优化等方法的波束控制策略在面对环境变化时,存在适应性不足的问题。当干扰条件发生变化时,通常需要重新设计和调整波束控制策略,这可能导致抗干扰性能的下降。因此,将波束控制与强化学习技术相结合,是提升无人机抗干扰通信性能的有效途径。

具体而言,通过将无人机的位置、通信信道特性及接收信号质量定义为状态,利用深度 Q 网络、深度确定性策略梯度或近端策略优化等强化学习算法,可以动态调整天线的指向和波束形状。这些调整包括波束的指向角度、波束宽度及波束形状参数等,旨在最大化通信性能。在这一过程中,系统根据通信质量的提高给予奖励,对资源浪费或干扰影响给予惩罚,从而激励无人机选择最优的波束控制策略。

在应对复杂通信环境中存在多个攻击者的情况下,解决非凸优化问题尤为困难。为了满足多个合法用户系统速率和服务质量的要求,提出了基于模糊强化学习的抗干扰方法。该方法在不确定环境中,通过联合优化基站的抗干扰功率分配和反射波束成形,以提高在干扰攻击下的保密率。具体而言,该方法考虑当前时隙的干扰功率、信道质量、先前用户设备的信号与干扰加噪声比,以及当前评估的信道参数,选择适当的功率分配和反射波束成形系数,以最大化用户可实现速率,减少基站功率消耗,并确保信号与干扰加噪声比的约束不受智能干扰影响。

在此基础上,进一步提出了基于快速模糊 WoLF-PHC 的联合功率分配和反射波束成形方法,该方法适用于未知干扰模型和干扰策略的情况。WoLF-PHC 算法使智能体能够在动态且不确定的环境中更快地学习和适应,而模糊状态聚合则将连续状态空间离散化为固定数量的聚合状态。智能体通过与环境的交互,观察系统状态并接收即时奖励,利用这些信息训练学习模型,以选择具有最大 Q 函数值的抗干扰策略。根据所选择的策略,智能体执行相应的动作,决定功率分配和反射波束成形,从而有效提升系统速率和服务保护水平,同时显著改善抗干扰通信性能。

5.3.4 调制技术

在无人机通信系统中,采用调制解调技术及编码解码算法对于提升系统的抗干扰能力至关重要。调制解调技术在无人机通信系统中扮演了关键角色,其主要功能在于将数字信号有效转换为模拟信号,以便在无线信道中进行传输。此过程不仅涉及信号的转换和传输,还对信号的完整性和抗干扰能力有着直接影响,这对于保障无人机执行任务的可靠性和有效性至关重要。调制技术能够有效抵抗多径效应和信号衰减,从而提高通信质量。此外,调制解调技术结合了编码解码算法,通过引入冗余信息和错误检测机制,增强了系统对噪声和干扰的鲁棒性。调制解调技术主要包括幅度调制(Amplitude Modulation,AM)、频率调制(Frequency Modulation,FM)和相位调制(Phase Modulation,PM)。

AM 通过调节载波信号的幅度来传输信号。设载波幅度为 A_c,载波频率为 f_c,基带调制信号为 $x(t)$,调制深度为 m,调幅调制的公式如下:

$$s_{AM}(t) = A_c[1 + m \cdot x(t)] \cdot \cos(2\pi f_c t) \tag{5-2}$$

FM 通过调节载波信号的频率来传输信号。设基带调制信号为 $x(t)$,调频灵敏度为 k_f,调频调制的公式如下:

$$s_{FM}(t) = A_c \cdot \cos\left[2\pi f_c t + 2\pi k_f \int_0^t x(\tau)d\tau\right] \tag{5-3}$$

PM 通过调节载波信号的相位来传输信息信号。设基带调制信号为 $x(t)$,调相灵敏度为 k_p,调相调制的公式如下:

$$s_{PM}(t) = A_c \cdot \cos[2\pi f_c t + k_p x(t)] \tag{5-4}$$

传统调制技术在固定参数条件下表现良好,但在复杂、动态的无人机通信环境中,固定参数往往会导致通信性能下降。因此,结合强化学习优化调制技术成为重要研究方向。强化学习通过观察通信环境状态，并根据奖励机制调整调制参数，以优化通信性能。具体应用包括调整调制方式、调制深度及载波频率。通过合理定义动作空间，系统能够自适应调整码率，确保在动态环境下的通信稳定性。在训练过程中，算法评估不同调制参数组合的表现，并根据奖励信号调整策略，从而提高系统的可靠性和稳定性。例如，在基于强化学习的无人机抗干扰视频传输方案中，无人机负责视频的压缩编码、信道编码和调制，控制站负责解调和解码。无人机在指定高度和速度下捕捉视频，通过信道编码和调制后将压缩视频传输给控制站。其模型如图 5-6 所示。

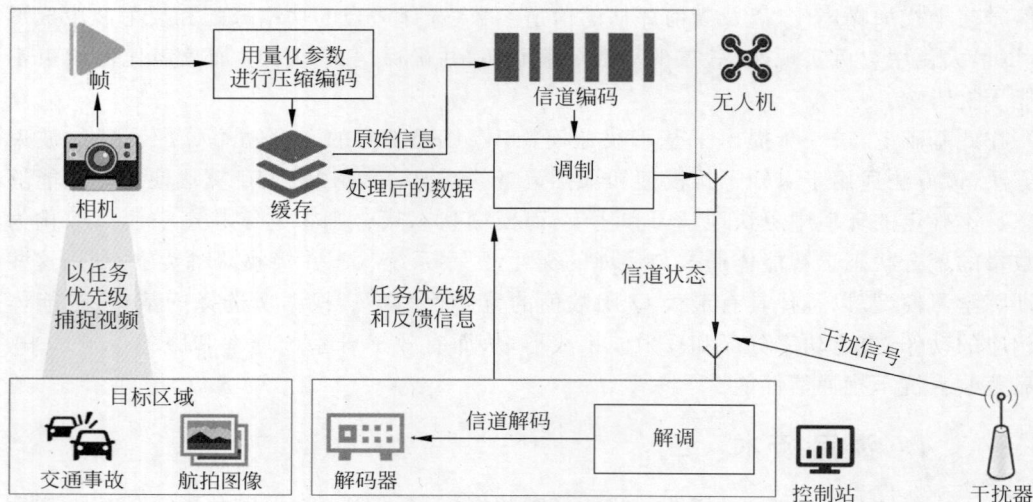

图 5-6　无人机抗干扰视频传输方案模型图

在一个时隙中，控制站向无人机发送任务需求，以获取难以接近的目标区域的视频，不同视频传输任务的紧急级别可能存在差异。例如，在交通事故监控场景中，实时性或低延迟传输比航拍更为重要。因此，任务的紧急级别通过优先级指标表示，优先级值越高，表示对时延的要求越严格。无人机中嵌入的视频编码器负责处理视频帧，以减轻存储和处理压力。编码器通过量化参数来控制压缩质量，较高的量化参数会导致更大的量化误差和压缩损失。信道编码器应用 LDPC 码及双相位移键控、正交相位移键控等自适应调制技术，通过选择合适的码率和调制类型来优化数据传输量。无人机的缓冲区存储压缩视频比特流，对于高分辨率或高比特流速率的视频处理，无人机可选择更大的量化参数或更低的分辨率以避免拥堵问题。吞吐量通过信道编码和调制前后缓冲区中数据量的差异来衡量。根据选择的发射功率，视频被传输到控制站。控制站接收到视频后，对其进行解调和解码，并测量峰值信噪比，然后将反馈信息发送给无人机。然而，由于无人机的移动性和链路的时变特性，视频传输容易受到干扰。智能干扰机可发射干扰信号干扰合法无人机接收视频，并且能够动态调整其位置、波形和干扰功率，进而降低无人机视频传输质量。

可将抗干扰视频传输过程建模为马尔可夫决策过程。在实际场景中，由于缺乏必要的信息，如信道状态、传输和攻击模型以及干扰功率等，并且传输环境和参数条件不断变化，直接获得最优视频传输策略是不可行的。因此，基于强化学习的抗干扰方案应运而生，以无人机作为学习智能体，在无需完全预知视频服务模型或攻击模型的情况下，通过观察系统状态来最大化 Q 函数。状态可由无人机接收的控制站反馈信息组成，包括上一时刻的峰值信噪比、吞吐量、传输时延以及能耗等信息。无人机抗干扰视频传输策略可包含量化参数、码率、调制类型和发射功率等,通过不断学习探索最佳策略,进而提高视频传输的峰值信噪比,降低传输时延及能耗。

在无人机通信系统中,调制解调技术与编码解码算法的应用对于提升抗干扰能力至关重要,能够有效提升系统对噪声和干扰的鲁棒性。传统的调制技术在固定条件下具有良好的表现,智能化的方法在传统技术的基础上,基于环境观测辅助无人机动态优化视频编码、信道编码及调制策略,从而提升视频传输质量,减少延迟和能耗。

5.4 无人机智能安全通信

在无人机通信中,保障通信的保密性、完整性和可用性至关重要。为防范干扰和窃听等安全威胁,必须采取措施,避免未经授权的访问、信息泄露、数据篡改及通信中断等问题。传统的无人机安全通信方法依赖于密钥通信,即通信双方需事先协商共享密钥,并使用该密钥对数据进行加密和解密,以确保数据的保密性。具体而言,发送方在传输数据前使用密钥加密数据,而接收方则使用相同密钥解密数据。然而,密钥通信存在局限性。首先,密钥的管理和分发复杂,尤其在大规模无人机网络中,密钥协商和管理显著增加通信延迟,并影响实时性。其次,密钥通信系统对计算能力要求较高,计算能力不足的无人机可能导致加密和解密效率降低。此外,密钥管理中的任何漏洞可能引发安全隐患(密钥泄露或破解),将威胁整个通信系统的安全性。图 5-7 展示了无人机智能安全通信中的常见技术。

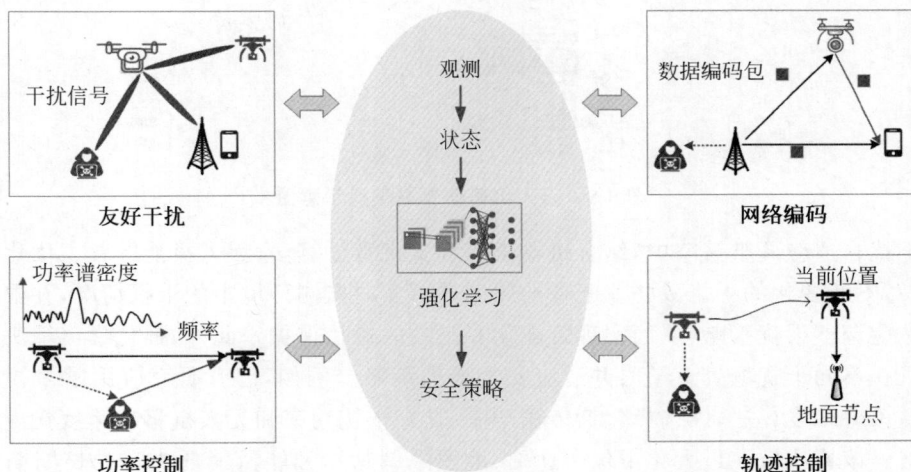

图 5-7 无人机安全通信技术

针对传统密钥通信在无人机通信中的局限性,结合物理层安全技术与传统加密技术,可以有效提升通信安全性,并降低加密复杂度。物理层安全技术利用无线通信的物理特性增强系统的保密性,减少了对复杂加密算法的依赖,同时提高了系统的整体效率。然而,传统无人机安全通信技术仍存在效率低和资源浪费等问题。为应对这些挑战,需采用智能化方法解决,以应对不断变化的安全威胁,确保无人机通信的保密性和可靠性。

5.4.1　友好干扰

友好干扰是无人机通信中通过干扰技术增强通信安全性的策略。该技术使无人机能够对潜在的窃听者或干扰者进行有效干扰，从而保障通信数据的安全性和可靠性。友好干扰策略主要包括友好干扰信号发射、合作干扰和干扰自适应调整 3 种方法。

在友好干扰信号发射策略中，无人机向通信信道发射干扰信号，以使窃听者或干扰者难以解码或干扰通信信号。这些干扰信号可以包括高功率的随机噪声、频率跳变技术、混沌信号或扩频信号等多种形式。这些信号的复杂性和难以跟踪性，使攻击者难以有效解码，从而实现通信的安全保护。

合作干扰策略通过多架无人机协同发射干扰信号来降低通信信号的有效性。多无人机的协同干扰显著提高了干扰强度，使窃听者或干扰者更难以破译或影响通信信号。此外，通过协同操作，无人机可以采用多种干扰策略，增加干扰信号的复杂度，进一步提升通信的安全性。合作干扰还可根据实际需求动态调整无人机的位置和干扰模式，以应对不同的干扰威胁，如图 5-8 所示，通过这种策略可以有效抵御窃听攻击。

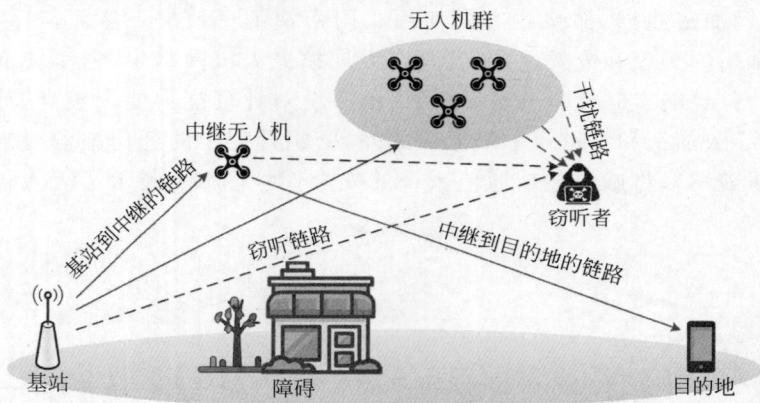

图 5-8　无人机通信友好干扰示意图

在干扰自适应调整策略中，结合机器学习和人工智能算法，无人机能够自主优化干扰策略，以应对不断变化的干扰威胁。配备的传感器可实时监测环境中的干扰情况，并根据这些信息自适应调整干扰策略，从而实现智能化和高效的通信保护。此外，强化学习算法可以帮助无人机在不同干扰场景下学习并适应安全通信策略。例如，已有研究应用了多智能体深度确定性策略梯度算法，以选择包括传输功率、友好干扰功率和无人机移动速度在内的安全通信策略。该算法旨在最大化由保密速率、地图限制惩罚和能量消耗决定的长期期望折扣奖励。系统通过将无人机的位置和目标地面用户的索引作为状态进行建模，并利用策略网络和全局评估网络进行优化。状态输入到策略网络中，以直接输出安全通信策略；全局评估网络则评估 Q 值并更新策略网络的权重。同时，设计注意力网络以提取对系统更为重要的安全通信特征，从而提高探索效率并提升安全速率。

5.4.2　协作干扰功率控制

无人机的功率控制涉及对无人机通信系统中发射功率的调节与管理。智能功率控制不仅能够抵御干扰攻击,还能应对无人机通信网络中的其他安全威胁,确保通信的安全性。例如,在面临窃听攻击时,无人机可以通过提高发射功率来增强通信信号的强度,从而减少干扰或窃听的影响。在多无人机协同通信的情况下,通过动态分配功率,可以在最大化整体通信性能的同时,最小化干扰攻击的影响,从而提升通信的安全性。此外,通过联合优化轨迹和发射功率控制,利用块坐标下降法和连续凸优化法,可以实现传输平均保密率的最大化,从而提高通信效率。强化学习同样可用于优化功率控制策略,通过与环境的交互与反馈,无人机能够自适应地选择功率控制策略,从而增强通信的安全性。

在主动窃听攻击场景中,窃听者通过发送干扰信号提高基站的发射功率,从而从蜂窝系统中窃取信息。为应对这种情况,可以基于基站与无人机之间的信道增益、无人机接收到的干扰功率、成功解码的包数量、数据包分配历史以及上一个时隙的时延,采用分层深度 Q 网络算法优化传输功率、编码包数量和数据包分配策略,从而提高无人机的数据传输速率,降低能耗和时延,并增强防御主动窃听攻击的能力,如图 5-9 所示。

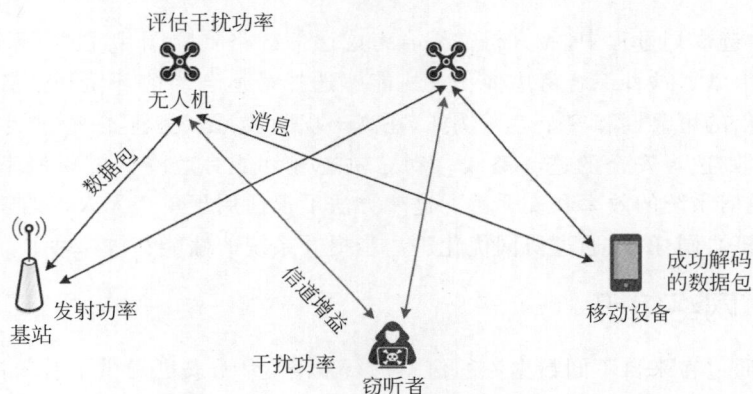

图 5-9 无人机协作干扰功率控制模型图

5.4.3 轨迹控制

无人机通过控制飞行轨迹可以提升对窃听攻击的防御能力。利用双循环迭代算法优化飞行轨迹,从而显著降低通信信号被窃听的风险,增强通信的安全性。在无人机通信网络中,轨迹控制不仅提高了数据传输速率,还降低了能耗,延长了无人机的工作时间和飞行距离。结合功率控制和频谱分配等智能技术,无人机能够实现更高级别的安全通信。通过联合优化信号发射功率和飞行轨迹,无人机能提高对地面基站的保密速率,防止非法窃取。在恶意干扰环境中,频谱分配与路径控制技术可以减少碰撞概率,保证通信的可靠性和稳定性,从而增强系统的抗干扰能力。

为进一步提高通信性能并减少延迟,无人机需靠近地面用户;然而,由于与邻近无人机的互联要求,找到最佳飞行轨迹是一项挑战。动态轨迹控制方法通过强化学习自适应优化飞行路径,以满足实时通信需求并覆盖目标区域。例如,深度强化学习轨迹控制算法通过设置水平方向和距离来优化每时隙的能耗。演员网络生成飞行方向和距离,评论家网络评估这些动作的 Q 值。智能体将生成的动作发送给无人机,用户设备根据节能标准选择适当的无人机。此方法能够节省能耗,加速收敛,并在紧急情况下迅速调整轨迹,如图 5-10 所示。

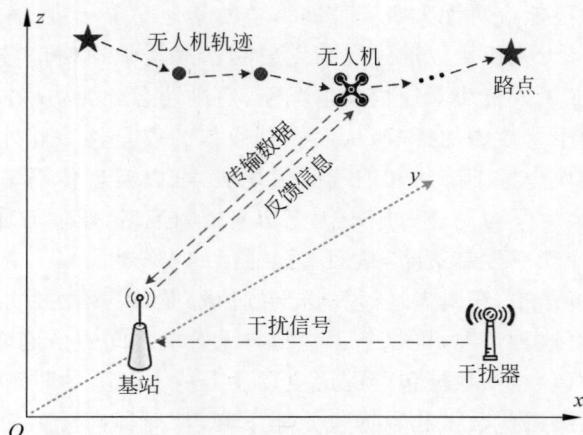

图 5-10　无人机轨迹控制模型图

　　此外，在轨迹规划过程中，无人机需综合考虑通信链路质量、干扰强度、障碍物分布和安全区域等多种因素。这种综合考虑使无人机能够选择最适合当前环境和任务需求的轨迹，从而最大化通信的可靠性和安全性。例如，在高干扰区域，无人机可以绕过干扰源；在障碍物密集的区域，则选择安全的避障路线。动态轨迹规划能有效降低中断概率、误码率和能耗，从而提高通信系统的效率和安全性。这一方法不仅适用于单个无人机的轨迹优化，还可扩展至多无人机协同任务，通过协同优化进一步提升系统的性能和鲁棒性。

5.4.4　网络编码

　　网络编码通过将来自不同数据流的信息进行混合，为无人机提供了有效的数据保护机制。该技术在数据包级别实施编码和解码，通过引入冗余信息和编码操作，显著增强了数据传输的可靠性和抗干扰能力。无人机可以采用多种网络编码策略，包括前向纠错编码、网络码传输、安全编码和动态编码等。

　　前向纠错编码通过在数据包中引入冗余信息，使接收端能够在数据包受到干扰或损坏时，通过这些冗余信息进行错误检测与纠正，从而恢复原始数据。网络码传输则通过对数据包进行编码，生成冗余数据包并进行传输，接收端通过解码操作重构原始数据。这种策略提高了对数据包丢失和干扰的容忍度，增强了通信的可靠性。安全编码通过对数据进行加密和编码，以保护通信数据的机密性。安全的网络编码技术通过引入冗余和混淆操作，增强了对窃听和攻击的抵抗力，即使数据在传输过程中被截获，攻击者也难以解码并理解实际内容。动态编码则根据实时的通信环境和网络状况调整编码策略，从而优化数据传输效率和安全性。

　　网络编码技术的实施不仅仅是简单的转发操作，而是通过对接收到的数据包进行编码处理，再进行发射。这种方法使得在数据包传输过程中即使发生丢失或损坏，接收端仍能够通过冗余信息恢复原始数据。同时，通过信息的混合编码，提高了对截取部分数据包的防护能力，从而提升了数据传输的鲁棒性和抗干扰能力。

　　为了进一步提升无人机在动态信道环境下的安全通信性能，强化学习已被应用于优化安全网络编码策略。在某些通信模型中，基站位于特定位置，负责向移动设备发送数据包以防止主动窃听。数据包经过随机线性网络编码方法进行编码,生成多个编码数据包。多架无人机负责中继这些编码数据包,以提高数据传输性能。基站以不同功率级别发送数据包,无人机将这些数据包传送给移动设备。移动设备在接收到来自无人机和基站的编码数据包后,组合并使用高斯消元法进行解码。若存在窃听攻击,窃听者利用全双工技术监听无人机发送的数据包,并使用干扰信号降低数据接收质量。窃听者可能应用高斯消元法解码消息,并根据贪婪算法选择干扰功率,模型图如图 5-11 所示。

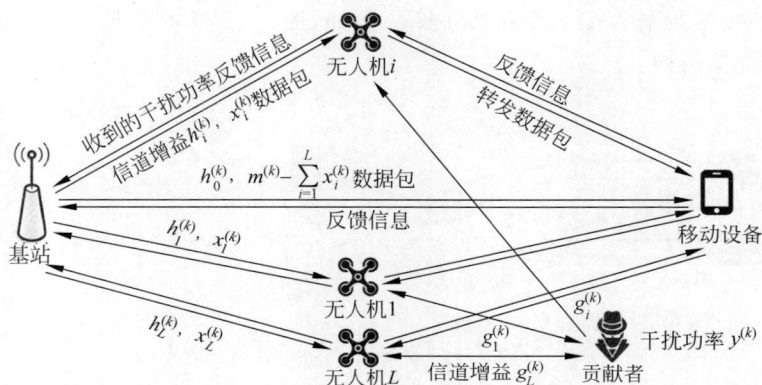

图 5-11　无人机辅助网络编码方案模型图

　　针对上述无人机网络模型和攻击模型,设计基于强化学习的无人机辅助网络编码方案,用于基站选择网络编码和传输策略,包括编码数据包数量、分配给无人机的编码数据包数量和发射功率,基于状态来最大化 Q 值。旨在增加成功解码的数据包数量,减少窃听率、基站能耗和延迟。基站基于 ε-贪婪策略和构建的状态信息,选择基站网络编码和传输策略,将消息分成多个原始数据包,并随机选择编码系数。随后,将编码后的数据包发送给无人机或移动设备,从而迷惑窃听攻击者。

　　综上,网络编码可提升无人机数据包的安全传输,结合了随机线性网络编码算法对基站消息进行编码,防止主动窃听,在拦截概率、传输性能和基站能耗等方面都具有较好的提升作用。

5.4.5　区块链辅助无人机安全通信

　　在无人机通信网络中,区块链技术为实现智能安全通信提供了一种创新且有效的解决方案。作为一种去中心化的分布式数据库技术,区块链具有数据不可篡改、透明和安全的特性,这些特性在智能安全通信中展现出显著优势,为无人机通信网络提供了新的安全保障。

　　区块链技术的核心优势包括去中心化、数据不可篡改性、透明性和可追溯性,这些特性在多个领域中提升了系统的安全性和效率。在无人机网络中,区块链技术通过将无人机生成的数据存储在不可篡改的区块中,并利用加密技术验证数据来源,确保数据在传输过程中不被篡改。这种机制不仅确保了数据的真实性和完整性,还使数据可追溯,从而显著提高了通信网络的安全性。

　　智能合约是一种用于自动执行、管理和验证合同的计算机程序。在无人机通信网络中,智能合约可以自动化无人机的操作、任务调度和资源分配。例如,智能合约能够自动设定无人机的飞行路径、任务执行条件及资源使用规则，从而提高系统的自动化程度和运营效率。

此外，区块链技术还提供了去中心化的权限管理系统，通过分布式共识机制和加密技术来管理无人机的访问控制和授权。通过在区块链上记录无人机的身份和权限信息，可以有效防止未经授权的访问和潜在的安全威胁，确保只有经过认证的设备和用户能够访问网络资源。无人机网络中涉及大量的数据共享需求，区块链技术能够在保护隐私的前提下实现安全的数据共享。结合加密技术和隐私保护机制，区块链不仅确保了数据共享过程中的隐私性，还提高了数据共享的安全性和透明度。例如，图 5-12 展示了基于区块链的无人机网络身份验证系统架构图。

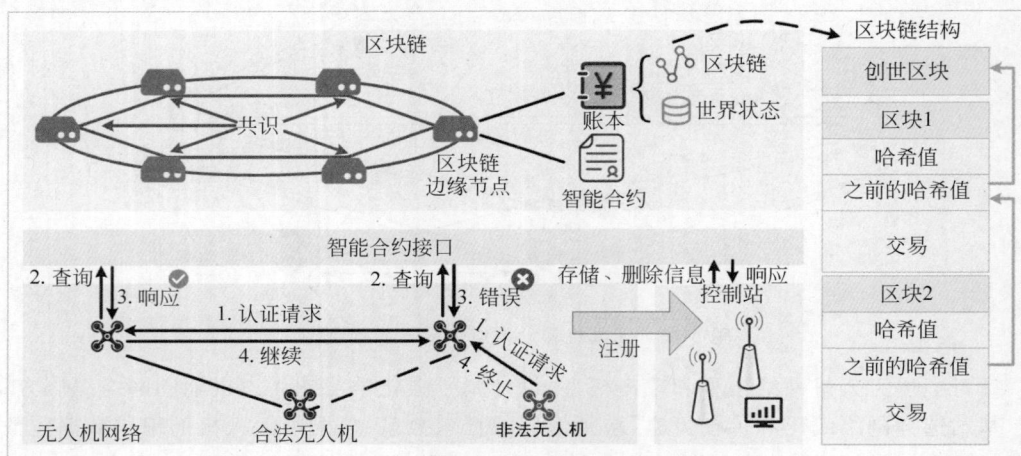

图 5-12 基于区块链的无人机网络身份验证系统架构

将区块链技术应用于无人机通信网络，并结合现有的人工智能和机器学习技术，提供了一种有效的方式来优化无人机网络的安全策略和通信效率。智能合约与区块链的数据完整性机制的结合，可以通过智能算法实现动态资源分配和任务调度。此外，区块链的去中心化特性与智能算法的结合，能够提升无人机网络的安全策略，自动检测并响应潜在的安全威胁，从而增强系统的鲁棒性和适应性。

具体而言，在工业物联网环境中，无人机作为空中基站提供连接服务，并与众多移动设备共享资源。为解决这一环境中的资源交易问题，设计了一个综合资源交易框架，该框架将多智能体深度强化学习、联盟区块链和斯塔克尔伯格博弈相结合。效益最大化问题被形式化为双阶段多领导者-多追随者斯塔克尔伯格博弈问题，旨在使资源提供方（无人机）和资源需求方（移动设备）最大化总体奖励并提高资源交易效率。在斯塔克尔伯格博弈基础上，优化问题被建模为扩展的马尔可夫决策过程，其中，每个无人机和移动设备被视为学习智能体。每个资源交易方案对应于无人机和移动设备的策略动作。通过采用多智能体深度确定性策略梯度算法的动态定价方法，无人机可以整合频谱和能量战略规划，以提升效益，并满足不同移动设备的服务质量要求。

综上，区块链技术的多种特性，有助于提升通信网络的安全性和效率。通过区块链存储和验证通信数据，实现更为安全、高效的无人机数据和资源共享。

5.5　本章小结

本章深入探讨了无人机智能安全通信技术,旨在帮助读者全面理解该领域,为实际应用和学术研究提供坚实的理论基础与实践指导。

无人机技术在各行业的广泛应用带来了作业效率的提升,但也引发了多种安全隐患,包括干扰攻击、窃听攻击、恶意攻击、拒绝服务攻击及电子欺骗攻击等。这些威胁严重影响了无人机在关键任务中的可靠性,对无人机通信系统的安全性提出了更高要求。

为应对这些安全威胁,无人机通信系统日益依赖于智能抗干扰和智能安全通信技术。这些技术通过动态、智能的方法保护通信链路,确保信息传输的稳定性。同时,智能算法的应用,如强化学习技术(包括深度 Q 网络、深度确定性策略梯度和近端策略优化等),可实现无人机通信策略的在线优化和自适应调整(如频谱资源分配、天线设计及调制解调方式等),提高了通信安全性和效率。然而,随着无人机技术的迅速发展,通信系统亟需提升智能化水平,以应对更加复杂多变的攻击和网络拓扑,确保无人机通信可靠性和数据传输的安全性。

习题

5-1　无人机通信系统目前面临的主要安全威胁有哪些?
　　A. 干扰攻击　　　　B. 窃听攻击　　　　C. 差分攻击　　　　D. 拒绝服务攻击
　　E. 以上全部
5-2　未来无人机通信系统的发展方向是什么?
　　A. 提高通信速度　　　　　　　　　B. 加强智能化和安全性
　　C. 扩大通信范围　　　　　　　　　D. 减少通信功耗
　　E. 以上全部
5-3　无人机通信系统中有几种通信方式?分别是什么?
5-4　无人机智能抗干扰通信是如何应对频谱干扰和其他干扰信号的?请简要描述其工作原理。
5-5　无人机通信系统面临哪些安全威胁?请简要描述其中一种威胁的影响和可能的解决方案。
5-6　保障无人机智能安全通信的方法主要有哪些?分别可以解决什么问题?
5-7　谈谈你对无人机智能通信安全的理解以及你觉得未来可以有所改进的地方。

参考文献

[1]　刘炜,冯丙文,翁健. 小型无人机安全研究综述[J]. 网络与信息安全学报,2016,2(03):39-45.
[2]　Li B,Fei Z,Zhang Y, et al. Secure UAV communication networks over 5G[J]. IEEE Wireless Communications,2019,26(5):114-120.
[3]　Zeng Y, Zhang R. Energy-efficient UAV communication with trajectory optimization[J]. IEEE Transactions on Wireless Communications,2017,16(6):3747-3760.
[4]　Cai X,Rodríguez-Piñeiro J,Yin X, et al. An empirical air-to-ground channel model based on passive

measurements in LTE[J]. IEEE Transactions on Vehicular Technology,2018,68(2): 1140-1154.

[5] Azari M M,Geraci G,Garcia-Rodriguez A,et al. UAV-to-UAV communications in cellular networks [J]. IEEE Transactions on Wireless Communications,2020,19(9): 6130-6144.

[6] Ma Z,Ai B,He R,et al. A wideband non-stationary air-to-air channel model for UAV communications [J]. IEEE Transactions on Vehicular Technology,2019,69(2): 1214-1226.

[7] Gupta L,Jain R,Vaszkun G. Survey of important issues in UAV communication networks[J]. IEEE Communications Surveys & Tutorials,2015,18(2): 1123-1152.

[8] Dai B,Niu J,Ren T,et al. Towards energy-efficient scheduling of UAV and base station hybrid enabled mobile edge computing[J]. IEEE Transactions on Vehicular Technology, 2021, 71(1): 915-930.

[9] He D,Chan S,Guizani M. Drone-assisted public safety networks: The security aspect[J]. IEEE Communications Magazine,2017,55(8): 218-223.

[10] Xiao L,Ding Y,Huang J,et al. UAV anti-jamming video transmissions with QoE guarantee: A reinforcement learning-based approach[J]. IEEE Transactions on Communications, 2021, 69(9): 5933-5947.

[11] Lu X,Xiao L,Li P,et al. Reinforcement learning-based physical cross-layer security and privacy in 6G [J]. IEEE Communications Surveys & Tutorials,2022,25(1): 425-466.

[12] Jiang Y,Lin C,Shen X,et al. Mutual authentication and key exchange protocols for roaming services in wireless mobile networks[J]. IEEE Transactions on Wireless Communications, 2006, 5(9): 2569-2577.

[13] Xu J,Duan L,Zhang R. Proactive eavesdropping via jamming for rate maximization over Rayleigh fading channels[J]. IEEE Wireless Communications Letters,2015,5(1): 80-83.

[14] Zhong C,Jiang X,Qu F,et al. Multi-antenna wireless legitimate surveillance systems: Design and performance analysis[J]. IEEE Transactions on Wireless Communications,2017,16(7): 4585-4599.

[15] Fotouhi A,Qiang H,Ding M,et al. Survey on UAV cellular communications: Practical aspects, standardization advancements,regulation,and security challenges[J]. IEEE Communications Surveys & Tutorials,2019,21(4): 3417-3442.

[16] Xiao J,Feroskhan M. Cyber attack detection and isolation for a quadrotor UAV with modified sliding innovation sequences[J]. IEEE Transactions on Vehicular Technology,2022,71(7): 7202-7214.

[17] Feng Z,Qiu C,Feng Z,et al. An effective approach to 5G: Wireless network virtualization[J]. IEEE Communications Magazine,2015,53(12): 53-59.

[18] Zhang C,Zhang W,Wang W,et al. Research challenges and opportunities of UAV millimeter-wave communications[J]. IEEE Wireless Communications,2019,26(1): 58-62.

[19] Wei F,Zheng S,Zhou X,et al. Detection of direct sequence spread spectrum signals based on deep learning[J]. IEEE Transactions on Cognitive Communications and Networking, 2022, 8(3): 1399-1410.

[20] Shang B,Marojevic V,Yi Y,et al. Spectrum sharing for UAV communications: Spatial spectrum sensing and open issues[J]. IEEE Vehicular Technology Magazine,2020,15(2): 104-112.

[21] Li L,Cheng Q,Xue K,et al. Downlink transmit power control in ultra-dense UAV network based on mean field game and deep reinforcement learning[J]. IEEE Transactions on Vehicular Technology, 2020,69(12): 15594-15605.

[22] Xiao Z,Zhu L,Liu Y,et al. A survey on millimeter-wave beamforming enabled UAV communications and networking[J]. IEEE Communications Surveys & Tutorials,2021,24(1): 557-610.

[23] Meng K,Wu Q,Ma S,et al. UAV trajectory and beamforming optimization for integrated periodic sensing and communication[J]. IEEE Wireless Communications Letters,2022,11(6): 1211-1215.

[24] Xiao Z, Dong H, Bai L, et al. Unmanned aerial vehicle base station (UAV-BS) deployment with millimeter-wave beamforming[J]. IEEE Internet of Things Journal, 2019, 7(2): 1336-1349.

[25] Yu J, Gong Y, Fang J, et al. Let us work together: Cooperative beamforming for UAV anti-jamming in space-air-ground networks[J]. IEEE Internet of Things Journal, 2022, 9(17): 15607-15617.

[26] Li W, Chen J, Liu X, et al. Intelligent dynamic spectrum anti-jamming communications: A deep reinforcement learning perspective[J]. IEEE Wireless Communications, 2022, 29(5): 60-67.

[27] Ma J, Li Q, Liu Z, et al. Jamming modulation: An active anti-jamming scheme [J]. IEEE Transactions on Wireless Communications, 2022, 22(4): 2730-2743.

[28] Xiao L, Ding Y, Huang J, et al. UAV anti-jamming video transmissions with QoE guarantee: A reinforcement learning-based approach[J]. IEEE Transactions on Communications, 2021, 69(9): 5933-5947.

[29] Dang-Ngoc H, Nguyen D N, Ho-Van K, et al. Secure swarm UAV-assisted communications with cooperative friendly jamming[J]. IEEE Internet of Things Journal, 2022, 9(24): 25596-25611.

[30] Zhang Y, Mou Z, Gao F, et al. UAV-enabled secure communications by multi-agent deep reinforcement learning [J]. IEEE Transactions on Vehicular Technology, 2020, 69(10): 11599-11611.

[31] Zhang G, Wu Q, Cui M, et al. Securing UAV communications via joint trajectory and power control [J]. IEEE Transactions on Wireless Communications, 2019, 18(2): 1376-1389.

[32] Xiao L, Li H, Yu S, et al. Reinforcement learning based network coding for Drone-aided secure wireless communications[J]. IEEE Transactions on Communications, 2022, 70(9): 5975-5988.

[33] Li B, Fei Z, Zhang Y. UAV communications for 5G and beyond: Recent advances and future trends [J]. IEEE Internet of Things Journal, 2018, 6(2): 2241-2263.

[34] Wang L, Wang K, Pan C, et al. Deep reinforcement learning based dynamic trajectory control for UAV-assisted mobile edge computing[J]. IEEE Transactions on Mobile Computing, 2021, 21(10): 3536-3550.

[35] Lin Z, Lu X, Dai C, et al. Reinforcement learning based UAV trajectory and power control against jamming[C]//Machine Learning for Cyber Security: Second International Conference (ML4CS), September 19-21, 2019, Xi'an, China. Berlin: Springer, 2019: 336-347.

[36] Li H, Yu S, Lu X, et al. Drone-aided network coding for secure wireless communications: A reinforcement learning approach[C]//IEEE Global Communications Conference (GLOBECOM), December 07-11, 2021, Madrid, Spain. New York: IEEE, 2021: 1-6.

[37] Aggarwal S, Kumar N, Alhussein M, et al. Blockchain-based UAV path planning for healthcare 4.0: Current challenges and the way ahead[J]. IEEE Network, 2021, 35(1): 20-29.

[38] Tan Y, Liu J, Kato N. Blockchain-based lightweight authentication for resilient UAV communications: Architecture, scheme, and future directions[J]. IEEE Wireless Communications, 2022, 29(3): 24-31.

[39] Abegaz M S, Abishu H N, Yacob Y H, et al. Blockchain-based resource trading in multi-UAV-assisted industrial IoT networks: A multi-agent DRL approach[J]. IEEE Transactions on Network and Service Management, 2022, 20(1): 166-181.

参考答案

5-1 无人机通信系统目前面临的主要安全威胁有哪些？

答：E。

5-2　未来无人机通信系统的发展方向是什么？

答：E。

5-3　无人机通信系统中有几种通信方式？分别是什么？

答：两种。

空对空通信和空对地通信。

5-4　无人机智能抗干扰通信是如何应对频谱干扰和其他干扰信号的？请简要描述其工作原理。

答：可以通过强化学习帮助无人机建立针对复杂频谱环境的模型。

通过不断交互和学习，无人机可以适应不同的频谱环境，并根据实时情况进行频谱资源的分配和优化。

5-5　无人机通信系统面临哪些安全威胁？请简要描述其中一种威胁的影响和可能的解决方案。

答：无人机在通信的过程中容易受到干扰攻击。干扰攻击可能会造成数据泄露、侵犯隐私等安全威胁。

可以使用频谱管理的方法，对无人机系统使用的无线电频谱资源进行频谱分配、频谱监测或频谱贡献等管理和规划，进行直接序列扩频、跳频扩频、混合扩频技术等来抵御干扰攻击。

5-6　保障无人机智能安全通信的方法主要有哪些？分别可以解决什么问题？

答：保障无人机智能安全通信的方法主要包括友好干扰、功率控制、轨迹控制和网络编码。

通过干扰技术增强通信的安全性，防止窃听和干扰攻击；通过调节传输功率来应对通信环境的变化和安全需求，以及抵御干扰攻击；通过控制无人机的飞行轨迹，提高通信的保密率并降低能耗，同时应对干扰和安全需求；通过混合数据流的信息增强数据传输的可靠性和抗干扰能力，提高通信的保密性和安全性。

5-7　谈谈你对无人机智能通信安全的理解以及你觉得未来可以有所改进的地方。

答：言之有理即可。

第 6 章

无线通信跨层安全

与隐私保护

无线通信系统与有线通信系统类似,均采用开放式通信系统互联模型(Open System Interconnection Model,OSI)进行网络互连。实际应用中,通常以传输控制协议/网际协议(Transmission Control Protocol/Internet Protocol,TCP/IP)模型为例,该模型包括物理层、数据链路层、网络层、传输层和应用层,如图 6-1 所示。每一层独立完成其功能,并协同实现整体通信过程。然而,无线通信系统由于其开放性和时变性,各层次均面临安全隐患,且单层次的攻击可能影响其他层次。因此,无线通信的跨层安全与隐私保护逐渐成为研究重点。

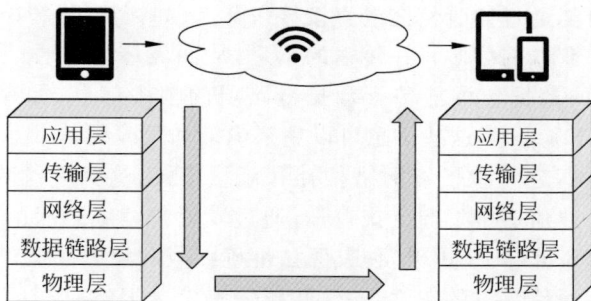

图 6-1 无线通信网络 OSI 模型

本章首先介绍无线通信系统各层次的特点及其易受的攻击类型,包括跨层攻击的形式与影响,例如,跨数据链路层和网络层的中间人攻击,以及跨数据链路层、网络层和传输层的拒绝服务攻击;随后,从身份认证、攻击检测和资源分配三方面探讨跨层通信安全机制;最后,介绍针对数据机密性设计的隐私保护机制,并探讨基于强化学习的智能跨层隐私保护方案。

本章节需要重点掌握以下要点:

(1) 了解无线通信系统各层次的安全威胁;

(2) 掌握无线通信系统的跨层身份认证、攻击检测和资源分配机制;

(3) 了解无线通信系统中的隐私保护机制;

(4) 了解基于强化学习的智能跨层隐私保护机制。

6.1　无线通信跨层安全威胁

跨层攻击是指综合考虑多个协议层次的功能特性及漏洞,通过在多个层次发起协同攻击或在某一特定层次发起攻击,以影响其他层次,从而实现单一层次难以达成的攻击目标。相较于单层攻击,跨层攻击能够以较低成本实现更显著的攻击效果,并有效隐藏攻击者的行为。具体而言,跨层攻击通常选择少数层次作为攻击层,多数层次作为目标层,针对攻击层的特点进行小规模攻击,从而严重干扰目标层的正常功能,同时使目标层难以察觉攻击。在跨层攻击中,各层次的功能和作用有所不同,当前多数跨层攻击方案通常从数据链路层发起,利用媒体接入控制策略影响物理层的数据比特流传输;或通过路由策略和数据传输方式影响网络层和传输层之间的端到端通信。以下将根据攻击影响的层次,介绍无线通信OSI模型中的跨层攻击方式。

6.1.1　物理层—数据链路层

物理层作为无线通信网络协议的最低层,定义了物理链路的结构及其参数,包括信号类型、频率、传输介质、编码方式和调制方式等,以实现相邻通信节点之间的比特传输。由于无线信道的开放特性,授权用户和非授权用户均可访问空中接口,这可能导致窃取并篡改用户的隐私信息。

一方面,攻击者可能通过监听信道或直接接入节点(如计算机、智能手机等设备)在物理层发起窃听攻击,非法获取网络中正在传输的消息,从而破坏无线通信系统的数据机密性。攻击者在物理层截获的数据包可能包含数据链路层的帧头信息,如媒体访问控制(Media Access Control,MAC)地址等,这些信息可以用来识别和跟踪设备。通过分析这些数据,攻击者能够重构网络流量,进一步了解网络拓扑和流量模式,这为后续攻击提供了基础。另外,攻击者也可能在无线信道中发起干扰攻击,通过发射持续或随机的高强度干扰信号,导致接收端的信噪比下降和误码率上升,使其无法准确接收和解码数据,从而影响无线信道中消息的传递效率,干扰通信双方的正常交互,并频繁触发数据链路层的重传机制,从而降低整体的网络吞吐量。

在数据链路层,传输单元为帧,该层通过控制信道介质以确保帧的有效传输。无线网络中的每个节点都具有唯一的MAC地址,用于区分不同的用户。因此,攻击者可能通过盗取MAC地址等身份信息,冒充合法用户在数据链路层发起电子欺骗攻击。此类攻击者不仅可以伪装为通信的一方,还能同时冒充双方,分别建立连接,拦截并篡改双方传输的信息,从而实现中间人攻击,进一步增加物理层的通信负担。此外,攻击者可能通过在数据链路层发起干扰攻击,发送随机无意义的报文,使其他节点误认为信道中有其他数据包正在传输,从而干扰数据链路层的正常功能。同时,接收设备难以区分合法信号与干扰信号,导致信号质量下降、误码率升高,进而降低了通信的可靠性。

进一步地,由于大多数数据链路层协议采用载波监听多点接入或碰撞避免协议作为频谱访问方案,用户节点在传输前需随机退避一定时间,冲突发生时则增加退避时间。一些自私攻击者可能恶意减小退避窗口,以较短的退避时间优先占用信道,而普通用户在经历正常退避时间后发现信道被占用,只能增加退避时间,等待重新接入。这种攻击方式不仅阻碍了其他用户的接入,还显著降低了信道资源的利用率。同时,由于大量用户无法及时接入,在物理层产生信号冲突和干扰。信道冲突和干扰的加剧将导致接收端出现数据丢失等问题,大幅降低物理层数据的传输质量和可靠性。

攻击者利用物理层和数据链路层的特性,可以提高攻击的成功概率和隐蔽性。例如,结合主用户模拟攻击与报告错误感知数据攻击。主用户指对授权频谱具有优先使用权的用户节点,而次级用户需周期性检测主用户对频谱的占用情况,避开主用户使用的频谱资源,选择空闲频段进行通信。在物理层,攻击者通过模拟主用户的信号特性,利用比特流冒充主用户占用信道资源,并报告虚假的频谱使用情况,进而在数据链路层误导次级用户。此类跨层欺骗攻击中,攻击者通过伪装主用户身份,使次级用户在主用户未实际传输的情况下仍错误地认为主用户存在,从而增加退避时间,降低信道利用率,影响数据传输性能;在主用户正常通信时,攻击者也可以通过制造虚假数据,使次级用户无法检测到主用户的存在,导致次级用户在主用户活动时发送数据,从而干扰主用户。除此之外,攻击者还可以结合缩小后退窗口攻击和报告错误感知数据攻击,通过向无线信道中注入大量的错误感知数据包,模拟出信道拥塞的假象。这些错误数据包会被接收端误认为是正常的数据传输,从而触发数据链路层的拥塞控制机制。依赖于缩小后退窗口攻击,攻击者在数据链路层优先获取信道使用权,阻碍其他用户的正常接入。

6.1.2　数据链路层—网络层

网络层为用户设备提供路由、多跳连接等组网功能,形成逻辑链路,并以分组作为传输单元。在现代无线通信网络中,网络层技术的核心是 IP 协议,该协议为每个节点分配唯一的 IP 地址。利用 IP 协议,攻击者不仅能够伪造虚假的 IP 地址连接网络,还可以盗用合法 IP 地址以冒充合法用户。更为严重的是,攻击者可能伪造多个 IP 地址来实施女巫攻击,向用户发送大量需要响应的数据包,消耗其网络资源,使用户无法接收来自其他用户的合法请求,削弱网络冗余性,干扰正常网络活动,严重时可能导致网络瘫痪。

具体而言,攻击者通过伪造多个合法 IP 地址,制造出多个虚拟用户的假象。这些虚拟用户在攻击者的控制下,同时向正常用户节点发送大量无用的数据包,导致受害节点因处理这些无用数据包而过载,从而影响其与其他正常节点之间的数据传输,并造成通信资源的严重浪费。此外,攻击者还可能摧毁原有节点或使合法 IP 地址失效,破坏网络环境的可观察性,从而降低安全监测和攻击检测的有效性。

由于网络层协议需要依赖数据链路层提供的地址解析服务,攻击者向特定节点发送虚假的地址解析响应,使其脱离网络,从而中断关键路由。在这种情况下,攻击者可能充当"中间人",重新建立路由并控制消息传输路径,从而破坏网络中的通信安全。此外,由于网络层节点缺乏集中管理,这些节点容易受到黑客攻击,一旦某节点被破坏,可能引发一系列隐私和安全问题。攻击者可能窃取该节点上保存的路由表信息,从而获取整个网络的拓扑结构和通信状况,并修改该节点的路由转发规则,使其开始转发非法流量或者丢弃合法流量,进一步破坏应用层的可用性和安全性。

6.1.3　数据链路层—传输层/应用层

传输层为节点之间提供可靠的端到端数据传输功能,其传输单元为数据段。主要针对传输层的攻击包括泛洪攻击和序列号预测攻击。泛洪攻击利用 TCP 三次握手机制的漏洞，干扰服务端与客户端之间的连接；序列号预测攻击则可以篡改、窃取或断开连接。

应用层为应用程序提供网络访问接口和多种功能服务，其传输单元为消息。针对应用层的攻击方式主要包括：针对超文本传输的恶意软件攻击、注入攻击和跨站点脚本攻击；针对文件传输的跳转攻击和目录遍历攻击；以及针对邮件收发的欺骗攻击、注入攻击和密码嗅探等。这些攻击会导致数据外泄、网络脱机及业务中断等后果，影响应用程序的正常运行。

针对数据链路层协议的灵活性及 TCP 协议的可靠性机制，攻击者利用停滞陷阱攻击，通过操控数据链路层协议中的退避机制进行周期性信道抢占，再利用 TCP 协议的流量控制机制降低端到端吞吐量，从而破坏数据流的正常传输。攻击者通过使用较小的竞争窗口值占用无线信道，并篡改 TCP 的拥塞窗口值，导致传输层的端到端吞吐量降低，TCP 流的往返时延偏离正常预估值，从而引发数据流的超时重传，影响数据传输性能。

除了操控退避机制影响传输流量，跨层干扰攻击也可以从数据链路层向上传递。如图 6-2 所示，每个层次包含感知模块和干扰模块两部分。在数据链路层，感知模块负责监测信道状态，记录报文传输的开始时间和间隔；干扰模块则负责向信道发射随机无意义的报文。在传输层，感知模块读取数据链路层记录的信息，并对报文进行分类。应用层的感知模块基于会话信息对特定用户活动进行干扰，包括定义干扰目标和时间。通过这三个层次的联合作用，干扰攻击的效果显著增强，同时降低了被检测的概率。随着检测概率的降低，将进一步导致传输控制协议窗口崩溃和连接性能下降，大幅增加端到端的传输延迟，对实时性应用造成严重影响。

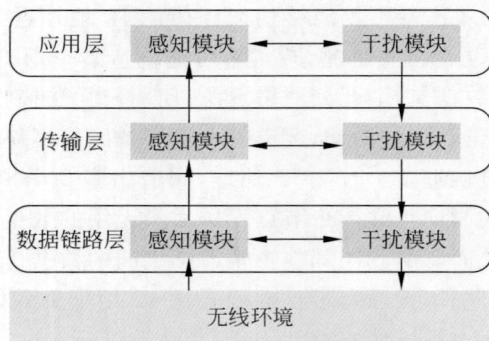

图 6-2 跨层干扰模型

攻击者入侵并控制中间网络节点，有选择性地转发或者阻挡 IP 数据流，并控制中间网络节点对流经自己的流量进行深度分析，基于分析将 IP 数据包转发到另外的网络节点，将原本应该直达目的地的流量进行重定向。一旦流量被重定向到攻击者控制的节点，他们将对流量进行解密分析，并利用这些信息进一步渗透网络内部。当大量流量被重定向到非预期的节点时，将大幅增加传输层端到端时延，导致数据传输超时甚至网络堵塞。

无线通信 OSI 模型中的跨层攻击主要涉及物理层—数据链路层，数据链路层—网络层和数据链路层—传输层/应用层多个方面，跨层攻击的关键在于善用各层协议的特点并利用了 OSI 各层之间的耦合关系，通过对下层小规模攻击，就能够造成上层功能严重受损。这种攻击手段隐蔽性高、成本低，大幅提升了攻击的成功概率，给无线通信安全带来了新的挑战。因此,未来无线通信安全需要加强跨层协同,采取针对性的检测和防护措施,抵御跨层攻击。

6.2　无线通信跨层安全机制

传统的安全机制主要建立在网络层上的加密体制及安全协议体系之上,通常仅关注单一层次的安全问题,而忽视了通信系统的整体安全性能。为了有效应对无线通信网络中的各种跨层安全威胁,应针对 OSI 模型不同层次设计无线安全机制,以共同保障无线通信的有效性、可靠性、完整性和保密性。例如,物理层安全基于信息论理论,通过利用物理层的特性实现保密通信,同时可以结合上层加密技术进行跨层安全设计。本节将从身份认证、攻击检测和资源分配 3 方面探讨跨层安全机制在无线通信系统中如何防御跨层安全威胁。

6.2.1　身份认证

身份认证是网络安全防护的关键环节,用于验证通信方的身份声明。对于认证系统而言,信号的唯一性和不可再现性是至关重要的。目前,基于假名的跨层身份认证机制从物理层出发,通过优化物理层的认证过程来应对更高层次的安全威胁。例如,在高移动性的无线通信场景(如车载自组织网络)中,基于假名的低复杂度跨层身份验证方案可以有效缓解签名生成和验证的性能瓶颈。这里的“假名”指用户使用伪造或随机生成的身份进行通信,这些“假名”是临时的,不与真实身份相关,从而保护用户隐私,实现匿名通信。在认证过程中,两个终端使用隐私保护认证算法交换“假名”,并通过上层(如数据链路层和网络层)的认证进行初步验证。此外,由于无线通信系统通常采用时分双工和频分双工模式,其中频分双工模式下,上下行链路在不同的时际上传输相同频率的信号,因此在短时间内,上下行链路的传输信号经历相同的信道衰落。跨层认证方案利用这种短期信道互易性,能够降低重新认证的整体复杂度及计算和通信开销。为了全面保障物联网的安全性,还需在更高层次进行进一步认证。通过在网络层实施身份认证,确保只有经过授权的用户和设备才能访问网络资源和传输数据,从而保护数据的完整性和隐私性。

在 5G 异构网络中,将物理基础设施逻辑划分为多个独立的网络切片。每个网络切片都可以根据不同业务需求进行配置和管理,提供差异化的网络服务。无线通信系统采用不同的接入技术或不同运营商的相同接入技术进行网络接入,身份认证在此过程中发挥着至关重要的作用。由于基础设施的多样化,当移动设备在这些基站覆盖区域之间频繁切换时,可能会引发频繁的重复认证,从而增加延迟。同时,攻击者将利用不同层之间的接口漏洞,在不同层之间传递不一致的认证信息,从而欺骗认证系统获取非法访问权限的攻击行为。为减少重复认证并防御上述攻击,可以将物理层信息与上层的加密过程结合,在特定覆盖区域内划分可信区域,从而允许移动终端在每个区域内仅向认证切片发起一次认证请求,其中认证切片是 5G 网络架构中专门负责身份认证的网络切片。一旦认证切片接收到身份信息,它将与数据库进行比对,以验证移动终端和网络切片的合法性,进而实现跨层认证协议。

为了防御跨层身份认证中的中间人攻击并保护无线网络中的用户的位置隐私,基于物理层安全的隐私参数推荐算法可以通过感知附近终端的密度,为移动终端提供与场景最佳匹配的隐私参数。该算法使终端能够定期更新其邻域分布参数并将其共享给附近的终端,从而在满足用户隐私需求的情况下，实现协作终端的安全交互，并以较少的通信开销和搜索时间获得较高的匿名成功率。具体的跨层认证协议如下：认证中心作为第三方，在终端注册过程中获取终端的身份信息和组信息；基站与终端通过物理层密钥协商机制生成物理层随机认证参数，并将这些认证参数上报给认证中心；认证中心在接收到相关认证参数后，利用与终端身份相关的根密钥和物理层随机认证参数生成鉴别数据并发送给终端；终端使用根密钥、物理层随机认证参数和鉴别数据对基站和认证中心进行认证，并生成终端鉴别数据发送给认证中心；认证中心利用根密钥、物理层随机认证参数和终端的鉴别数据对终端进行认证。如果认证通过，它将组密钥发送给终端，以加密后续的邻域加权密度参数和其他信息。

由于应用层的认证安全性依赖于计算复杂性，高性能计算机可能会破解认证数据。随着认证频率的增加，高级密钥信息的熵会逐渐减小。将物理层随机认证参数与高级认证结合，使物理层通道信息成为鉴别信息的一部分，从而为认证提供信息熵。通过利用物理层随机认证参数与无线链路的强耦合和相关性，并结合物联网终端的身份，可以实现终端身份与无线链路的强绑定，从而有效识别和抑制物联网中的中间人攻击，确保匿名区的安全性。

此外，通过利用数据链路层的优先级以及单个安全消息的应用相关性来验证每个业务类别的消息，可以有效缓解高密度通信环境中对身份认证时效性的挑战。具体而言，基于隐私保护的身份验证方案通常与匿名技术结合，并且无需第三方凭证即可完成对接入通信节点的身份识别。通过将数据链路层中的优先级映射到物理层，以确保验证消息的安全传输。此映射有助于实现消息之间的服务质量区分，有效防止针对数据链路层的拒绝服务攻击。在数据链路层中，优先级较高的消息具有较小的延迟和较低的丢弃概率，从而增加了这些身份消息在接收端被验证的机会。

跨层身份认证是实现网络安全的关键技术，涉及物理层、网络层和应用层等不同层面。在物理层，通过优化认证过程来应对更高层次的安全威胁，如利用信道特性生成共享密钥；在网络层，身份认证确保只有授权的用户和设备才能访问资源，保护数据完整性和隐私性；在应用层，认证安全性依赖计算复杂性，需要与物理层信息相结合以增加认证数据的熵，通过不同通信层之间的协作提高系统安全性。

6.2.2　攻击检测

跨层攻击的隐蔽性、动态性和不可预测性导致其攻击模型难以构建。机器学习方法可以通过"动态"检测来帮助通信节点识别潜在的网络攻击。例如，贝叶斯学习能够通过训练多层特征的分类器来检测并缓解小规模的恶意活动。具体而言，攻击检测组件会基于可观测的攻击证据构建用于识别隐蔽攻击活动的模型；缓解组件则利用优化理论在安全性和检测性能之间实现权衡，从而有效抵御无线网络中的跨层欺骗攻击。

为检测无线网络中的女巫攻击，跨层检测方案通过不同层次间的信息融合检测方法，使客户端能够根据物理层数据（如车辆在驾驶过程中实际接收到的信号强度和估计信号强度序列）与应用层数据（如车辆的驾驶模式）之间的差异来识别攻击节点。

如图 6-3 所示，基于跨层信息融合和隐私保护的女巫攻击检测系统采用人工神经网络分类算法，通过分析车辆之间的驾驶模式（来自应用层数据）与驾驶过程中实际和估计的接收信号强度指示序列（来自物理层数据）之间的差异，来区分恶意节点和正常节点。客户端首先利用物理层和应用层数据进行预处理和特征提取,并在本地训练攻击检测模型。当客户端接收到来自其他节点的基本安全消息时,它会生成消息序列的特征,并采用人工神经网络分类模型进行识别。如果检测到消息来自发生女巫攻击的节点,则会产生安全警报。

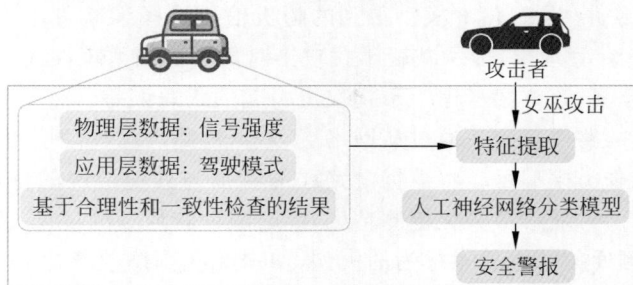

图 6-3　以车辆为例的女巫攻击跨层检测方案

在数据处理阶段,该系统会分别预处理应用层和物理层数据。首先,对应用层数据进行合理性和一致性检查,包括车辆接收消息时的位置字段和信号强度字段等。对于物理层数据,根据车辆的位置计算接收和发送车辆之间的距离,并利用无线信号衰减模型估算与该距离相对应的接收信号强度。随后,计算估算值与实际物理测量接收信号强度之间的差异,差异越大,表明消息是由恶意节点发送的可能性越高。

每条数据在预处理后都会被缓存并累积一段时间,当达到设定的时间窗口时,将对窗口中的时间序列数据进行特征提取。特征类型包括时间序列的自相关性、时间序列首位数字分布与 Newcomb-Benford 法则分布之间的相关性、时间序列的变异系数(即围绕均值的变化相对值)、时间序列中的最大值和最小值等,这些特征反映了数据流在不同维度的变化情况。此外,系统还设计了一个特征提取规则,用于对合理性和一致性检查的结果进行评分。假设时间序列数据的长度为 n,$C_i^{(j)}$ 表示第 i 个数据的第 k 次合理性和一致性检查的综合得分,则 $C_i^{(k)}$ 计算方式如下

$$C_i^{(k)} = \frac{1}{k} \sum_{j=1}^{k} \sum_{i=2}^{n} \left(0.6 C_i^{(j)} + \frac{0.4 \sum_{m=1}^{i-1} C_m^{(j)}}{i-1} \right) \tag{6-1}$$

在干扰攻击检测模型中,可以将物理层信号与网络层的路由信道数据结合使用。具体而言,在物理层,通过跟踪设备在干扰攻击影响下的误差和能耗来构建基于预测控制的模型;在网络层,建立一个基于多阶段零和随机博弈的信道选择模型,用于确定信道选择的随机策略作为防御方案,从而降低干扰攻击对无线通信系统的影响。

以基于无线通信的列车控制系统为例,该系统可划分为物理层、网络层和管理层 3 个层次。物理层包括待控制的列车、用于获取列车位置和速度的传感器、用于实施紧急制动的列车自动保护子系统,以及用于生成控制命令(如牵引或制动)以沿计算的引导曲线控制列车行驶的列车自动运行子系统;物理层之上是网络层,提供无线通信链路,用于传输列车控制信息以实现智能控制;管理层则负责从经济角度做出控制决策并解决资源分配问题,同时,在列车控制过程中重新调整行驶计划。由于干扰攻击可能导致长时间的通信中断,进而影响系统运行效率,因此在物理层部署了基于模型预测控制的控制器,以减轻干扰攻击的影响。这种控制器充分考虑了无线通信系统的安全状态,以提升系统的鲁棒性。

为了保护基于无线通信的列车控制系统免受网络安全攻击,防御者通常面临设备成本、能耗、空间等诸多有限资源约束,因此,需要确定如何在有限资源约束下优化资源配置,以最大程度提升系统防御能力。在网络层中,构建了一个多阶段零和随机博弈模型,以捕捉防御者和攻击者之间的互动。通过博弈模型得到的随机信道选择策略可作为最优防御策略,并有效应对干扰攻击;在管理层,为了减轻干扰攻击对列车控制系统性能的影响,提出了一种最优制导轮廓计算方案,该方案考虑了干扰攻击引起的跟踪误差。

此外,由于节点的路由行为是通过从网络层、数据链路层和物理层协议中收集的统计信息来构建的,通过二分类模型可以将数据链路层的特征与其他层次的特征关联起来。通过跨层特征定义路由行为,能够最大化检测精度,同时减少特征集的规模,而不损失信息内容。训练出能够有效检测通信节点恶意行为的模型,使得无线网络能够更好地抵御网络入侵的威胁。

对于无线通信跨层攻击检测模型,可以采用多层防御措施,包括对应用层和物理层数据进行预处理和特征提取以检测异常;结合物理层信号和网络层路由数据,构建基于预测控制和零和博弈的跨层防御模型;在网络层部署最优信道选择策略,以抵御干扰攻击;在管理层优化列车控制决策,从而提高系统鲁棒性。通过融合跨层特征及建模,有效检测异常行为。

6.2.3 智能跨层通信安全

传统的安全机制通常是分层设计的,物理层和数据链路层之间缺乏协同优化。强化学习作为一种动态优化方法,能够通过实现跨层协同优化提升整体的安全性能,在跨层安全机制的优化方面具有显著优势。例如,在物理层,智能体可以调整调制和编码方案以增强数据的抗干扰能力;在数据链路层,智能体可以优化数据包的传输策略,减少丢包和重传现象,从而提高传输效率和安全性。通过跨层优化,强化学习在多个层面增强了系统的安全性,实现了全方位的保护,能够在动态变化的环境中有效满足系统的安全需求。

1. 物理层—数据链路层通信安全

在全双工无线感知网络场景中,传感器负责收集各用户的数据,并将这些数据发送至协调器,作为样本为终端用户提供智能服务。该场景下的安全传输同时受到物理层和数据链路层的策略影响,例如,物理层的加密传输、功率控制,以及数据链路层的重传机制。由于无线信道状态会随时间和环境变化而发生变化,且物理层和链路层之间存在复杂的交互和耦合关系,需要应用强化学习来优化跨层安全传输策略。例如,在医疗保健领域中,为了抵御窃听攻击,系统引入了配备 M 个反射单元的智能反射表面,通过反射传感器信号来阻止攻击者获取用户的隐私数据。协调器会测量从攻击者接收到的干扰功率,并通过信道估计获取传感器和协调器之间的信道状态信息。基于这些信息,协调器将选择适当的传感器加密密钥、智能反射表面的相移角度,以及传感器的发射功率,从而确保数据传输的安全性。

同时,主动窃听者可能会为了提高窃听成功率并降低自身能耗,选择合适的干扰功率,通过发送干扰信号来诱导传感器增加发射功率,从而拦截更多的数据。窃听者一旦截获传输中的消息,可能使用暴力破解或中途相遇攻击等密码分析方法来破坏无线通信中的数据机密性。为应对此类物理层与数据链路层的窃听攻击,强化学习技术可以用于优化数据传输过程中子信道和功率等资源的分配,以及物理层加密密钥的长度,从而在满足物理层的数据保密率和数据链路层分组丢包率的同时，提升系统的整体安全性。

如图 6-4 所示，基于智能反射表面辅助和强化学习的安全传输方案分析了协调员和攻击者之间博弈的网络环境，利用 Actor-Critic 架构压缩了高维度的状态空间，并优化了物理层的发射功率及智能反射面相移策略和数据链路层的密钥长度，防御主动窃听攻击，避免数据泄露。协调员将由数据优先级、信道状态和能耗组成的状态 $s^{(k)}$ 输入权重为 θ 的策略网络，策略网络的输出层评估策略的均值向量 $\{\mu_i^{(k)}\}_{1 \leqslant i \leqslant M+1}$，接着构建多元高斯策略分布如下

$$T_{\theta}(x^{(k)} = \boldsymbol{a} \mid \boldsymbol{s}^{(k)}) = \frac{\exp\left(-\sum_{i=0}^{M+1} \frac{(a_i - \mu_i)^2}{2\sigma_i^2}\right)}{\sqrt{2\pi}^{2M} \prod_{i=0}^{M+1} \sigma_i} \qquad (6\text{-}2)$$

其中，$\{\sigma_i^{(k)}\}_{1 \leqslant i \leqslant M+1}$ 表示策略的偏差向量。基于这个分布，算法将对安全传输策略 $\{x_i^{(k)}\}_{0 \leqslant i \leqslant M+1}$ 进行采样，其中，$x_0^{(k)}$ 代表所选择的加密密钥，$x_{M+1}^{(k)}$ 代表所选择的发射功率电平，而 $\{x_i^{(k)}\}_{1 \leqslant i \leqslant M}$ 代表反射元件的相移。协调器在接收到传感器的反馈信号后，根据信干比获得当前状态—动作对的风险水平，并根据数据保护级别、窃听率、传感器能耗和传输时延计算奖励。

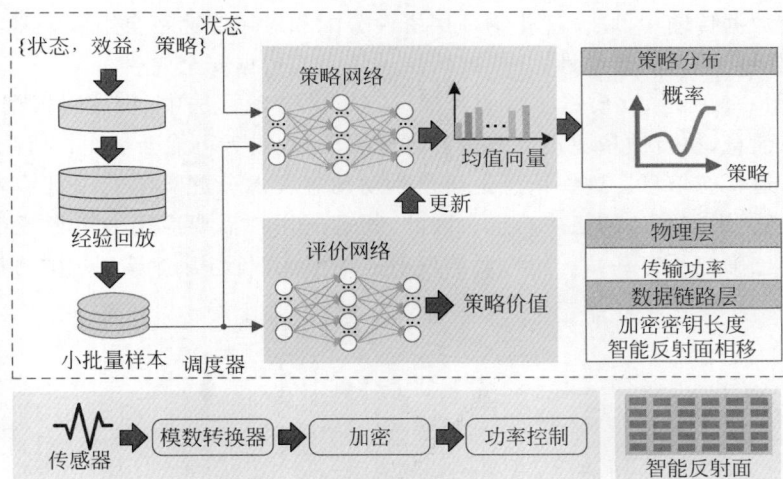

图 6-4　基于智能反射表面辅助和强化学习的安全传输方案

2. 物理层—网络层通信安全

一方面，为了抵御物理层与网络层的跨层攻击（如中间人攻击），强化学习可以用于优化传输链路的选择。例如，在一个基于软件定义网络的车联网环境中，智能体观察实时环境中的物理链路和网络链路信息，以最大化长期期望效益，如每辆车的反向交付率和信任值，从而避免通信中断等问题。具体而言，智能体通过与设备层交互，感知系统状态，包括车辆信任信息和反向交付率。为了提高通信链路的质量，智能体还与网络环境交互，收集系统状态信息。智能体需要决定哪些车辆是可靠的，并可以被选择为可信的邻居。奖励机制基于车辆的信任值和反向交付率来评估智能体在特定时间步的动作质量。在信任模型中，车辆的可信度通过与相邻车辆的互动来更新，并设定阈值来评估每辆车的信任水平。若车辆的信任水平低于阈值，则被定义为恶意节点。

另一方面,在基于通信的控制系统中,针对中间人攻击的检测与防御可以分别在物理层和网络层进行。物理层负责检测恶意用户,而网络层制定带宽分配策略。由于列车控制系统存在较强的动态特性,需要根据不同列车的实时需求进行带宽分配。强化学习通过优化带宽分配策略,最大化依赖于每列车的带宽、移动权限和边界概率的长期期望效益,从而提高防御方案的准确性。具体而言,在跨层检测阶段,先验概率检测方案结合了长短时记忆网络和支持向量机。长短时记忆网络处理移动设备的历史许可序列、速度和位置消息,而支持向量机处理设备上传的日志文件。检测概率是长短时记忆网络输出与支持向量机算法相结合的结果。跨层防御阶段则利用贝叶斯博弈来输出基于非合作博弈均衡的最优防御策略,根据防御方案的输出,设备可以生成相应的控制命令,分配给每个边缘智能服务器带宽资源。

通过实时监测信道状态和网络流量,强化学习算法可以根据路由、负载等动态信息,动态调整网络拓扑,规避被攻击的脆弱节点,确保网络层的稳定性,全面提升了通信系统的安全性能和适应能力,形成了一套综合性的防御机制。

3. 物理层—应用层通信安全

由于时变的多蜂窝异构无线网络中存在严重的相互干扰,且物理层与应用层之间的时间尺度不匹配,和用户请求的异步性对高质量数据流的实时传输构成挑战,强化学习可以在多用户自适应数据传输中,联合优化物理层资源分配和应用层速率自适应策略,以确保终端用户在竞争网络资源时的公平性,并提高跨层通信中的数据安全。

例如,如图 6-5 所示,在质量驱动的跨层动态资源分配算法中,物理层根据每个时隙的基站信道状态信息,执行质量驱动动态资源分配算法,攻击者可能会试图窃听物理层基站与用户之间的信道状态信息。这些信息是质量驱动动态资源分配算法的关键输入,一旦被攻击者获取,可能会影响算法的正确执行。因此,物理层用户需要应用波束形成加密形式,根据信道状态信息确定所有基站—用户对的发射波束形成权重,并计算用户的可用传输速率。

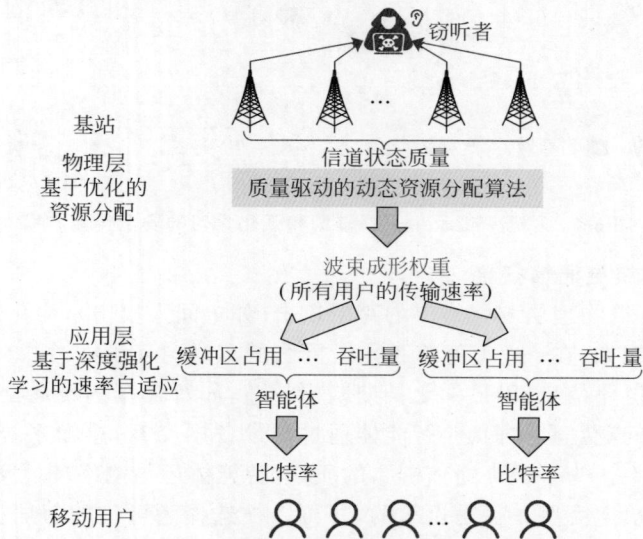

图 6-5　质量驱动的跨层动态资源分配算法框架

基于动态优化的传输速率,应用层将每个用户建模为深度强化学习智能体,该智能体学习最佳比特率以应对时变无线环境,从而最大化感知的长期服务质量。特别是通过物理层的协调来提高整体资源利用率并保证用户的公平性,传输速率分配算法的结果会影响吞吐量,进而影响深度强化学习策略的决策。

在物理层,通过引入"累积质量效用"作为一种新的度量标准来评估用户在一段时间内获得的资源,并优化传输波束形成器,以最大化用户累积质量效用的公平比例函数。在此基础上,提出了一种质量驱动的动态资源分配算法,该算法根据实时跨蜂窝信道条件,动态调整每个用户的传输速率,以实现用户累积质量效用的最优化。在应用层,用户终端被视作智能体,采用异步优势演员-评论家(Asynchronous Advantage Actor-Critic,A3C)算法,该算法能够处理状态维度较大的情况,并在不断变化的无线网络环境中优化数据块传输比特率,以最大化用户的体验质量。A3C 算法与传统的优势演员-评论家算法架构相似,通过训练两个网络,其中策略网络用于生成自适应逻辑速率,评价网络则用于评估学习到的自适应逻辑策略的有效性。

强化学习技术能够结合用户行为、业务需求等因素,通过智能感知环境、动态调整通信策略,有效增强无线通信系统抵御跨层攻击的能力,为实现无线通信各协议层的深度融合、协同优化提供了有效途径。

6.3 无线隐私跨层保护

数据隐私涉及个人或组织对其所持有或控制的数据的保密权和隐私权。然而,无线通信系统的跨层架构特性对数据隐私保护提出了严峻挑战。无线通信系统本质上具有开放性,使得信息数据在授权终端之间传输时,容易受到各种恶意攻击,进而导致用户隐私的泄露。随着无线通信终端数量的快速增长,无线通信系统在隐私保护方面面临的挑战愈加严峻。因此,解决无线传输过程中的隐私安全问题成为无线网络广泛应用和有效运行的必要条件。本节将从跨层隐私保护机制与智能跨层隐私保护技术两个方面对无线隐私跨层保护技术进行详细讨论。

6.3.1 跨层隐私保护机制

在无线通信系统中,跨层隐私保护机制旨在应对不同层次之间隐私保护的挑战。传统的隐私保护措施通常局限于单一层次,难以应对复杂的跨层隐私保护需求。跨层隐私保护机制通过综合考虑物理层、网络层、传输层和应用层的隐私保护需求,实现多层次的协同保护。具体而言,物理层采用波束成形和信号加密技术以提升数据传输的安全性,降低信号被窃听的风险。在网络层,通过使用虚拟专用网络和安全隧道技术来保护数据在网络中的传输路径,防止数据在传输过程中被截获;而在传输层,主要利用传输层安全协议和安全套接层协议加密数据传输过程中的信息,确保数据在网络传输中的安全性;最后,在应用层通过数据加密、身份验证和访问控制机制保护存储和处理的数据,提高数据隐私保护的整体效果。这种跨层的隐私保护机制从底层硬件到上层应用构建了全方位、多维度的数据安全防护体系。

跨层隐私保护机制通过在不同层次之间实现安全策略的协调和优化,能够显著提升无线通信系统的整体隐私保护效果。例如,在无线通信系统中,跨层隐私保护机制可以应用于无线电网络攻击的检测与防御。在这一框架中,通过集成物理层和数据链路层的异常用户检测与跨层信任管理方案来实现隐私保护,如图 6-6 所示,该框架包括单层监控和信任融合模块。信任融合模块整合来自不同层次的信任值,以计算节点的最终信任值。异常识别模块基于最终的测试值对节点进行恶意性分类。这种跨层信任管理器结合了信任融合与异常检测技术,有效提升了系统的隐私保护能力,确保了无线通信中的数据隐私。

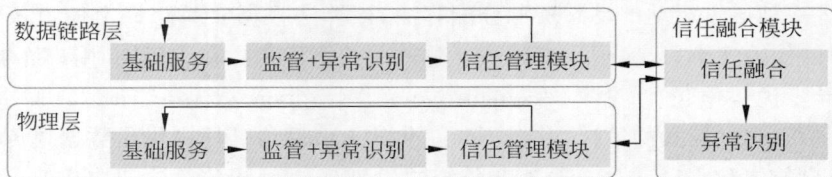

图 6-6　异常用户检测与跨层信任管理方案

当前的跨层隐私保护机制设计主要关注抵御窃听攻击,通过跨层方案优化通信资源配置,增强无线通信系统的数据机密性。为了应对跨层窃听攻击,安全感知的跨层方案构建了一个保密节能最大化问题模型,以抵御在数据链路层和物理层的被动窃听攻击。该方案根据平均丢包率和总能耗约束,优化安全感知节能子信道和功率分配策略,提高无线网络系统的保密能效和吞吐量,同时满足分组级服务质量要求。具体而言,该方法将数据链路层中每个移动终端的平均分组延迟和平均分组丢弃概率要求转化为物理层的最小保密率约束。这种转换使得跨层优化能够实现综合性的数据保护。在此基础上,利用拉格朗日对偶分解方法联合优化子信道选择和功率分配,以确保在满足保密率和能效的要求下,同时保证通信过程中分组级的服务质量需求。

6.3.2　智能跨层隐私保护技术

智能跨层隐私保护技术通过融合智能算法和跨层保护机制,显著提升了用户隐私保护等级和效率。这一技术以用户体验质量为核心,动态调整隐私保护策略,以适应不同的网络环境和用户需求。例如,在物理层,系统可以利用智能算法实时调整加密强度和信号处理方法,以应对变化的网络条件;在应用层,深度强化学习算法能够根据实时的用户需求和网络状态优化数据块的比特率和传输策略,从而提高隐私保护的有效性;此外,智能跨层隐私保护还通过自动化访问控制和动态权限管理,确保只有授权用户能够访问敏感数据,使得跨层隐私保护技术能够更精准地应对不断变化的网络环境和用户需求,从而提升整体隐私保护水平。接下来,将从物理层—网络层隐私保护和网络层—应用层隐私保护两个方面详细介绍强化学习在跨层隐私保护中的应用。这些应用展示了如何利用强化学习技术优化跨层隐私保护策略,以应对复杂的安全挑战和保护用户数据隐私。

1. 物理层—网络层隐私保护

由于物理层需要来自网络层的参考或控制信息(如功率控制、信道分配等),来完成具体的传输操作,而网络层则需要来自物理层的反馈信息(如信号强度、误码率等),来指导上层的网络优化。因此,网络层和物理层之间的相互作用会放大各种攻击行为的影响。这种跨层依赖关系使得隐私保护变得更加复杂和关键。

跨层隐私保护已成为确保智能医疗系统安全运行的关键。医疗机构需要在物理层和网络层协同实施隐私防护措施,如采用加密、匿名化等技术手段实现轻量级的安全模块,阻止恶意节点窃取敏感信息,防止电子病历的隐私泄露。同时,利用强化学习建立有效的隐私风险评估和动态响应机制,实时监控隐私泄露隐患,快速调整防护策略,并有效规避与严重隐私泄露相关的高风险治疗方案。

具体而言,变式双深度 Q 学习算法被部署于每个边缘节点,以历史电子病历作为数据集。在第 k 个时隙,边缘节点观测环境获得状态 $s^{(k)}$,并根据策略采取临床治疗策略 $a^{(k)}$,基于这组状态-动作对 $(s^{(k)}, a^{(k)})$,边缘节点获得奖励 $r^{(k)}$,环境变化至下一状态 $s^{(k+1)}$,将动作值函数 $Q(\cdot)$ 拟合到具有参数 w 的深度神经网络上,并通过最小化损失函数:

$$L(w) = (r^{(k)} + \gamma \max_{a^{(k+1)}} Q(s^{(k+1)}, a^{(k+1)}; w) - Q(s^{(k)}, a^{(k)}; w))^2 \tag{6-3}$$

对深度神经网络进行训练,进而推断出历史电子病历中更有效的临床治疗策略。而在传输神经网络的模型参数时,同态加密有效防止攻击者通过将输入的状态和对应输出值与其他边缘节点的模型映射结果进行比对,来提取电子病历隐私。

在上述方案中,强化学习优化了治疗策略,而同态加密则保护了电子病历数据的隐私,两者的结合提升了医疗系统防御来自物理层和网络层的恶意节点的隐私窃取能力。

2. 网络层—应用层隐私保护

网络层—应用层跨层隐私威胁主要来源于网络层不稳定性和流量负载随机性、应用层移动设备的私人信息泄露,以及时变和不可观测的内容流行性所带来的数据传输过程中的隐私泄露问题。强化学习可以在网络层和应用层两个层面进行优化,以应对无线边缘计算中的隐私泄露问题。

为了应对网络层不稳定性和流量负载随机性对数据隐私的威胁,强化学习通过优化用户位置选择和数据缓存策略、增强隐私保护、防止信息泄露,确保通信安全。例如,在多用户多址边缘计算场景中,将车辆的无线信道增益作为状态输入进深度神经网络,联合优化网络层任务分配策略、应用层计算模式决策以及跨层系统时间分配策略,保护用户的位置隐私和数据隐私。同时,为了进一步增强隐私保护,用户在计算卸载过程中可以增加冗余数据,并基于计算速率损失、位置隐私和使用模式隐私的加权综合获得隐私保护的奖励,以权衡计算速率与隐私保护之间的关系。

为解决无线边缘计算中多个边缘节点和终端用户之间数据传输中的隐私泄露问题,并防止敏感数据在服务器与移动设备之间传输过程中被窃取,强化学习可以动态选择和优化隐私保护模型,以平衡数据实用性与隐私保护。例如,在去中心化的分层边缘计算环境中,利用强化学习算法能够根据上下文信息和上一时间的攻击结果的状态信息,在网络层和应用层优化软件定义网络控制器的计算资源分配策略,以最大化用户服务质量回报,同时降低移动设备的私人信息泄露和位置隐私及身份隐私的风险。

由于在移动边缘计算网络中,攻击者将试图从边缘缓存窃取或推断用户的内容访问模式和喜好,从而掌握内容的实际流行度,给缓存优化带来了挑战。因此,基于时变和不可观测的内容流行性以及用户隐私保护约束,边缘服务器可以利用强化学习来解决分布式缓存命中率最大化的问题。通过分布式深度确定性策略梯度算法,边缘服务器可以基于用户请求信息和当前缓存状态动态优化内容替换策略,这种网络层面的缓存优化行为能够有效提高缓存命中率,以应对攻击者窃取缓存信息的行为。同时,在移动边缘计算网络中引入联邦学习能够在不直接访问用户隐私数据的情况下,预测底层文件随时间变化的内容流行程度,从而有效保护用户数据隐私。

随着无线通信网络的不断发展,传统隐私保护机制已难以满足新的安全需求。通过引入跨层隐私保护机制，可以在网络层和应用层之间实现协同优化，防止数据泄露和未经授权的访问。

6.4 本章小结

本章详细探讨了无线通信中的跨层安全与隐私保护问题。通过对跨层通信相关知识的深入学习，读者能够全面理解无线通信系统中的跨层安全和隐私保护，为实际应用和研究提供了坚实的基础。首先，本章结合无线通信系统各层次的特点，详细介绍了各层次易受的网络攻击类型，并对跨层攻击形式进行了分析，阐明了它们在不同层次中的作用；其次，本章从身份认证、攻击检测和智能跨层通信三个方面，探讨了跨层安全机制在无线通信系统中如何有效防御跨层安全威胁；最后，本章从保护数据机密性的角度，详细介绍了无线通信的跨层隐私保护机制。

习题

6-1 简要描述 TCP/IP 协议五层模型的主要层次。

6-2 简要描述跨层攻击的工作原理。

6-3 简要描述大多数跨层身份认证机制均从物理层出发的原因。

6-4 简要描述跨层攻击检测所用到的技术类型。

6-5 简要描述在跨层资源分配中各层次所能优化的策略。

6-6 简要描述强化学习在跨层隐私保护方案中的作用。

参考文献

[1] Pawlick Jeffrey, Chen J, Zhu Q. ISTRICT: An interdependent strategic trust mechanism for the cloud-enabled Internet of controlled Things[J]. IEEE Transactions on Information Forensics and Security, 2018, 14(6): 1654-1669.

[2] Hossain M, Xie J. Off-sensing and route manipulation attack: A cross-layer attack in cognitive radio based wireless mesh networks[C]//IEEE Conference on Computer Communications (INFOCOM), April 15-19, 2018, Honolulu, USA. New York: IEEE, 2018: 1376-1384.

[3] Mosenia A, Jha N K. A comprehensive study of security of Internet-of-Things[J]. IEEE Transactions on Emerging Topics in Computing, 2016, 5(4): 586-602.

[4] Jameel F, Wyne S, Kaddoum G, et al. A comprehensive survey on cooperative relaying and jamming strategies for physical layer security[J]. IEEE Communications Surveys & Tutorials, 2018, 21(3): 2734-2771.

[5] Zhao L, Xu H, Zhang J, Yang H. Resilient control for wireless cyber-physical systems subject to jamming attacks: A cross-layer dynamic game approach[J]. IEEE Transactions on Cybernetics, 2020, 52(4): 2599-2608.

[6] Mejri M N, Ben-Othman J. GDVAN: A new greedy behavior attack detection algorithm for VANETs [J]. IEEE Transactions on Mobile Computing, 2016, 16(3): 759-771.

[7] Chen J, Zhu Q. A cross-layer design approach to strategic cyber defense and robust switching control

of cyber-physical wind energy systems [J]. IEEE Transactions on Automation Science and Engineering,2022,20(1): 624-635.

[8] Du M,Wang K,Chen Y,et al. Big data privacy preserving in multi-access edge computing for heterogeneous Internet of Things[J]. IEEE Communications Magazine,2018,56(8): 62-67.

[9] Rabieh K,Mahmoud M M E A,Guo T N,et al. Cross-layer scheme for detecting large-scale colluding Sybil attack in VANETs[C]//IEEE International Conference on Communications (ICC),2015,June 8-12,London,UK. New York: IEEE,2015: 7298-7303.

[10] Jahanian M,Chen J,Ramakrishnan KK. Graph-based namespaces and load sharing for efficient information dissemination[J]. IEEE/ACM Transactions on Networking,2021,29(6): 2439-2452.

[11] Wei W,Xue K,Han J,W et al. Shared bottleneck-based congestion control and packet scheduling for multipath TCP[J]. IEEE/ACM Transactions on Networking,2020,28(2): 653-666.

[12] Zhang L,Restuccia F,Melodia T,et al. Taming cross-layer attacks in wireless networks: A Bayesian learning approach[J]. IEEE Transactions on Mobile Computing,2018,18(7): 1688-1702.

[13] 吴宣利,许智聪,王禹辰,等. 基于信道相关性的物理层安全性能分析[J]. 通信学报,2021,42(3): 65-74.

[14] Shawky M A,Bottarelli M,Epiphaniou G,et al. An efficient cross-layer authentication scheme for secure communication in vehicular ad-hoc networks [J]. IEEE Transactions on Vehicular Technology,2023,72(7): 8738-8754.

[15] Moreira C M,Kaddoum G,Bou-Harb E. Cross-layer authentication protocol design for ultra-dense 5G HetNets[C]//IEEE International Conference on Communications (ICC),May 20-24,2018,Kansas, USA. New York: IEEE,2018: 1-7.

[16] Zhao H,Xu M,Zhong Z,et al. A fast physical layer security-based location privacy parameter recommendation algorithm in 5G IoT[J]. China Communications,2021,18(8): 75-84.

[17] Adil M,Jan MA,Mastorakis S,et al. Hash-MAC-DSDV: Mutual authentication for intelligent IoT-based cyber-physical systems[J]. IEEE Internet of Things Journal,2021,9(22): 22173-22183.

[18] Zhao J,Wang R. Fedmix: A sybil attack detection system considering cross-layer information fusion and privacy protection [C]//IEEE International Conference on Sensing, Communication, and Networking (SECON),September 20-23,2022,Virtual. New York: IEEE,2022: 199-207.

[19] Zhu L,Li Y,Yu F R,et al. Cross-layer defense methods for jamming-resistant CBTC systems[J]. IEEE Transactions on Intelligent Transportation Systems,2020,22(11): 7266-7278.

[20] Zhang Y,Wu C,Guo W,et al. CFANet: Efficient detection of UAV image based on cross-layer feature aggregation[J]. IEEE Transactions on Geoscience and Remote Sensing,2023,60(1): 1-11.

[21] Xiao L,Hong S,Xu S,et al. IRS-aided energy-efficient secure WBAN transmission based on deep reinforcement learning[J]. IEEE Transactions on Communications,2022,70(6): 4162-4174.

[22] Zhang D,Yu F R,Yang R,et al. Software-defined vehicular networks with trust management: A deep reinforcement learning approach[J]. IEEE Transactions on Intelligent Transportation Systems, 2020,23(2): 1400-1414.

[23] Li Y,Zhu L,Wang H,et al. A cross-layer defense scheme for edge intelligence-enabled CBTC systems against MitM attacks[J]. IEEE Transactions on Intelligent Transportation Systems,2020,22 (4): 2286-2298.

[24] Tang K,Kan N,Zou J,et al. Multi-user adaptive video delivery over wireless networks: A physical layer resource-aware deep reinforcement learning approach[J]. IEEE Transactions on Circuits and Systems for Video Technology,2020,31(2): 798-815.

[25] Xu D,Yu K,Ritcey JA. Cross-layer device authentication with quantum encryption for 5G enabled IIoT in industry 4.0[J]. IEEE Transactions on Industrial Informatics,2021,18(9): 6368-6378.

[26] Xu L，Xing H，Nallanathan A，et al. Security-aware cross-layer resource allocation for heterogeneous wireless networks[J]. IEEE Transactions on Communications，2018，67(2)：1388-1399.

[27] Xue Z，Zhou P，Xu Z，et al. A resource-constrained and privacy-preserving edge-computing-enabled clinical decision system：A federated reinforcement learning approach[J]. IEEE Internet of Things Journal，2021，8(11)：9122-9138.

[28] Zhao P，Tao J，Lui K，et al. Deep reinforcement learning-based joint optimization of delay and privacy in multiple-user MEC systems[J]. IEEE Transactions on Cloud Computing，2022，11(2)：1487-1499.

[29] Gu B，Gao L，Wang X，et al. Privacy on the edge：Customizable privacy-preserving context sharing in hierarchical edge computing[J]. IEEE Transactions on Network Science and Engineering，2019，7(4)：2298-2309.

[30] Liu S，Zheng C，Huang Y，et al. Distributed reinforcement learning for privacy-preserving dynamic edge caching[J]. IEEE Journal on Selected Areas in Communications，2022，40(3)：749-760.

参考答案

6-1 简要描述 TCP/IP 协议五层模型的主要层次。

答：物理层、数据链路层、网络层、传输层、应用层。

6-2 简要描述跨层攻击的工作原理。

答：跨层攻击者将综合考虑各个层次的功能特性以及薄弱点，并针对其中某一层次的特点发起攻击，或者同时针对多个层次的特点发起攻击，进而破坏其他层次的正常功能。通过上述方式，跨层攻击能够实现以少数层次作为攻击层，多数层次作为目标层，利用针对攻击层特点的小规模活动，造成目标层受到重大影响的攻击目标，且目标层难以发现这类攻击。

6-3 简要描述大多数跨层身份认证机制均从物理层出发的原因。

答：在传统通信系统的物理层中，消息发送端将消息数据通过比特流发送给接收端，在这个过程中，发送端可以作为身份认证的声称方，将认证数据附加于消息数据中同时进行传输，认证信号将受到与消息信号相同的约束；而接收端作为身份认证的验证方，利用扩频技术能够成功地解调和解码传输，对发送端的身份进行认证，以便为存在于更高层的安全机制提供补充。

6-4 简要描述跨层攻击检测所用到的技术类型。

答：公钥密码、散列函数、机器学习、深度学习、贝叶斯学习、凸优化。

6-5 简要描述在跨层资源分配中各层次所能优化的策略。

答：物理层：调制编码方式，功率控制；数据链路层：队列长度；网络层：下一跳路由。

6-6 简要描述强化学习在跨层隐私保护方案中的作用。

答：言之有理即可。

第 7 章

可见光无线通信
安全与定位

越来越多的设备需要以无线方式接入通信网络,目前无线电频谱已经无法满足此需求,这给未来无线通信技术的发展带来了更多的挑战。此外,大部分物联网设备通常都需要室内通信与定位功能,但是由于受各种因素的约束,传统室内通信和定位系统难以满足室内高速率通信安全和高精度定位的要求。因此,急需一种新型的通信定位一体化技术,尤其是对于密集布置物联网设备的环境,如家庭、办公室、机场、超市、医院和工厂等场景。为满足大规模设备接入的需求,新型室内通信定位一体化系统需要考虑多个关键要素,如大规模连接、高可靠性、高速率、高定位精度、低延迟和更高的安全性等。

面对无线电射频通信技术在室内环境中大规模连接、数据安全性和高精度定位方面的局限性,可见光通信技术(Visible Light Communication,VLC)应运而生。作为一种新型通信技术,VLC 兼具照明与通信双重功能,以可见光为媒介实现无线通信,具有不占用电磁频段以及更高安全性等优点,在室内这种短距离传输场合具有很大的应用前景。此外,VLC 技术还能够有效减少无线电频谱的匮乏问题,并且在室内环境中,由于可见光不容易穿透墙壁,能够提供更强的通信保密性,防止数据泄露。随着 LED 技术的进步和普及,VLC 的应用前景变得更加广阔,它不仅能够提升室内通信的速度和稳定性,还能在智能家居、智能交通和医疗等领域带来更多创新应用,推动通信技术的全面发展。

VLC 是一种利用半导体发光二极管(Light Emitting Diode,LED)的高速响应特性实现照明与通信功能的通信技术。该技术可分为室内可见光通信和室外可见光通信,其中室内可见光通信作为全新的无线宽带高速数据接入方式,已引起人们的广泛关注。由于通信和定位系统在物理层结构上的相似性,将通信和定位功能相融合构建在同一物理架构上,可有效降低系统布设成本并实现可通信定位一体化。与射频通信类似,可见光通信也具有开放性的广播特性,这意味着在存在窃听者和恶意干扰的情况下,通信链路的安全性和通信速率都会显著下降。因此,本章研究在存在窃听和恶意干扰的情况下如何实现可见光通信定位一体化,为未来大规模物联网的应用提供关键技术支撑。基于射频的无线网络可以支持室外环境中设备的无缝覆盖,并保证可靠性,同时将 LED 作为室内通信与定位系统的基站,采用正交频分复用技术(Orthogonal Frequency-Division Multiplexing,OFDM)以及多址技术来支持大规模无线通信,以实现通信和定位功能,既能满足室内高速安全数据传输和高精度定位,又进一步提升了系统的能效和频谱效率。因此,可见光通信定位一体化技术被认为是一种拥有巨大发展前景的新型通信技术,其具有以下主要优势。

（1）低成本、低功耗：目前可见光通信一般采用半导体照明设备，其功耗约为白炽灯的十分之一，可依托于现有的照明基础设施，成本较低。另外，功率受限的设备可以从可见光中收集能量，以延长其电池寿命。

（2）频谱资源丰富：光通信与射频通信互不影响，光通信具有丰富的无须许可的可见光谱，可实现高速传输。

（3）高安全性、保密性：可见光通信是无线光通信视距传播，传输不容易被室内墙壁等中断，有效避免信号被室外恶意节点截获，相对于射频通信具有更高的安全性和保密性。

（4）定位精度高：通过可见光定位为目标跟踪和导航提供高精度定位。

（5）无电磁干扰：由于频谱不同，光通信与射频通信之间没有干扰，且不会产生电磁干扰，因此可见光通信技术可以用于电磁干扰敏感的场景。

本章深入探讨了可见光通信安全定位一体化技术。首先，概述了室内可见光通信安全系统的基本框架，详细描述了系统的架构和组成部分，并结合抗干扰通信技术，阐述了其关键技术、实际应用场景以及优缺点；其次，简要介绍了几种主流的室内可见光定位系统，包括其定位算法及其原理，分析了不同算法在精度、复杂性和实时性方面的表现；再次，提出了一种针对干扰和潜在窃听威胁的室内通信定位一体化解决方案，引入了一个多层网络结构，并深入分析了其关键技术，如能量收集、调制技术和多址方案，通过详细的示例性案例研究，对比了不同方案的性能表现，揭示了各自的优势和局限；最后，章节末尾总结了本章的核心内容，指出了当前技术的不足之处，并对未来研究方向做出了展望，包括可能的技术突破和应用场景扩展。

7.1　可见光通信安全系统

可见光技术已经成为一种备受关注的新兴技术。可见光通信系统和定位系统是基于可见光波段的创新技术，它们利用光信号来实现数据传输和位置识别。随着信息技术的不断进步，可见光通信安全系统正在成为通信和定位领域的新星。本节将深入探讨可见光通信和定位系统的基本概念和技术特性。

7.1.1　可见光通信概念

白光 LED 已被广泛采用作为可见光通信系统的光学发射器，其信号或数据可以通过可见光光谱传输。在实际的室内环境中，通常会安装许多 LED 以建立一个 VLC 系统，不仅可以支持照明需求，还可以提供数据通信和室内设备位置估计。可见光通信系统通常使用强度调制直接检测的方法，其中每个 LED 的强度用实值的非负传输信号进行调制，并采用光电二极管作为接收器将光信号转换为电信号。

图 7-1 为一个典型可见光通信系统的基本方框图。在发射机端，首先，对输入数据流进行调制，以获得实值信号，然后转化为直流电，以确保被调制后的信号为非负值。为了确保通信安全，还可以在数据流调制之前引入加密技术，以保护数据的机密性。此后，LED 将合成的电信号转化为光信号并在无线光信道中传播。在接收端，利用光电二极管检测接收到的信号，将其通过光学滤波器并应用解调方案将信号解调成输出数据。同时，为了抵御外部干扰，可以采用扩频等抗干扰技术来提高系统的稳定性和可靠性。通信安全在可见光通信

系统中起着至关重要的作用,涉及加密、抗干扰和防窃听等多个方面,以确保数据的安全传输和保密性。

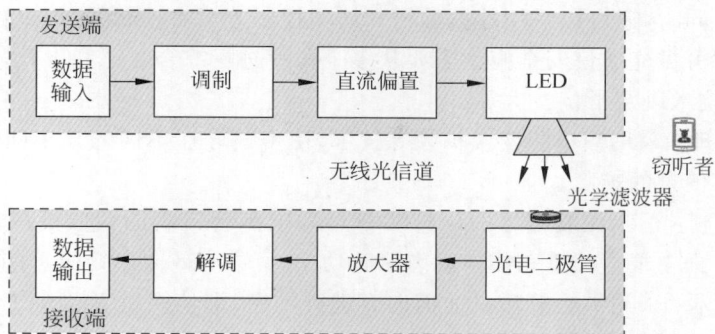

图 7-1 一个典型的可见光通信系统的方框图

在可见光通信系统中,白色 LED 用于支持照明和通信需求。因此,LED 具有两个关键特性,即发光强度和传输光功率,其中前者用于照明,后者用于光通信。对于无线光通信信道,信道响应由定向直射路径和反射路径组成,如图 7-2 所示。一般来说,在室内环境中,最弱的直射分量比最强的反射分量的电功率高出不到 7 dB。由于这种相对较小的差异,反射分量大多数情况下可以忽略不计,因此有许多文献在光信道模型中仅考虑了直射分量。

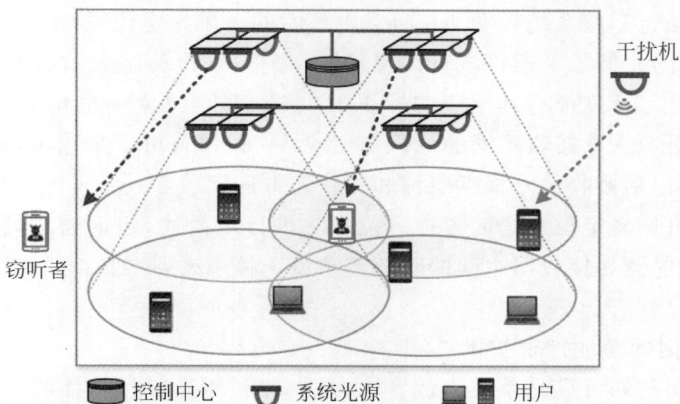

图 7-2 室内可见光通信安全模型

在通信安全系统中,防止窃听是一个重要的目标。防窃听需要从多个角度进行综合考虑。从物理层安全角度出发,可以利用可见光通信的定向特性,即光线传播路径的直线性,来限制非授权用户的接收范围。通过精确控制 LED 的发射角度和位置,以及合理布置接收端的光电探测器,可以确保信号仅被预定的合法接收者接收,从而大大降低被窃听的风险。同时,可以采用高级加密技术来保护数据在传输过程中的机密性。在可见光通信系统中,可以在数据流调制之前引入先进的加密算法。例如,使用高级加密标准或非对称加密算法来对敏感数据进行加密处理。这样,即使信号被非授权用户截获,也无法直接解析出原始数据,从而保证了数据传输的安全性。此外,还可以利用多径效应和信号处理技术来增强系统的抗窃听能力。在可见光通信中,由于光线的反射、折射和散射等效应,信号可能会通过多条路径到达接收端。通过合理利用这些多径信号,并采用先进的信号处理技术,如多输入多输出技术或空间调制技术，可以进一步提高系统的复杂度和抗窃听性能。从网络层和应用层的安全角度出发，可以建立完善的认证和授权机制，确保只有合法的用户才能接入系统并进行数据传输。同时，还可以采用数据加密和访问控制等策略，来保护用户数据的安全性和隐私性。现有的可见光通信安全模型需要从多个角度进行综合考虑和设计，包括频率管理、功率控制、加密技术以及干扰技术等：

（1）频谱管理：采用频率跳变或扩频等技术，使得信号在不同的频率间切换，从而增加窃听者获取有效信息的难度。

（2）功率控制：适当控制信号的传输功率可以限制窃听者的接收范围，从而降低窃听风险。在通信过程中根据环境和需求动态调整功率，可以有效限制窃听者的窃听距离。

（3）加密技术：采用加密算法对通信内容进行加密，即使窃听者截获了通信信号，也无法直接获取有用信息。合理选择安全可靠的加密算法，并定期更新密钥是保障通信安全的重要手段。

（4）干扰技术：利用合理的干扰技术干扰窃听者的接收设备，使其无法解调窃取的通信信号。例如，运用人工噪声等技术来对窃听设备进行干扰，从而减少窃听者的窃听效果。

7.1.2　可见光定位系统介绍

除了 7.1.1 节中介绍的照明和通信功能外，可见光 LED 还可以提供室内定位服务，形成所谓的室内可见光定位系统。图 7-2 为室内环境的可见光定位系统示意图。系统通过接收不同 LED 发出的光信号对器件进行位置估计，每个 LED 传输包含其特定位置信息的信号。一般来说，每个 LED 都有其相应的标识 ID，并通过可见光通信链路传输，接收机配备了光电二极管或摄像头来接收不同的标识 ID。然后，该设备可以采用不同的定位算法来进行定位估计，主要包括接收信号强度定位和相位差方向定位。

本节对室内可见光定位系统的各种定位算法进行了概述，包括通过处理接收到的光信号来确定 LED 发射器和接收器之间的距离或角度。接下来，探讨在可见光定位系统中使用的不同类型的定位算法。

1. 基于到达时间差的定位技术

基于到达时间差的可见光系统定位算法，是一种利用光信号传播时间差异进行位置估算的方法。该算法核心在于测量接收器接收来自不同光源的光信号的时间差。系统由多个光源发射端组成，每个发射端在特定时间间隔发送光信号。接收端配备光电探测器，捕捉并记录信号到达时间。通过计算两个或多个接收端接收同一信号的时间差，利用几何方法确定接收器的位置。算法需考虑信号传播速度、环境因素和多径效应，以提高定位准确性。

在构建基于到达时间差的可见光定位系统的过程中，接收装置承担着至关重要的角色，其通过精确测量所接收到的光信号的时间差，从而对从多个 LED 发射装置到其自身所配备的光电二极管之间的距离进行评估。这一过程中，接收机的具体位置可以通过三角剖分法或者质心法来进行精确的估计。以图 7-3 为例，该图详细展示了基于到达时间差的室内可见光定位系统的具体定位流程，这里以 3 个 LED 进行二维定位为例进行说明。在此流程中，我们假定已知第 i 个 LED 的发射功率以及第 i 个 LED 的接收功率，接收机在测量了接收到的光信号强度之后，计算出每一个距离，并在这些距离的位置上形成 3 个圆。通过计算这些圆的交点，我们就可以对接收机的位置进行估计。然而，在实际的可见光定位系统中，由于量化和测量误差的客观存在,这些圆并不能完美地相交。为了应对这种情况,我们可以采用其他的方法(例如最小二乘估计)来对设备的位置进行估计。

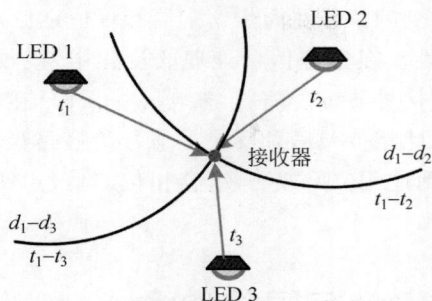

图 7-3　基于到达时间差的室内可见光定位系统

迄今为止,基于到达时间差的可见光定位系统已经成为研究的热点,学者们已经进行了大量的研究工作。例如,Yang 等在其研究中使用单个 LED 和配备有多个光电二极管的接收机,实现了基于接收信号强度测量的位置估计。他们通过实验验证了一种基于载波交叉的可见光通信系统,成功实现了厘米级的定位精度。此外,已有研究表明,在可见光定位系统中,室内多路径反射对定位精度有着显著的影响。因此,通过采用室内多路径干扰缓解技术,定位精度可以得到有效提高。另一方面,机器学习技术已经在可见光定位系统中得到了广泛地应用,其主要作用是纠正由发射机或接收机硬件引起的定位误差。基于此,研究者们提出了基于贝叶斯模型的一种高精度定位算法,以提高系统基于历史位置信息的定位能力。这一系列的研究和实践,不仅提高了可见光定位系统的准确性,也为可见光定位技术的应用提供了更为广阔的空间。

2. 基于到达相位差的定位技术

相位差定位算法是一种以相位差测量为基础的定位算法,其应用范围广泛,涵盖了无线定位和声波定位等多个领域。该算法的核心原理是,通过测量信号在到达不同接收器时的相位差,进而推算出信号源的具体位置。然而,在实际应用过程中,相位差定位技术可能会遭受多路径干扰、信号衰减和多径传播等多种因素的影响,这些干扰因素有可能降低定位的准确性和可靠性。因此,在设计和实施定位系统时,必须全面考虑环境因素,并采取合适的算法和校准措施,以提高定位的精度和性能。

本节简要阐述了用于多小区可见光通信与定位融合系统的到达相位差算法的原理。每个小区都由至少 3 个 LED 组成,这些 LED 会选择不同的子载波来进行定位,其中,每个子载波上都调制有定位频率的定位信号,这些信号会在对应的 LED 上进行调制(每个定位频率都占据一个子载波)。在所采用的基于到达相位差的可见光定位算法中,这些信号是在光波载波上进行强度调制的。需要指出的是,测量的相位差实际上是调制在光波上的正弦波信号的相位差,而不是光波本身的相位。由于所有的 LED 都是经过时间同步处理的,因此它们各自发出的信号可以通过频率来区分。

在每个小区内,由发射机精准生成的定位正弦信号,经过严格调制,被分配至 4 个 LED 各自独特的定位频率上。这一过程确保了信号的独立性与辨识度,使得每个 LED 都能以不同的频率发射信号。在接收端,信号首先通过 4 个精心设计的带通滤波器进行精确分离,这 4 个滤波器分别针对特定频率范围的信号进行筛选,有效区分了来自不同

LED 的信号。

为提升信号处理的严谨性与准确性，系统使用本地振荡器产生一系列预定频率的本地信号。这些本地信号与接收到的信号在同步切割器和峰值定位器的协同作用下实现精确同步，确保了信号处理的可靠性。在定位信号处理的流程中，接收信号首先经过低通滤波处理，以消除噪声与干扰，提升信号质量。随后，来自 4 个 LED 接收信号之间的相位差，可以为定位过程提供关键数据。此相位差信息反映了信号传播路径的特性，是后续位置估计的重要依据。最后，利用二维到达相位差方法，结合相位差信息，实现对设备在小区内位置的精确估计。

7.2 室内通信安全与定位融合

可见光通信定位一体化技术正迅速发展，将其用于大规模网络系统具有广泛的商业应用和研究前景。可见光通信一体化可以应用于室内定位、智能照明和环境监测系统中。例如，智能办公场所可以通过可见光通信定位实现员工定位和导航，从而提高工作效率；智能家居系统则可以利用可见光通信与连接的物联网设备进行数据传输和控制。

当前研究正在探索更高效的通信和定位技术。例如，通过研究光波的传播特性和信号处理算法，提高系统的数据传输速率和位置精度等。为了实现可见光通信定位一体化，需要开发支持大规模连接的系统，以满足物联网设备的多样化服务要求。本节中提出了一个多层网络，旨在解决 7.1 节中提到的挑战。

7.2.1 可见光通信系统

VLC 是一种利用可见光波谱进行数据传输的先进技术。凭借其高带宽、强抗干扰性和高安全性等显著优势，特别适用于室内短距离通信场景。

本章所阐述的多层网络架构，如图 7-4 所示，明确划分为宏蜂窝层、微蜂窝层和可见光网络层三层结构，依据其覆盖范围进行界定。宏蜂窝层设备与宏蜂窝层基站通过射频链路紧密相连，旨在实现通信网络的广泛覆盖。微蜂窝层与可见光网络层则普遍采用有线通信方式进行互联。特别地，可见光网络层由多个可见光通信接入点精心构建，专注于提供室内服务。在该架构中，前两层通过射频频谱高效运作，而第三层则充分利用可见光谱进行数据传输。该多层网络的设计初衷在于，通过可见光通信技术于室内环境（即可见光网络层）显著提升数据传输速率及室内定位精度；同时，在室外环境（宏蜂窝层和微蜂窝层）则继续依托射频通信技术维持通信的广泛覆盖与高度可靠性。此举旨在深度融合可见光通信与射频通信的各自优势，共同构建出更为高效、全面的通信网络体系。

进一步解析多层网络的一个典型单元，其工作原理如图 7-4(a) 所示。在房间内部，天花板均匀布局了多个可见光通信接入点及一个用于模拟复杂通信环境的可见光通信干扰点。同时，射频基站与可见光通信接入点均全面支持物联网设备的通信服务需求。每个可见光通信接入点均配备有 LED，这些 LED 不仅满足照明需求，还兼顾通信与定位服务，每个接入点均覆盖特定的小区域，共同构成一个光通信小区。此外，为验证系统通信安全性能，特别引入了窃听者角色。在实际通信过程中，可见光通信接入点通过可见光信号向物联网设备传输信息，而射频基站则利用射频链路为设备提供必要的通信支持。由于可见光通信主要聚焦于下行链路服务,难以独立支撑上行链路无线通信,因此,需要使用射频通信技术来构建上行链路,以实现双向通信的完整性与可靠性。

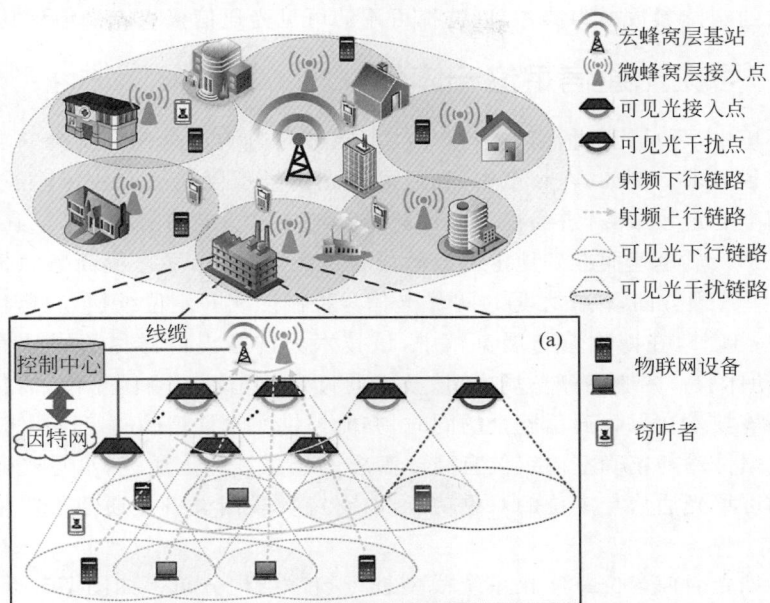

图例：
宏蜂窝层基站
微蜂窝层接入点
可见光接入点
可见光干扰点
射频下行链路
射频上行链路
可见光下行链路
可见光干扰链路

(a)
物联网设备
窃听者

控制中心
因特网
线缆

图 7-4　5G 网络中可见光通信系统架构

可见光通信除了通信安全服务,还可以提供定位服务。可见光通信定位服务依托于可见光通信技术,实现室内精确定位。系统由发射端、信道和接收端构成。发射端集成光源、调制器和定位编码器,光源发出编码光信号,调制器将定位信息调制至光信号中。接收端配备光电探测器、解调器和定位处理器。光电探测器捕捉光信号并转换为电信号,解调器提取编码信息,处理器分析信号,从而计算接收设备位置。可见光通信定位服务优势在于无须GPS 信号,适用于室内环境,提供厘米级定位精度,广泛应用于零售、医疗、安全监控等领域。系统设计需考虑光源分布、信号覆盖范围和多路径干扰,确保定位准确性和可靠性。

在如图 7-4 所示网络中,可以利用每个可见光通信接入点独有的频率标识,结合接收到的光信号来执行定位。这种方法主要通过测量接收到的光信号强度或传播时间,来估计从选定的可见光通信接入点到其配备的光电探测器的距离。在射频与可见光相结合的通信网络中,设备的移动行为和动态服务请求需要有一定的切换机制,以满足室内设备对通信速率的要求。一般来说,存在两种类型的切换机制:垂直切换和水平切换。

(1)垂直切换:切换机制发生在不同的接入层之间,诸如射频通信接入点和可见光通信接入点之间的切换。移动设备可能在可见光通信链路被遮挡、链路被严重干扰或窃听时切换到射频链路,或者在需要高传输数据速率切换到可见光通信链路。这种切换机制可以基于物联网设备处的接收信号强度或非视条件来实现。此外,下行链路业务在射频和可见光频谱之间进行动态调整,可以提高系统吞吐量。

(2)水平切换:该切换机制允许设备在移动时从同一层中的一个接入点转移到另一个接入点。例如,当可见光通信链路被遮挡、链路被严重干扰或窃听时,当前可见光通信接入点切换到另一性能更好的可见光通信接入点。这种在网络中执行水平切换的方式,可以有效避免小区间干扰的影响并保持移动设备的连接性。此外，当设备在室内环境中移动时，系统还对可见光通信接入点的选择进行处理以在设备处执行定位，其中设备将具有相应可见光通信接入点的定位参数视为参考，以选择可用的可见光通信接入点来估计其位置。

7.2.2 可见光通信定位一体化

在室内环境中，可见光通信定位一体化技术能够同时满足高速且安全的数据传输与高精度定位的双重需求。例如，在超市中，利用可见光信号不仅能够有效传输通信信息，还能为顾客提供精准的定位服务，进而提升个性化推荐与导航功能的实现效果；在医疗领域，此技术则助力医护人员迅速而准确地定位急救设备及患者位置，显著提高紧急情况的响应速度；在智能楼宇管理方面，该技术通过可见光信号控制照明并定位维护人员，优化了能源使用与运维效率；此外，在博物馆与展览馆中，该技术为访客提供详尽的展品信息及导览服务，增强了互动体验；在地下停车场内，该技术通过定位车辆与空闲车位，简化了停车与寻车流程。鉴于该技术在保障通信安全的同时，亦能提供实时且精确的定位服务，故其特别适用于对高速数据传输与精确室内定位有高度需求的场景。综上所述，可见光通信定位一体化技术需兼顾可见光通信与定位的双重功能，以支持物联网设备在通信与定位服务上的同步实现。

这里对可见光通信定位一体化系统模型进行频谱结构分析。如图 7-5 所示，系统有 L 个接入点，因此使用 L 个子载波进行定位（每个接入点都有一个唯一标识的定位子载波，用于室内定位）。

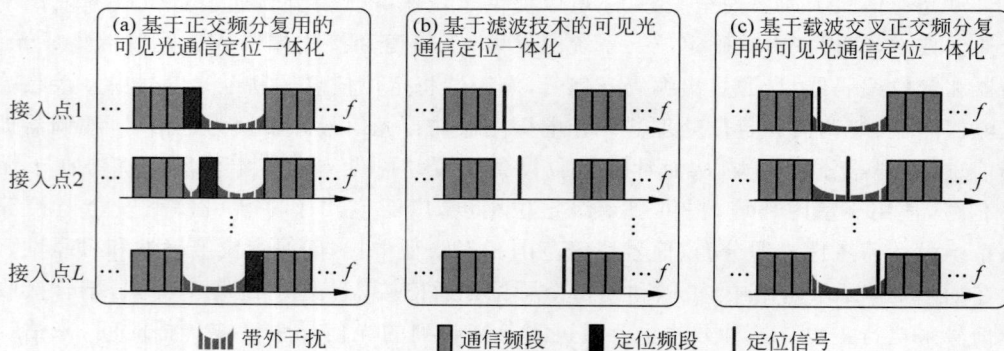

图 7-5　可见光通信定位一体化系统的频谱结构

（1）基于 OFDM 的可见光通信定位一体化：OFDM 技术通过将宽带信道分解为多个子载波，实现高速数据传输。在该系统中，发射端利用光源发射经过 OFDM 调制的光信号，每个子载波携带独立数据，同时嵌入定位信息。接收端通过光电探测器捕捉光信号，解调器分离通信与定位信息。定位信息通过特定算法处理，实现接收设备的精确定位。OFDM 技术优势在于高数据传输速率和抗多径干扰能力，适用于复杂室内环境。该技术直接结合了正交频分调制和二维定位算法，以实现可见光通信定位一体化系统。然而，如图 7-5（a）所示，正交频分多址接入信号通常会向相邻子载波泄漏带外干扰，这会降低通信和定位性能。此外，该系统需要额外的保护频带来缓解带外干扰，这降低了系统的频谱效率。

（2）基于滤波技术的可见光通信定位一体化：该方案通过对每个通信子载波的干扰泄漏进行滤波来缓解带外干扰。如图 7-5(b)所示，与基于正交频分复用的可见光通信定位一体化相比，该方案可以有效减少泄漏带外干扰的负面影响，并提高定位精度。然而，与基于正交频分复用的可见光通信定位一体化相比，它需要额外的信号处理复杂性。

（3）基于载波交叉正交频分复用的可见光通信定位一体化：如图 7-5(c)所示，当 L 个子载波空闲时，可以发现频域中存在 L 个特定的频率空洞，这些空洞在正交频分多址接入信号中具有可忽略的带外干扰。设 N 表示快速傅立叶逆变换的长度，则每个子载波的带宽为 $B_{sub}=B/N$。在这种情况下，可以将定位信号（蓝色）放入这些频率孔中，这能够避免相邻通信子载波在定位子载波上的带外干扰，并且实现更高的定位精度和带宽利用性能。此外，此技术比基于滤波技术的可见光通信定位一体化具有更低的复杂度。

7.3　通信资源灵活按需分配

在现代通信系统中，通信资源的灵活分配是一项至关重要的技术挑战。随着通信需求的快速增长和无线设备数量的激增，如何有效地分配有限的频谱资源以满足多样化的用户需求，成为了急需解决的问题。资源协调分配问题的求解，成为优化通信系统性能和提高频谱效率的关键手段。通过精心设计和有效管理通信资源的分配，通信系统可以实现更高的信道利用率和更好的通信质量，满足用户对不同服务类型和带宽需求的灵活性。

本节提出一种基于滤波器组多载波（Filter Bank Multi-Carrier，FBMC）和正交频分复用的子载波复用的方法，这两种技术各有优劣。因此，结合它们的优势，可以实现更高效的资源分配。滤波器组多载波技术通过对每个子载波进行精细滤波，有效抑制带外干扰，提高了频谱利用率；而正交频分复用技术则通过频域正交分割，提高了频谱效率和系统的抗干扰能力。为了进一步提升资源分配的效率，本节引入了联合优化的方法，旨在实现通信资源的高效利用与灵活分配。

7.3.1　基于滤波器组多载波/正交频分复用的子载波复用

在可见光通信与定位融合系统中，调制方案的选择对于系统性能而言至关重要。滤波器组多载波和正交频分复用是两种常见的调制方案。在本小节中概述了滤波器组多载波的原理，并将其与广泛使用的正交频分复用进行了比较，探讨了这两种基于载波复用的调制方案在可见光通信与定位融合系统中的应用。

为了抑制较大的带外干扰，滤波器组多载波使用原型滤波器对每个子载波进行滤波，这种方式显著降低了旁瓣的影响。而正交频分复用则通过在频域内进行正交分割。除了正交频分复用中的循环前缀（Cyclic Prefix，CP）插入被基于滤波器组多载波中设计良好的原型滤波器的多相网络（Polyphase Network，PPN）所取代之外，这两种调制方案的基本结构是相同的，均能提高频谱利用率。其中，多相网络通过对滤波器进行多项分解，其作用是保证滤波器组多载波具有与正交频分复用相同的傅里叶变换大小和相似的复杂度，这种设计确保了系统在复杂度和性能之间的平衡。尽管滤波器组多载波可以通过对每个子载波进行滤波来显著降低旁瓣，减少频谱泄露，但它可能会破坏相邻子载波之间的正交性。为了解决这个问题，在应用中通常采用偏移正交幅度调制（Offset Quadrature Amplitude Modulation，

OQAM)来保证正交性。偏移正交幅度调制通过在时间上错开实部和虚部的符号,使得每个子载波在频域内保持正交,进而能够在频域内进行有效滤波,优化系统性能。

在实际应用中,这两种调制方案各有优劣。滤波器组多载波通过独立滤波减少带外干扰,适用于需要高频谱效率和低干扰的场景。而正交频分复用则通过频域正交分割提高了频谱利用率,同时其具有较为简单的结构和广泛的应用。两者在可见光通信与定位融合系统中的应用,取决于具体的需求和环境条件。

在通信和定位融合系统中,滤波器组多载波和正交频分复用的频谱特性差异显著。基于上述两种调制方案的可见光通信与定位融合系统的通信信号和定位信号的频谱,如图 7-6 所示,从图中可以看出,与正交频分复用相比,滤波器组多载波频谱的带外干扰得到了有效抑制,对相邻子载波的干扰泄漏较低。对于正交频分复用,高带外干扰导致相邻子载波之间的严重干扰,导致定位精度和通信性能下降。

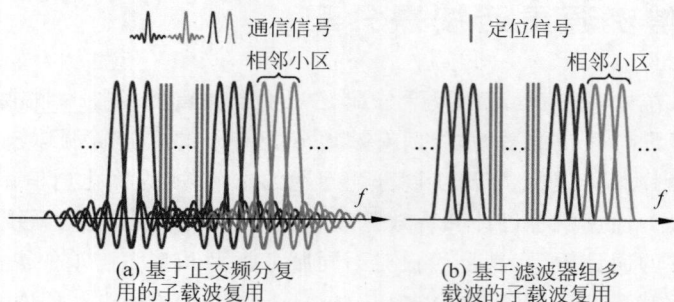

图 7-6　基于正交频分复用和基于滤波器组多载波的子载波复用频谱对比

在复杂的通信环境中,干扰种类繁多,例如同频干扰、恶意干扰、邻道干扰等,这些干扰源的存在给通信系统的稳定性带来了巨大的挑战。这些干扰信号可能与所需信号在频率、时间或空间上重叠,从而降低接收机对所需信号的识别能力。因此,抗干扰是一项非常重要的技术需求,旨在提高接收机对于所需信号的识别能力的同时,减少来自干扰源的影响。抗干扰的评估通常依赖于信号的信干噪比(Signal-to-Interference-plus-Noise Ratio,SINR)的测量,这是评估接收机在复杂干扰环境中性能的重要指标。信号的信干噪比直接反映了接收机在复杂干扰环境中通信质量水平,每个设备的 SINR 可以由下式给出

$$\text{SINR} = \frac{P_{\text{接收功率}}}{I_{\text{带外干扰}} + \delta^2_{\text{背景噪声}}} \tag{7-1}$$

在式(7-1)中可以观察到,当设备位于重叠区域中时,接收到的信号可能受到来自其他小区的小区间干扰和带外干扰。根据式(7-1),对于第 k 个设备,小区 c 中第 n 个子载波上的可实现速率可以表示为

$$R_{k,c,n} = \frac{B_{\text{sub}}}{2} \log_2(1 + \text{SINR}) \tag{7-2}$$

其中,$B_{\text{sub}} = B/N$ 是子载波带宽,B 是系统传输带宽,1/2 是可见光傅里叶因子。

7.3.2　资源分配问题的求解

在面对光通信系统中的复杂资源分配问题时,由于涉及多个复杂的因素和约束条件,以及需要在多个目标之间进行权衡,因此该通信资源分配问题变得异常复杂。为了有效解决

这一问题,本节将该联合优化问题分解为两个子问题:子载波分配问题和功率分配问题。通过交替求解这两个子问题,应用迭代算法进行优化,可以有效地找到联合优化问题的最优解决方案,从而提高整体通信系统的性能和可靠性。

1. 子载波分配

在本小节中介绍了在给定功率分配的情况下如何实现通信子载波分配,而功率分配问题的具体优化策略将在后面的联合优化中提到。本小节提出了一种低复杂度的方法,旨在在设备的最低数据速率要求下实现最优子载波分配。

首先,在通信系统中,对于第 k 个设备,将第 n 个通信子载波上的总干扰定义为

$$I_{总干扰} = I_{小区间干扰} + I_{带外干扰} + \delta^2_{背景噪声} \tag{7-3}$$

其中,小区间干扰表示在小区 c 中的第 n 个子载波上来自相邻小区的小区间干扰。

对于第 k 个设备,如果其所在的小区与相邻小区存在频率重叠,那么就可能会出现小区间干扰。小区间干扰会使第 n 个子载波上的信号质量下降,从而影响整个通信系统的性能和可靠性。因此为了有效管理和降低小区间干扰,设计小区时应该避免频率重叠,尤其是在高密度网络和频谱资源有限的情况下。而在实际场景中有时难以避免频率重叠,如果避免不了,则可以采取抗干扰技术来降低小区间干扰的影响。具体地,可以采用动态资源分配、功控控制技术、干扰消除和抑制技术等技术,并对每个用户分配具有较强抗干扰能力的子载波。其中,动态资源分配技术能够根据实时网络条件和用户需求动态调整子载波分配,最小化小区间干扰的潜在影响;功控控制技术通过调整发射功率,使得每个设备在其服务区域内的信号强度保持在最佳水平,从而减少干扰传播到相邻小区;干扰消除和抑制技术,例如使用多天线技术(Multiple-Input Multiple-Output,MIMO)、自适应波束成形等,来提高接收机的抗干扰能力和信号接收质量。

此处所提出的子载波分配方法的主要原理是基于信道质量,分析如下:首先,该方法通过搜索离目标最小速率要求最大的设备,并设置该设备具有被分配高质量子载波的优先级,以满足其服务质量(Quality of Service,QoS)要求。在保证所有设备的 QoS 要求后,分配多余的通信子载波,以实现最大化全局设备速率和。需要注意的是,上述子载波分配机制的目标是在满足各种约束条件的前提下,使目标函数最大化。这与现有的方法不同,现有方法是在不考虑约束的情况下使系统速率和最大化,从而忽略了不同设备间的 QoS 需求。而子载波分配方法强调了在实际部署中如何有效地平衡各种 QoS 要求和系统性能指标,以达到最佳的通信效果和资源利用效率。

2. 自适应联合优化

本节介绍了联合优化自适应调制、子载波分配以及功率分配,以提高定位精度和通信性能的具体实现过程。在发射端,系统首先根据设备的通信需求和实际信道状态为设备分配通信子载波组,这些子载波组主要用于传输通信数据和定位特定频率信号。然后将可见光定位的定位信号与所有 LED 处的通信信号进行集成,其中定位频率被设置在子载波组中。中央控制器从设备接收信息(例如,信道状态信息、信道质量和数据速率要求),并根据不同设备的最小数据要求和反馈信息选择自适应 M-QAM 映射。这种方式能够根据设备的信噪比要求动态选择调制阶数,从而在保证通信质量和效率的前提下,最大化数据传输速率。

在选择调制阶数时,系统需要根据设备的 SINR 值满足最低的 SINR 要求。考虑到光

学系统中 LED 在高频域衰减严重的情况,应采用基于预均衡方法的功率分配来补偿 LED 侧的频率衰减。然而,过度的预均衡方法并不是最佳的,因为系统牺牲了大量的功率来平衡高频的衰减,而且未能充分应对潜在的干扰和窃听风险。文献[18-20]中提出了一种基于预均衡方案的功率分配,以优化所有子载波的总数据速率;然而,文献[18-20]中的功率分配方案仍然不是最优方案,因为它只是固定阶调制以及静态子载波分配,未能充分考虑动态通信环境中的实时调整需求。因此,本节提出联合自适应传输设计,在保证定位精度要求的同时,动态地提高传输数据速率。这种设计不仅考虑了通信性能,还优化了数据速率以满足不同设备的最小数据速率要求。这种自适应性有助于减轻干扰对通信质量的负面影响,同时提高了通信系统在复杂环境下的灵活性和实用性。

在可见光通信定位一体化系统中,设备上的带阻滤波器用于测量从 4 个 LED 接收到的在 5 个不同的定位频率上发送的定位信号。接收到 4 个定位功率电平后,系统采用基于先进的差分到达相位差的定位算法来获得设备的位置。对于可见光通信来说,通过带阻滤波器对接收信号进行滤波后得到通信信号,最后采用 OFDM 技术对通信信号进行解调。该系统整合了定位和通信功能,能够在复杂的环境中实现精准的定位服务和稳定的通信连接。

需要注意的是,对于信道反馈问题,一般的通信系统还需要接收器将其所感知到的信道信息反馈给发送器,以便发送器可以根据实际信道条件进行动态调整和优化。当考虑自动速率功能时,接收器只需将其接收到的 SINR 反馈给发送器以进行系统通信速率更新。SINR 反馈的作用在于评估当前通信链路的质量,并判断通信速率是否足以满足特定的服务质量要求。如果接收器反馈的 SINR 值显示当前速率无法达到预期的服务质量水平,系统可以使用注水方法在下一次迭代中增加功率分配值,以增强信号的强度和可靠性,从而提高可达到的通信速率。这种反馈机制不仅能够实现对信道状况的实时监控和响应,还能够确保通信系统在动态和复杂的环境中保持稳定和高效的运行状态。通过及时的 SINR 反馈和功率调整,通信系统可以最大程度地优化数据传输速率,同时保证服务质量达到用户期望的水平。

联合优化算法可概括如下:

步骤 1:初始化迭代 $i=0$,设置总和数据速率 $R_{sum}(0)=0$、子载波分配指示符、加权预均衡系数和每个设备的调制阶数。设置迭代门限值 $\zeta \geqslant 0$。

步骤 2:各设备 k 将其检测到的信道信息、定位精度要求和最低数据速率要求 R_k^{min}(服务质量要求)通过 Wi-Fi 或可见光通信上行链路发送至发送端。这个反馈机制非常关键,它允许系统根据实际信道条件进行动态调整,以满足设备的最低数据速率要求和服务质量要求。这种动态调整是一种抗干扰技术,它可以帮助系统应对信道干扰和变化。

步骤 3:发射端更新定位子载波组上的加权预均衡系数以保证定位精度。加权预均衡系数的调整有助于减少干扰和提高通信信号的质量。通过预均衡,系统可以在接收端提前调整信号的相位和幅度,以减少多径传播引起的失真。这有助于提高通信的可靠性,特别是在高频衰减较严重的情况下。

步骤 4:发射端根据设备最小数据速率要求,迭代计算设备的子载波分配指标、加权预均衡系数和调制阶数以满足其最低数据速率要求;同时为每个设备分配通信资源以满足 $R_k(i) \geqslant R_k^{min}$,系统会根据设备的最小数据速率要求来动态分配通信资源,包括子载波和功率,这是为了确保每个设备都能满足其通信质量的最低要求,从而避免了因数据速率不足而引起的干扰和通信质量下降。

步骤5：在保证设备的最低数据速率要求后，系统将额外的功率和子载波分配给信道质量最佳的设备，通过更新调制、子载波分配以及功率分配来最大化 $R_{sum}(i+1)$。例如，注水方法为每个设备分配可用子载波的数量，以满足其最小数据速率约束。在为所有设备分配部分子载波以保证其服务质量要求后，额外的子载波将被分配给信道增益较高的设备来最大化系统总数据速率，这样做可以确保每个设备在其最低数据速率要求满足的情况下，获得尽可能多的通信资源。此外，这有助于减少因某些设备信号过强而引起的干扰，提高系统的总通信性能。

步骤6：设置 $i=i+1$，更新总和数据速率 $R_{sum}(i)$。

步骤7：重复步骤2至步骤6，直到 $|R_{sum}(i)-R_{sum}(i-1)| \leqslant \zeta$。

步骤8：输出调制、子载波分配以及功率分配的参数。

上述联合优化算法使用注水方法来分配功率和子载波，保证设备的最小数据速率约束并最大化系统总数据速率，同时该方法将收敛至最优值。

7.4　可见光通信与定位性能仿真分析

本节主要评估和分析所提出方案的性能。考虑一个典型 $20 \times 20 \times 4 \ m^3$ 的室内房间，其中有 5×5 个可见光通信接入点和 2×2 个射频通信接入点（Wi-Fi），这些接入点均匀分布在高度 3.5 m 处。房间内 K 个设备随机分布在高度 0.5 m 的地板上。针对这些设备，设计了不同的服务级别：K/4 个设备需要每个设备 0.5 Mbps 的正常通信和定位服务，K/4 个设备需要超可靠低时延通信服务，而其他 K/2 个设备只需要具有高数据速率要求的正常通信服务要求（每个设备在下行链路中为 5 Mbps，在上行链路中为 0.5 Mbps）。对于超可靠低时延通信，最大延迟和传输可靠性分别为 1 ms 和 99.99%，每个数据包大小为 500 bit。另外，每个接入点的子信道的数量为 12 个；每个射频通信接入点和可见光通信接入点的固定功耗分别为 6.7 W 和 4 W；每个接入点的最大发射功率和可用带宽分别为 250 mW 和 10 MHz。通过这些设定和参数，本节将评估不同网络架构下的能效性能、通信速率、定位精度以及满足各种设备服务需求的能力。

7.4.1　通信性能比较

本小节探讨了不同方案下的能量效率和通信服务水平满意度性能，并比较以下网络架构的性能：(1) 宏蜂窝层、微蜂窝层和可见光层组合的三层网络方案（射频—射频—可见光）；(2) 微蜂窝层和可见光网络层组合的两层网络方案（射频—可见光）；(3) 宏蜂窝层和微蜂窝层射频网络组合的两层网络方案（射频—射频）。

图 7-7 比较了网络能量效率（Energy Efficiency，EE）、超可靠低时延通信服务的满意服务水平与设备密度之间的关系。仿真表明，在三层网络架构和射频-可见光的两层架构方案中，可见光通信在节能方面表现优越，其 EE 性能显著优于传统射频网络架构。可以观察到，由于可见光通信具有较好的节能特性，其不仅有效降低了能量消耗，还提升了通信效率，本节提出的三层网络架构和射频—可见光的两层架构的 EE 性能明显优于传统射频网络架构的性能；此外，凭借可见光通信丰富的带宽资源，以及利用小型光小区更好的信道条件，

射频和可见光通信相结合的架构通信速率和超可靠低时延通信服务满足水平方面都显著优于传统射频网络架构，且该优势随着服务物联网设备数量的增加，性能优势逐渐增强。

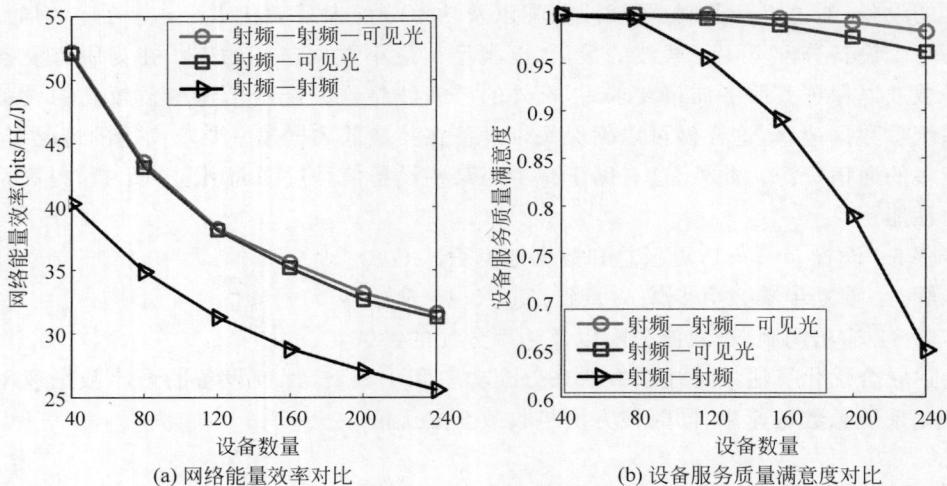

(a) 网络能量效率对比　　　　　　　　(b) 设备服务质量满意度对比

图 7-7　不同设备数量下的性能对比

此外，本节提出的三层网络架构与射频—可见光两层架构具有相似的能量效率性能，但由于多层架构能够提供更灵活的服务，它实现了比射频—可见光两层架构更高的满意服务级别。由于固定的频谱和功率资源限制了各种网络架构的扩展能力，所有网络架构的性能都随着设备数量的增加而降低，但所提出三层的多层网络方案仍然具有最佳性能。此外，鉴于部分设备对通信安全要求较高，可以优先选择可见光通信网络，以降低室外窃听者对其通信信号的窃听风险。

7.4.2　定位性能比较

本小节使用了基于信号强度的定位算法，深入对比和分析了以下方案的室内二维定位性能：（1）基于载波交叉正交频分复用的可见光通信定位一体化；（2）基于正交频分复用的可见光通信定位一体化；（3）Wi-Fi 射频指纹定位技术；（4）传统 Wi-Fi 定位技术。

基于载波交叉正交频分复用的可见光通信定位一体化方案利用可见光通信技术，在信道资源分配上采用载波交叉正交频分复用技术，旨在提高定位精度和通信效率。基于正交频分复用的可见光通信定位一体化方案，与基于载波交叉正交频分复用的可见光通信定位一体化方案类似，但它是采用连续的正交频分复用技术。Wi-Fi 射频指纹定位技术利用 Wi-Fi 信号的射频特征，通过建立射频信号的指纹库和数据库查询来实现定位，这种方法通常依赖于信号强度、多径效应等射频信号特性。传统 Wi-Fi 定位技术则利用 Wi-Fi 信号的强度和到达时间等信息，结合多个 Wi-Fi 接入点的信息来计算设备的位置。

使用上述定位方案的室内定位结果和定位误差的累积分布函数，如图 7-8 所示。从图 7-8(a) 中可以看出，两种基于可见光定位方案的定位精度远高于两种基于 Wi-Fi 的定位方案，特别是在房间的边缘和角落位置，可见光定位方案表现出明显的优势。因为在基于 Wi-Fi 的定位系统中，容易受到多径反射和阴影效应的影响，以及基于电磁波的同频干扰或者恶意干扰，这些因素降低了定位的准确性。尽管射频指纹可以大大提高定位精度，但它需要大量的标记数据来训练定位模型,这需要设备的额外计算和存储空间。相比之下,基于可见光的定位系统利用可见光通信的特点,能够有效减少多径效应以及干扰对其的影响,并且在复杂环境中保持较高的定位精度。

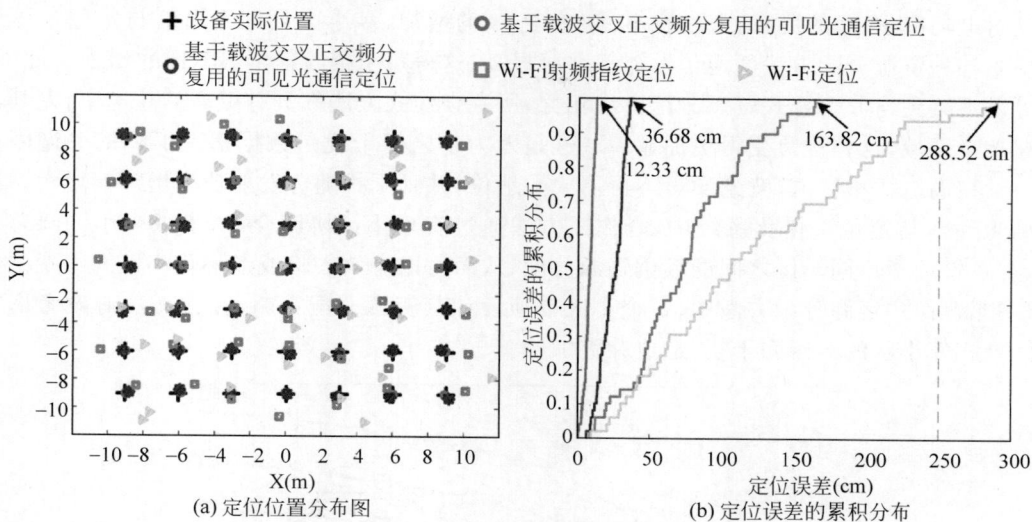

图 7-8　定位误差对比图

此外,4 种方案的平均定位位置误差依次为 7.19 cm、19.75 cm、68.76 cm 和 113.54 cm,表明了不同技术方案在定位精度上的差异。在图 7-8(b)中,可以看出在提出的可见光定位系统中,房间中的大多数位置的定位误差都在 10 cm 以下,只有少数位置的定位误差超过 12 cm。性能评估表明,提出的基于载波交叉正交频分复用的可见光通信定位一体化实现了更高的定位精度,因为它将定位信号放入频率孔中,避免了来自相邻通信子载波的定位子载波上的带外干扰。在现有的基于正交频分复用的可见光通信定位一体化系统中,正交频分复用信号的高带外干扰导致其产生对相邻子载波的严重干扰,这种干扰严重影响了定位精度,导致整体定位性能下降。

7.4.3　不同资源分配方法的比较

本小节比较了在保护频带间距为 0.15 MHz 时,基于滤波器组的多载波子载波复用的多小区可见光通信与定位一体化系统中不同资源分配方法的性能。这些资源分配方法包括合作式最优资源分配方法(合作式最优分配)、低复杂度的合作式资源分配方法(合作式分配)、相等子载波的合作式功率分配方法、等功率分配的合作式子载波分配方法以及非合作式资源分配方法。

(1) 合作式最优资源分配(称为合作式最优分配):系统使用穷举搜索方法,旨在找到最优的子载波分配策略,以最大化系统整体的性能,但复杂度较高。

(2) 低复杂度的合作式资源分配(称为合作式分配):联合子载波和功率分配方法,目的是保证全局实际约束的同时,最大化每个小区设备的数据传输速率和覆盖范围。

(3) 相等子载波的合作式功率分配:在小区协调下采用功率分配,通信子载波平均分配给设备。

(4) 等功率分配的合作式子载波分配:在小区协调下采用子载波分配,将发射功率平均分配给每个通信子载波和每个定位频率。考虑到到达相位差定位的信噪比（SINR）要求，需要确保每个定位频率上的发射功率比每个通信子载波的发射功率大 15 dB。

图 7-9 展示了当设备总数 $K = 40$ 时，每个单元内设备的平均总速率与每个 LED 的最大发射电功率 P_{max} 的关系，可以看出，随着 P_{max} 的增加，多小区可见光通信与定位一体化系统中各种资源分配方法的通信性能都有所提高，这得益于接收信号 SINR 的增强。此外，还可以观察到与非合作式资源分配方法相比，所有合作式方法都具有更高的总速率，尤其是在高功率区域，这种优势变得更加显著。这是因为小区间干扰是数据速率下降的关键因素之一。在高电功率区域，背景噪声不再占主导地位，并且干扰随着发射功率增加而增大。在可见光通信与定位一体化系统中，合作式方法通过实现小区协调合作，来减少小区间总干扰，有效管理了不同小区之间的频谱资源分配，从而可以有效去除或最小化小区间干扰。然而，在非合作式资源分配方法中，每个小区单独设计其资源分配策略，往往无法有效考虑本小区到相邻小区的小区间干扰，造成冲突加剧。

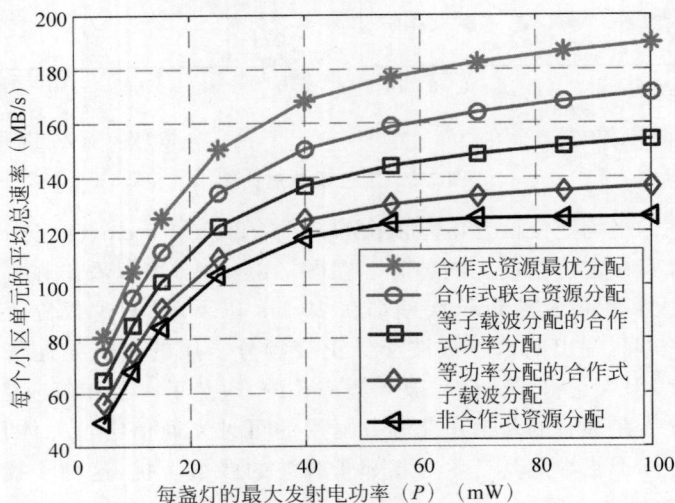

图 7-9　每个小区单元的平均总速率与最大发射电功率（P）之间的关系

在图 7-9 中，本节提出的 3 种功率分配方法均优于等功率分配的子载波分配方法，因为这 3 种功率分配方法能够根据信道增益和生成的小区间干扰动态分配发射功率，从而可以有效地提高系统速率。此外，合作式资源分配方法的平均总速率大于具有相等子载波分配的协调功率分配方法的总速率。同时，这些功率分配方法能够根据信道增益和生成的小区间干扰情况实现对外界干扰的抑制，从而提高系统传输的可靠性和稳定性。这些结果不仅突显了优化资源分配在多小区可见光通信系统中的重要性，也为提高通信效率和服务质量提供了实质性的指导。

为了有效减少窃听速率，需要采取一系列的安全措施来保护通信的机密性和完整性。在这方面，合作式资源分配方法依旧具有一定优势。该方法能够在多个小区之间实现协作，优化频谱资源的分配，减少不必要的信号泄露和干扰，更加精确地控制信号的分配。从而降低窃听和攻击的风险。此外，还可以采用加密算法来对数据进行加密，并使用认证和身份验证方式来确保通信的安全性，防止未经授权的访问和信息泄露。特别地，当满足服务质量（QoS）要求的同时，可以通过将剩余的子载波分配给具有良好信道增益的设备来优化资源利用,可以增强系统和速率。这种做法可以优先分配资源给信道条件较好的设备,以最大程度地提高系统的性能和用户体验。

7.5 实践:可见光通信安全与定位融合实验平台

VLC 技术利用可见光波段进行数据传输,不仅能够实现高速、稳定的通信,还具备了传统无线通信技术难以比拟的安全性和定位精度。本节通过构建实验平台,深入探讨了 VLC 技术在通信安全和精确定位融合方面的应用潜力,为 VLC 技术在室内环境中的应用提供了实践基础和理论支撑。

在本实验平台中,作为 VLC 技术的核心组件——LED,展现了其多功能性。LED 不仅为室内环境提供了高效、节能的照明解决方案,更通过其快速的响应特性,实现了数据的高速传输。通过精确调整 LED 的发光强度,VLC 技术能够在可见光波段内传输大量信息,同时保持信号的稳定性和可靠性。此外,LED 的定向发光特性,也为 VLC 技术在室内定位中的应用提供了便利。

在探讨可见光通信与定位融合系统的实验平台构建时,系统模型如图 7-10(a)所示,除了支持室内照明之外,LED 还可以用于搭建支持室内设备的无线通信和定位服务的可见光通信和定位融合系统。在每个设备上,配备了光电二极管用于接收 LED 发出的光信号,并将其转换为电信号,这一转换过程是实现通信和定位功能的关键步骤。为了确保通信信号的可靠性和安全性,在系统设计中发射端采用了先进的信号发生器,能够同时产生通信信号和同步定位正弦波信号。这些信号通过直流偏置器,有效地驱动 LED,确保了信号的稳定发射。在移动设备端,组成部件包括一个带有集成电路放大器的光电二极管、一个可见光通信模块以及一个可见光定位模块。光电二极管在接收到 LED 发出的光信号后,迅速将其转换为电信号,这些信号随后通过示波器进行捕获并进行进一步处理。树莓派作为处理核心,负责执行通信信号的解调、功率测量以及位置估计等关键任务,其高效的处理能力为系统的高效运行提供了保障。

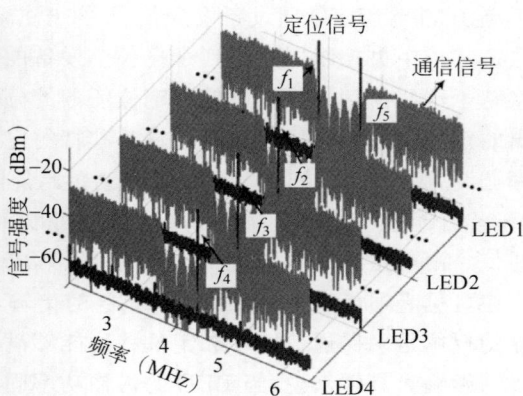

(a) 实验设置　　　　(b) 融合信号的频谱

图 7-10　可见光通信安全和定位融合的系统模型

图 7-10(b)展示了 LED 发射端集成通信和定位信号的模拟电子频谱,揭示了信号处理

的复杂性和精确性。通过 MATLAB 工具分别生成通信信号和定位正弦波信号，并分别分配到适合它们的通信子载波和定位子载波上，确保了信号的有效传输和接收。然后，这两种信号在 LED 发射端进行叠加。对于定位模块，如图所示五个不同频率的正弦信号（蓝色），即 f1 到 f5，被调制到四个 LED 上。LED1 携带两个频率分别为 f1 和 f5 的正弦信号，而 LED2、3 和 4 分别使用 f2、f3 和 f4 的频率传输正弦信号。这种设计巧妙利用了 LED 的多功能性，将通信和定位任务集成在单一设备中。值得注意的是，这 5 个用于定位的频率不被用于传输通信信号，避免了潜在的同频干扰。从频谱图中，可以清晰地看到，在定位子载波中存在 5 个频率空隙，这些频率空隙与相邻通信子载波的带外干扰泄漏可以忽略不计（红色）。在这种情况下，定位正弦信号（蓝色）被放置在这些频率空隙中，以避免通信信号对定位频率空隙的干扰泄漏，从而提高了系统的抗干扰性能。

在接收到来自 4 个 LED 的混合通信和定位融合信号后，为了准确地分离并利用这些信号，分别应用带通滤波器和带阻滤波器从接收到的混合信号中提取定位信号和通信信号，以确保接收到的信号不受外部干扰的影响。带通滤波器的作用是允许特定频率范围内的信号通过，同时抑制其他频率的信号。在本系统中，它用于从混合信号中提取定位信号，确保这些信号满足定位模块所需的频率条件。相对地，带阻滤波器可以抑制特定频率，允许其他频率的信号通过，这样便能有效地从混合信号中分离出通信信号，为通信模块提供所需的信息。对于定位，本节提出了一种改进的差分到达相位差方法来估计设备的位置，这种方法通过测量信号在不同接收点的到达时间差异，计算出信号源的位置。由于它不需要依赖本地振荡器来产生参考信号，因此在硬件设计上更为简洁，减少了系统的复杂性和成本。此外，该方法在真实环境中对背景噪声和光电二极管平面的随机倾斜具有较好的鲁棒性。这一点在实际应用中尤为重要，因为在室内环境中，设备可能会因为地面不平或其他因素而发生倾斜，影响定位的准确性。

在可见光通信和定位融合系统中，K 个设备（如机器人、机器和手机）随机分布在一个给定的区域内，这些设备在系统中扮演着接收端的角色，它们通过接收来自 LED 的信号来实现通信和定位功能。系统有一个中央控制器，负责管理所有 LED 的信号发射。它通过与 LED 连接，控制 LED 向设备发送信号，并根据系统的需求和设备的状态，动态调整信号的参数。一旦中央控制器收集到来自各个设备的性能反馈信息（如信道信息和设备的服务），它将基于这些信息来优化通信和定位任务的分配，系统中带宽被平均分成 N 个子载波。在提出的定位算法中，每个 LED 通过其独特的定位子载波传输定位正弦信号。这些信号通过频率调制，确保了定位信息的准确传输。此外除了一个 LED 具有两个独特的定位子载波外，N 个子载波中总共有 $L+1$ 个子载波可以用于定位，而剩余的 $N-L-1$ 个子载波则用于通信。由于系统有 K 个设备，因此可以形成 K 个通信子载波组。

在可见光通信和定位系统中，LED 的传输功率是有限的。在这一资源的约束下，功率分配的权衡是确保通信速率和定位精度能够满足系统需求的关键因素，并且需要考虑带外干扰的影响。具体来说，当 LED 的传输功率固定时，系统需要在通信和定位之间做出合理的功率分配决策。如果可见光通信与定位一体化系统倾向于将更多的功率分配给可见光通信频谱子载波，这将使得通信链路的信号强度增强，从而实现更高的通信数据传输速率；然而，这种策略使得分配给定位子载波的功率相对减少，可能会导致定位信号的强度不足，进而导致定位精度下降。相反，如果系统为了提高定位精度将更多的功率分配给定位子载波，这将使得接收信号强度变高,从而实现更为精确的位置信息获取;但与此同时,通信子载波所能使用的功率就会减少,可能会导致通信链路的信号强度下降,影响到通信系统的数据传输速率。此外,带外干扰的影响也是系统设计中不可忽视的因素。在功率分配过程中,必须考虑到信号的频谱分布,避免因功率过大而导致的带外干扰,这种干扰可能会对其他电子设备或通信系统造成影响,甚至可能对定位信号本身产生干扰,影响定位的准确性。

为了展示实时室内跟踪性能,本小节在垂直高度为 1.5 m 处进行了实验,比较了所提出的基于改进的差分到达相位差方法的定位和现有的基于接收信号强度的定位的 2D 估计轨迹,结果如图 7-11 所示。

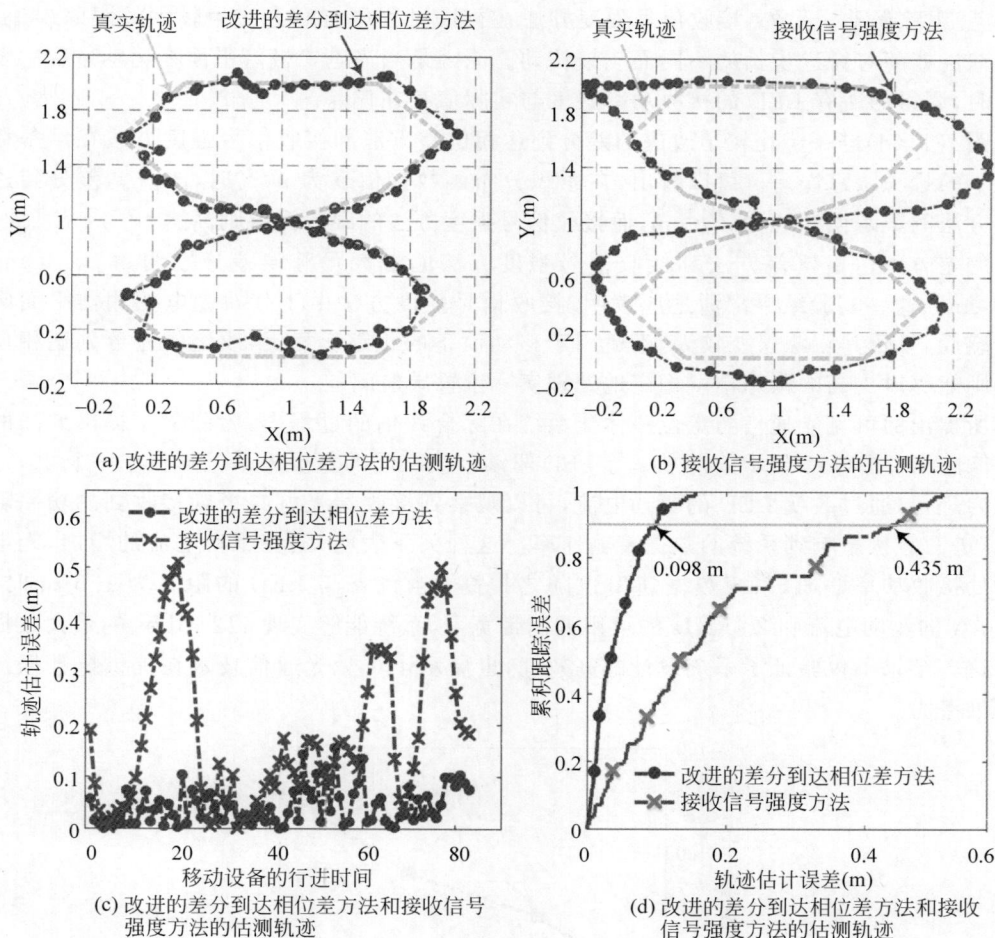

(a) 改进的差分到达相位差方法的估测轨迹　　　(b) 接收信号强度方法的估测轨迹

(c) 改进的差分到达相位差方法和接收信号　　(d) 改进的差分到达相位差方法和接收
　　强度方法的估测轨迹　　　　　　　　　　　信号强度方法的估测轨迹

图 7-11　光电探测器平面随机倾斜下的二维跟踪测量

从图 7-11(a)中可以观察到,所提出的基于改进的差分到达相位差方法的定位的估计轨迹非常接近移动机器人的实际轨迹,展现了该方法在跟踪过程中的高精确度。

相比之下,图 7-11(b)中现有的基于接收信号强度的定位的估计轨迹在某些区域明显偏离实际轨迹,特别是在室内环境的边缘和角落区域,这种偏离尤为明显。这种定位偏离主要原因在于室内环境的复杂性、地面不平整,移动设备在运动过程中容易发生晃动,导致光电探测器平面有时会倾斜。一旦光电探测器平面倾斜,所有 LED 接收功率的当前测量值就会与实际测量值产生偏差。基于接收信号强度的定位利用测量的接收功率强度进行定位，对光电二极管平面倾斜相对敏感。相反，基于改进的差分到达相位差方法通过测量 LED 与移动设备之间的相位差，而非依赖于接收信号功率。这种方法对于设备的震动和光电探测器平面的倾斜表现出更高的抗干扰性。因此，在设备移动，特别是在房间的边缘或角落区域移动时，改进的差分到达相位差方法表现出的跟踪精度比接收信号强度方法高。实验数据显示，改进的差分到达相位差方法和接收信号强度方法的平均 2D 跟踪误差分别为 4.3 cm 和 18.2 cm，这一结果显著地表明了改进方法在跟踪精度上的优越性。

图 7-11(c) 展示了改进的差分到达相位差方法和接收信号强度方法在 1.5 m 高度处的 2D 位置跟踪误差。另外，接收信号强度方法在行进过程中有时会产生较大的跟踪误差，并且跟踪性能随着行进步长的不同而频繁波动。原因是当光电二极管平面在运动过程中发生倾斜时，测得的所有 LED 的接收功率强度与实际值存在偏差。

图 7-11(d) 进一步比较了改进的差分到达相位差方法和接收信号强度方法在设备移动情况下的累积跟踪误差。可以看出，在累积分布函数置信度为 90% 时，改进的差分到达相位差方法的跟踪误差约为 9.8 cm，而接收信号强度方法的跟踪误差则高达 43.5 cm。此外，改进的差分到达相位差方法和接收信号强度方法的最大跟踪误差分别约为 15.4 cm 和 51.0 cm。这些实验结果都清楚地表明，接收信号强度方法由于其对光电探测器平面倾斜的敏感性，导致其跟踪误差较大，不适用于移动设备的跟踪。相反，改进的差分到达相位差方法则能够以更高的跟踪精度稳定地处理实际位置导航问题。

所提出的可见光通信与定位一体化系统在综合评估的过程中，验证了所提出方法的室内通信性能。图 7-12 显示数据速率与 LED 驱动电流之间的直接关系。实验在一个 $2 \times 2 \ m^2$ 区域内进行，通过改变 LED 的驱动电流，可以观察到接收端光电二极管接收到的功率随之变化，进而直接影响到系统的数据传输速率。这种关系表明，随着驱动电流的增加，光电二极管处接收功率增加，系统数据速率也随之提高；当设备与 LED 的距离为 1.5 m 时，在 130 mA 的驱动电流和 20 MHz 的可用调制带宽下，系统能够实现 112 Mbps 的最大数据速率。这一结果不仅验证了系统设计的高效性，也展示了可见光通信技术在提供搞数据传输方面的潜力。

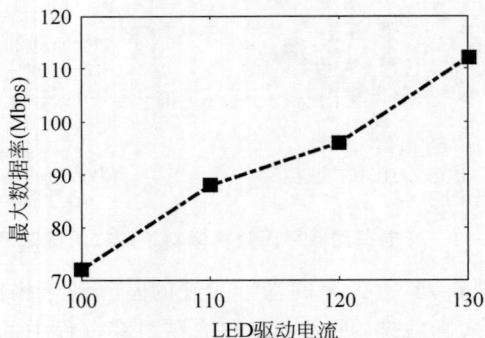

图 7-12 单位面积内的通信数据速率

通过本节的实验和分析，我们对可见光通信与定位一体化系统的性能有了更加全面的了解。系统在信号处理、跟踪精度和数据传输速率方面均展现出了优异的性能。随着技术的不断发展，期待这种系统在未来的智能环境中发挥更大的作用，为室内定位和通信提供更加高效、可靠的解决方案。

7.6　本章小结

本章主要介绍了可见光通信技术的应用和相关的安全和定位问题。随着设备数量的增加，频谱资源的匮乏和传统无线通信技术在室内应用中的局限性变得愈加显著。VLC 技术因其丰富的频谱资源、高安全性和低功耗等优势，成为一种具备巨大潜力的室内通信与定位解决方案。

VLC 技术通过 LED 的高速响应特性，实现照明与数据通信的双重功能，特别适用于家庭、办公室、机场等场景。本章首先介绍了 VLC 技术的基本概念和优势，包括其在不占用电磁频段、抗干扰能力强，以及高安全性等方面的突出表现。由于可见光信号无法穿透墙壁，VLC 技术在室内环境中提供了一种天然的物理层安全保障。随后，详细阐述了 VLC 系统的核心技术，如调制技术、多址方案，以及基于接收信号强度、时间差测量和角度差测量的定位方法。这些技术使得 VLC 系统能够在室内环境中实现高速数据传输和高精度定位。同时，本章还探讨了 VLC 通信与定位技术的融合，通过构建统一的物理架构，实现系统成本的降低和功能的一体化。

为了满足物联网设备的多样化服务需求，本章提出了一个多层网络架构，该架构包括宏蜂窝层、微蜂窝层和可见光网络层。这种多层网络设计旨在通过结合射频通信和可见光通信的优势，构建更加高效的通信网络。在资源管理方面，本章提出了灵活的通信资源分配方法和联合优化算法，通过动态分配子载波和功率，确保每个设备的最低数据速率要求，并最大化系统的总数据速率。

在通信安全方面，VLC 技术通过频率管理、功率控制、加密技术和干扰技术等多种手段，提高了通信的安全性和抗干扰能力。这些技术的应用不仅保护了数据传输的机密性，还增强了系统在复杂电磁环境中的稳定性和可靠性。

本章还探讨了室内可见光定位系统的各种定位算法，包括基于到达时间差的定位和基于到达相位差的定位。这些算法通过处理接收到的光信号来确定 LED 发射器和接收器之间的距离或角度，从而实现高精度的室内定位。性能评估表明，基于载波交叉正交频分复用的可见光通信定位一体化系统在定位精度和通信速率方面均优于传统的 Wi-Fi 定位技术。

为了验证所提出的可见光通信与定位一体化系统的性能，构建了一个实验平台，并进行了实时室内跟踪性能的测试。实验结果表明，改进的差分到达相位差方法在移动设备跟踪方面表现出了更高的精度和稳定性，尤其是在房间边缘或角落区域。

VLC 技术在物联网应用中展现出了巨大的优势和潜力。其在室内通信速率、定位精度和系统安全性方面的表现，使其成为未来智能建筑、智能家居、智能工厂等场景中的理想选择。随着技术的不断进步和优化，VLC 技术有望在未来的通信领域中发挥更加重要的作用。同时，本章也指出了 VLC 技术在实际应用中需要进一步研究和解决的问题，即如何进一步提高系统的抗干扰能力、如何优化资源分配策略以提高系统的整体性能等，为未来的研究方向提供了指导。

通过本章的学习，不仅能够全面了解 VLC 技术的原理和应用，还能够洞察到其在物联网时代的巨大应用潜力。VLC 技术以其独特的优势，为解决当前无线通信领域的挑战提供了新的思路和方法。随着技术的不断成熟和应用场景的不断拓展，VLC 技术有望在未来的通信领域扮演更加重要的角色。

习题

7-1　什么是可见光通信（VLC）？它与传统射频通信有哪些主要区别？

7-2　举例说明可见光通信（VLC）的一些应用领域，并讨论为什么在这些领域中选择 VLC？

7-3　可见光通信（VLC）可以通过可见光信号不能穿透墙壁来保证通信安全；然而，VLC 技术也面临一些挑战。请说明可见光信号不能穿透墙壁的优势，同时列举至少两个 VLC 技术面临的挑战，并提出解决这些挑战的方法。

7-4　解释自适应调制在可见光通信系统中的作用，以及如何根据设备的 SNR 值选择调制阶数。

7-5　为什么在可见光通信系统中采用基于预均衡的功率分配方法？对比过渡预均衡和文献中提到的方案，指出其优势和不足之处。

7-6　可见光通信（VLC）在通信安全方面有哪些优势？请列举至少三点，并解释其对安全性的影响。

7-7　在引言中提到的可见光通信（VLC）技术的优势中，哪些特点对抗电磁干扰（EMI）和窃听攻击具有显著的作用？请详细解释其中的一项特点。

7-8　提高保密速率（防窃听）方法有哪些？

7-9　对于联合优化算法中的步骤 2 至步骤 5，系统如何利用设备的反馈信息来应对通信系统的安全性问题？

7-10　讨论在无线通信中采用自适应调制的场景和优势。

参考文献

[1]　Celik A，Romdhane I，Kaddoum G，et al. A top-down survey on optical wireless communications for the internet of things[J]. IEEE Communications Surveys and Tutorials，2023，25(1)：1-45.

[2]　Chettri L，Bera R. A comprehensive survey on internet of things toward 5G wireless systems[J]. IEEE Internet of Things Journal，2020，7(1)：16-32.

[3]　Ma Z，Xiao M，Xiao Y，et al. High-reliability and low-latency wireless communication for internet of things：Challenges，fundamentals，and enabling technologies[J]. IEEE Internet of Things Journal，2019，6(5)：7946-7970.

[4]　Chen D，Tian Y，Qu D，et al. OQAM-OFDM for wireless communications in future internet of things：A survey on key technologies and challenges[J]. IEEE Internet of Things Journal，2018，5(5)：3788-3809.

[5]　Yang H L，Zhang S，Chen C，et al. An advanced integrated visible light communication and localization system[J]. IEEE Transactions on Communications，2023，71(12)：7149-7162.

[6]　Yang H L，Zhong W D，Chen C，et al. Coordinated resource allocation-based integrated visible light communication and positioning systems for indoor IoT [J]. IEEE Transactions on Wireless Communications，2020，19(7)：4671-4684.

［7］ Zhuang Y,Hua L C,Qi L N,et al. A survey of positioning systems using visible LED lights[J]. IEEE Communications Surveys and Tutorials,2018,20(3)：1963-1988.

［8］ Komine T,Nakagawa M. Fundamental analysis for visible-light communication system using LED lights[J]. Consumer Electronics IEEE Transactions,2004,50(1)：100-107.

［9］ Pathak P H,Feng X,Hu P,et al. Visible light communication,networking,and sensing：A survey, potential and challenges[J]. IEEE Communications Surveys and Tutorials,2015,17(4)：2047-2077.

［10］ Matheus L E M,Vieira A B,Vieira L F M,et al. Visible light communication：Concepts,applications and challenges[J]. IEEE Communications Surveys and Tutorials,2019,21(4)：3204-3237.

［11］ Li Y,Yang P,Renzo M D,et al. Precoded optical spatial modulation for indoor visible light communications[J]. IEEE Transactions on Communications,2021,69(4)：2518-2531.

［12］ Gupta A,Fernando X. Exploring secure visible light communication in next-generation (6G) internet-of-things[C]//2021 International Wireless Communications and Mobile Computing (IWCMC), Harbin City,China：IEEE,2021,2090.

［13］ Bao X,Zhu X,Song T,et al. Protocol design and capacity analysis in hybrid network of visible light communication and OFDMA systems[J]. IEEE Transactions on Vehicular Technology,2014,63(4)： 1770-1778.

［14］ 高悦. 预编码多用户 MIMO 室内可见光通信系统性能研究[D]. 西安理工大学,2021.

［15］ Marshoud H,Muhaidat S,Sofotasios P C,et al. Multi-user techniques in visible light communications：A survey[C]//2016 International Conference on Advanced Communication Systems and Information Security (ACOSIS),Marrakesh,Morocco：IEEE,2016,207-212.

［16］ 丁举鹏,易芝玲,王劲涛,等. 面向可见光通信的 LED 空间辐射特性仿真实验研究[J]. 中国电子科学研究院学报,2023,18(09)：779-785.

［17］ Yang S,Jung E,Han S. Indoor location estimation based on LED visible light communication using multiple optical receivers[J]. IEEE Commun Letters,2013,17(9)：1834-1837.

［18］ Niu S,Wang P,Chi S H,et al. Enhanced optical OFDM/OQAM for visible light communication systems[J]. IEEE Wireless Communications Letters,2021,10(3)：614-618.

［19］ He J,Shi J. An enhanced adaptive scheme with pairwise coding for OFDM-VLC system[J]. IEEE Photonics Technology Letters,2018,30(13)：1254-1257.

［20］ Hong Y,Xu J,Chen L. Experimental investigation of multi-band OCT precoding for OFDM-based visible light communications[J]. Optics Express,2017,25(17)：12908-12914.

参考答案

7-1　什么是可见光通信(VLC)？它与传统射频通信有哪些主要区别？

答：可见光通信(VLC)是一种使用可见光波段进行数据传输的通信技术。它利用 LED 或激光二极管等可见光源来传输信息。

主要区别包括频段、速度、安全性等。VLC 位于可见光频段,速度更快,信号不能穿透墙壁,更安全。

7-2　举例说明可见光通信(VLC)的一些应用领域,并讨论为什么在这些领域中选择 VLC？

答：VLC 的应用领域包括室内定位、智能照明、室内通信等。在室内定位中,VLC 可以通过 LED 实现准确的位置识别。在智能照明中,LED 可以同时用于照明和通信。在室内通信中,VLC 可以提供高带宽的数据传输。

选择 VLC 的原因包括精准定位、绿色通信、高带宽等。

7-3　可见光通信（VLC）可以通过可见光信号不能穿透墙壁来保证通信安全；然而，VLC 技术也面临一些挑战。请说明可见光信号不能穿透墙壁的优势，同时列举至少两个 VLC 技术面临的挑战，并提出解决这些挑战的方法。

答：通信安全性：由于可见光无法穿透墙壁，通信信号受到物理障碍的限制，提高了通信的安全性和私密性。

VLC 技术面临的挑战：视线阻塞：可见光通信在存在物体阻挡的情况下可能会失去直线视线，导致通信中断；覆盖面积限制：可见光通信的覆盖范围相对有限，无法像射频通信那样实现广域覆盖。

解决的方法：多路径传输：利用多路径传输技术减轻因视线阻塞而引起的通信中断；多节点布局：通过合理布局多个光源以扩大覆盖范围。

7-4　解释自适应调制在可见光通信系统中的作用，以及如何根据设备的 SNR 值选择调制阶数。

答：自适应调制在可见光通信中根据设备的 SNR 值选择合适的调制阶数，从而优化通信系统的性能。SNR 值越高，选择更高阶的调制，实现更高的传输速率。式（3-1）中的阈值选择展示了这一过程。

7-5　为什么在可见光通信系统中采用基于预均衡的功率分配方法？对比过渡预均衡和文献中提到的方案，指出其优势和不足之处。

答：预均衡的功率分配方法用于补偿 LED 侧的频率衰减，文中提到的过渡预均衡方法可能导致大量功率损耗。而联合自适应传输设计在此基础上采用基于预均衡的功率分配，同时动态提高传输数据速率，以此来优化系统性能。

7-6　可见光通信（VLC）在通信安全方面有哪些优势？请列举至少三点，并解释其对安全性的影响。

答：低干扰特性：可见光通信系统利用光波进行通信，相较于射频通信，光波受到物理障碍的影响较小，减少了外部干扰的可能性，提高了通信的安全性；

局限性传播：光波的传播受到物理限制，例如光波不能穿透墙壁，使得通信信号更加局限在特定区域，降低了信息泄露的风险，增强了通信的安全性；

电磁干扰敏感性低：可见光通信不同于射频通信，不存在电磁干扰，可以在对电磁波敏感的场景中应用，减小了通信系统受到的外部电磁攻击的可能性。

7-7　在引言中提到的可见光通信（VLC）技术的优势中，哪些特点对抗电磁干扰（EMI）和窃听攻击具有显著的作用？请详细解释其中的一项特点。

答：在引言中提到的 VLC 技术的优势中，对抗电磁干扰（EMI）和窃听攻击具有显著作用。其特点是：可见光信号不能穿透墙壁，由于可见光波在穿透能力上较差，它不能穿透墙壁和其他障碍物。这一特点限制了信号的传播范围，降低了信息泄露的风险，对抗窃听攻击有显著作用。

7-8　提高保密速率（防窃听）方法有哪些？

答：切换信道（不同频率）；控制发射功率 P，可以使得保密速率最优；改变位置（离窃听者远，离用户近）。

7-9　对于联合优化算法中的步骤 02 至步骤 05，系统如何利用设备的反馈信息来应对通信系统的安全性问题？

答：时信道信息反馈：设备向系统提供实时的信道信息，包括信道状态信息、信道质量等。系统可以通过分析这些信息来动态调整通信资源，应对信道干扰和提高系统的安全性。

最小数据速率要求反馈：设备反馈其最低数据速率要求，系统根据这些反馈信息动态分配通信资源，以满足每个设备的最低数据速率要求。这有助于保障通信系统在各个设备之间平衡资源分配，降低潜在的攻击风险。

7-10 讨论在无线通信中采用自适应调制的场景和优势。

答：自适应调制适用于动态信道，如移动通信和无线信道中的深度干扰。

它提高了系统的容错性，确保在不同条件下都能提供可靠的通信。

第 8 章

无线智能超表面
辅助安全传输

智能超表面(Reconfigurable Intelligent Surface,RIS),亦称智能反射面,可以在第五代移动通信(5G)及第六代移动通信(6G)中实现高频谱效率、能量效率和保密速率。智能超表面是一个均匀的平面阵列,由许多低成本的无源反射元件组成,其中每个元件自适应地调整其反射幅度或相位,其可编程特点可改变超表面电磁特性,以控制电磁波的强度和方向,因此智能超表面能够增强或减弱不同用户的反射信号。由于无线信道固有广播和开放性,传输过程容易受到干扰攻击或窃听等威胁,为此智能超表面能够在通信过程中发挥关键作用,提升通信的稳定性和保密性。

在无线通信中,窃听是一种严重的安全威胁,攻击者可以轻易地截获传输中的数据包,从而窃取敏感信息。窃听者(Eavesdropper)通过在信道上监听数据传输,试图获取未经授权的通信内容,危及用户隐私和信息安全。窃听攻击不仅会影响用户数据的机密性,还可能会带来一系列的安全问题,如身份盗用、商业机密泄露等。为了应对窃听威胁,传统的安全措施包括加密技术和认证机制等。加密技术能够通过对数据进行加密处理,使得窃听者即使截获了数据包,也无法解读其中的内容。认证机制则通过数字证书或密钥验证通信双方的身份,确保只有经过授权的用户可以参与通信,从而防止窃听者冒充合法用户进行数据窃取。尽管传统的安全措施在一定程度上能够防止窃听攻击,但面对日益复杂和多变的攻击手段,仍显得力不从心。为此,研究人员提出了智能超表面技术,利用其可编程的反射特性,进一步提升无线通信的抗窃听能力。

智能超表面单元可以动态地改变电磁波的传播路径和方向,实现对信号的精确控制,从而增强合法用户的信号强度,削弱窃听者接收到的信号强度。在智能超表面辅助的防窃听方案中,基站和智能超表面协同工作,通过联合优化发射波束成形和反射波束成形,使得信号在合法用户方向上得到增强,而在窃听者方向上受到抑制。例如,通过在智能超表面上生成多个反射波束,使得合法用户接收到的信号相互增强,而窃听者接收到的信号相互干扰,从而提高通信的安全性。目前,在智能超表面辅助通信安全系统的初步研究中,考虑了只有单个天线合法用户和单个天线窃听者的简单系统模型,应用交替优化算法联合优化基站处的发射波束成形矢量和智能超表面处的相位系数,从而最大化保密速率。采用智能超表面辅助设备间通信的资源分配算法,通过并行卷积神经网络解决非线性规划问题,从而最大化用户的保密速率。以上算法没有将其模型扩展到多用户智能超表面辅助的通信安全系统。此外,人工噪声辅助波束成形有效提高了智能超表面辅助的多输入单输出通信安全系统的保密速率,并通过应用基于交替优化算法联合优化基站波束成形、人工噪声干扰向量和智能超表面反射波束成形最大化保密速率。然而,这些现有的技术都假设合法用户或窃听者的完美信道状态信息在基站处可以获得,这是不实际的。这是由于传输延迟、处理延迟和用户的高移动性,获取的信道状态信息,存在误差。因此,应该考虑在智能超表面辅助通信安全系统中利用鲁棒算法来解决存在多个窃听者的优化问题。此外,在考虑信道不确定性的同时,通过建立多变量耦合的鲁棒能效最大化资源分配问题,提高能效并增强鲁棒性。

在实际部署中,智能超表面的效率会受到多种因素的影响,如智能超表面单元的排列方式、控制电路的特性以及电磁波的入射角度等。因此,设计高性能的智能超表面硬件结构和智能调控算法,是实现高效信号传输的关键。随着技术的进步和应用的深入,智能超表面在辅助通信领域的应用前景广阔,有望在未来的无线通信和物联网领域发挥重要作用。通过结合传统的优化技术和先进的人工智能算法,可以进一步提升智能超表面在复杂通信环境中的应用效果。随着技术的不断发展,智能超表面有望在未来的无线通信系统中扮演越来越重要的角色,推动整个行业的革新与进步。本章应用强化学习来学习多用户智能超表面辅助通信安全系统中安全波束赋形策略,以便在存在多个窃听者以及恶意干扰情况下提高通信性能。

本章首先介绍了无线智能超表面辅助通信技术,其中智能超表面的表面单元可用于资源分配管理,灵活配置其相移和幅度可提升或降低通信质量;其次,详细介绍了无线智能超表面的防窃听和抗干扰技术;最后,在动态环境下,应用强化学习算法优化智能超表面的资源管理和功率分配,以及通过仿真分析系统的性能。

8.1　无线智能超表面技术

5G 技术目前已经逐步商用,主要包括超密集网络、毫米波通信和大规模多输入多输出等技术来提高通信性能,实现千倍通信吞吐量的提升和千亿设备的实时连接,然而,这些关键技术具有较高的复杂度、较大的硬件成本和能量消耗。为此,仍需研究具备低复杂度、低能耗、低成本、高频谱效率等优点的技术,以满足未来移动通信系统日益严格的要求。因此,学术界及工业界已经开始展望 6G,预计实现更高的吞吐量、峰值通信速率(100 Gbps$\sim$ 1 Tbps)和可靠性(中断概率低于 10^{-6}),更低的通信延迟(小于 0.1 ms)和更广泛的连接。此外,用户的移动性会导致时变的无线衰落,这直接影响通信的可靠性。为此,可利用调制编码和分集技术等策略来补偿信道衰落,或者通过自适应功率控制和波束成形等技术来适应信道变化。这些传统技术需要额外的开销且适应能力有限,在一定程度上制约了高通信容量和超可靠无线信道的灵活应用。

为此,学术界提出了一种创新的技术方案——智能超表面,该技术已成为 6G 关键候选技术之一。如图 8-1 所示,智能超表面由可重构超表面和智能控制单元(控制器)组成。可重构超表面通常是一个二维的电磁超表面,由大量低成本和几乎无源的反射单元构成,其中每个反射单元可以独立地调控入射信号的反射幅度和相位。通过设计有效地反射单元的相位,即可实现实时可控的反射波束赋形。智能控制单元通常以 FPGA 等可编程原件为核心的驱动电路组成,负责控制可重构超表面的电磁性能。

智能超表面的调控机理基于电磁波的反射和散射原理,它以极其精确的方式控制和定

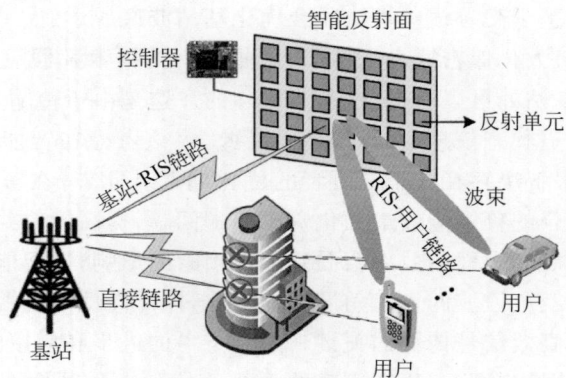

图 8-1 典型智能反射面辅助的无线通信系统模型

向无线信号，通过调整反射元件的相位，使入射电磁波的反射波在特定方向上相干叠加，从而增强信号强度；在其他方向上，反射波则相互干涉，从而减弱信号强度。这种相位调控的方式，可以有效控制电磁波的传播路径，实现波束的定向和聚焦，构成被动波束成形，从而实现多种功能。通俗地说，智能超表面上的微小反射元件可以根据通信需求调整其相位，以引导信号在特定方向上传播，类似于一个可编程的镜子，将信号聚焦到某个目标区域，从而增强接收端或减弱干扰源的信号，实现波束赋形。智能超表面上的多个反射元件可以协同工作，以在接收器位置上形成多个相干的路径，多路径干涉效应可以增强信号的接收质量，减少多路径干扰。但高精度的相位控制是实现有效波束成形的关键。任何微小的误差都会影响波束的方向和强度，在动态变化的通信环境中，需要快速响应和调整反射元件的相位，并具备高精度的调控技术和设备，以适应环境的变化。在多径传播和复杂干扰环境中，智能超表面需要具备较强的适应能力，以保证波束成形的效果和稳定性。智能超表面可以根据接收器和发射器之间的通信环境和需求自适应地调整其配置（通过反馈机制或智能算法来实现），以实时响应通信系统的变化。智能超表面的控制系统通常通过信道状态信息（Channel State Information，CSI）的反馈来进行调整。通信系统首先测量当前环境的信道状态，然后将这些信息反馈给智能超表面的控制器。控制器基于这些信道信息，计算出最佳的相位和幅度设置，并将控制指令发送给每个反射单元。反射单元根据指令调整其电磁特性，实现对电磁波的优化控制。这一过程可以在毫秒级别内完成，确保系统能够实时响应环境变化，始终保持最佳的通信性能。

智能超表面的高性能、低成本、低能耗等优点使得其运用于各类通信模型中，在提高通信性能、扩展覆盖范围和减少干扰方面具有巨大的潜力。典型智能超表面通信模型可以被描述为一个多路径传播模型，如图 8-1 所示，由发射器（基站）、接收器（用户）和智能超表面组成。发射器发送信号，信号在直接链路传播途中可能会受到多径效应和衰落影响，其中智能超表面充当中继，智能控制单元分析信号和环境数据，并计算出应如何调整智能超表面上的元件来改善信号质量。元件根据智能控制单元的指令调整信号的相位和振幅，形成波束或改善信号的传播质量，对发射信号进行调制和增强。

相比传统无线通信技术，智能超表面具备以下的几个优点：无源或近无源，不会引入热噪声，适用于低干扰和高信干噪比的通信环境；能耗小，满足绿色通信需求；无须信号放大器、数模转换器等器件，不会引入额外加性噪声，有助于维持较高的信干噪比；具有连续孔径,智能超表面上元件可形成一个连续的表面,实现更加精细和连续的信号控制;可编程性,每个微小元件都可以根据通信需求和环境条件进行编程,包括调整元件的相位和振幅,以改变信号的传播方向和强度,优化通信性能;具有宽频响应,可以用于处理多个频段的信号,提高通信系统的灵活性和效率;二维平面结构,规模小和尺寸可拓展、易部署,适应不同的通信场景;重构电磁波,对电磁波传播环境动态配置。智能超表面辅助无线通在频谱效率、能量效率、安全性、抗干扰能力和灵活性等多个方面带来的优势是显著且深远的。

无线通信系统的开放性使其容易受到各种攻击和窃听威胁。智能超表面通过其高度可编程的特性,能够在物理层面增强通信的安全性。通过联合优化基站的波束成形和智能超表面的反射波束成形,智能超表面可以在传输过程中引入人工噪声或其他保密机制,增加窃听者的解码难度。此外,智能超表面能够动态调整信号的传输路径,使得窃听者难以捕捉到有效信号,从而显著提高通信系统的保密性。在多用户场景中,智能超表面还可以为不同用户提供定向的、安全的信号传输路径,进一步提升系统的整体安全性。在恶意干扰场景中,智能超表面可以作为有效的抗干扰技术。传统的抗干扰技术通常需要消耗大量的功率和资源,而智能超表面通过调整反射元件的配置,可以在不增加额外硬件成本的情况下,有效减少干扰的影响。具体而言,智能超表面可以通过动态调整反射路径,避开干扰信号,或者通过引入人工噪声干扰,降低干扰信号的强度。此外,智能超表面还可以在多用户场景中,通过优化各个用户的反射路径,减少用户之间的干扰,提高系统的抗干扰能力。

智能超表面的另一个显著优势在于其高度的灵活性和可编程性。传统的通信基础设施往往是固定的,难以适应动态变化的通信需求。而智能超表面可以通过软件控制实时调整其反射元件的相位和幅度,以适应不同的通信环境和需求。这种灵活性使得智能超表面在各种复杂和动态的环境中都能发挥作用,例如,在高密度用户环境中优化信号传输,在高速移动场景中保持通信稳定性等。另外,无人机凭借着其高机动性和灵活性的特点,可以作为移动中继,提高传输容量、扩大覆盖范围和提升通信可靠性。鉴于智能超表面与无人机新兴技术的发展优势和对未来移动通信发展的重要性,可以将智能超表面装载在无人机上实现空中智能超表面辅助通信系统。在无线通信领域有着重要的研究意义和广阔的应用前景。

目前将智能超表面灵活地已应用到现有的无线通信网络中,在物理层通信安全、通信容量提升、能量收集、边缘覆盖增强、干扰抑制等方面取得了显著的效果。但智能超表面技术仍存在一些缺点和不足,需要进一步的研究和改进;智能超表面的硬件设计和实现面临挑战,包括材料和器件的成熟度较低、成本相对较高,以及单元结构对电磁信号幅度和相位的调控耦合性强,限制了智能超表面在更多场景下的应用;此外,智能超表面阵列的有效工作带宽受限,能量转换效率较低,难以满足未来无线网络对大宽带传输和远距离覆盖的需求。在基带处理算法和系统设计方面,智能超表面技术缺少完善的传输理论基础和可靠的信道模型,需要更多的研究来分析智能超表面对实际传输环境的控制能力,这限制了对智能超表面系统性能的全面评估和优化。从未来无线网络架构的角度来看,基于智能超表面的网络架构尚未明确,缺乏对智能超表面接口协议、网元功能、拓扑结构、部署规模和成本的深入研究。此外,智能超表面在多带宽、多制式通信模式下的研究较少,特别是在同频和异频共存问题上,需要系统级的仿真评估和解决方案设计。

尽管存在这些挑战,智能超表面技术的未来应用场景仍然广泛。例如,在5G-Advanced阶段,简化版本的智能超表面可能会初步商业部署及标准化,特别是改善5G毫米波的覆盖问题。此外,智能超表面技术有望在 6G 时代得到更广泛的应用,形成一种全新的通信网络范式,满足未来移动通信的需求。未来的研究趋势包括对智能超表面硬件架构及调控算法的深入研究,探索智能环境通信新理论和基带新算法,以及无线网络新架构的设计。这些研究方向将推动智能超表面技术的成熟和规模化商用,为未来无线网络的发展提供新的技术路线。未来智能超表面技术的趋势主要有智能超表面智能预部署和基于智能超表面的新型神经网络结构等。智能超表面的应用不仅限于 5G 通信系统,还可以扩展到其他领域,如物联网(Internet of Things,IoT)、智能交通系统、智慧城市等。在物联网环境中,智能超表面可以优化设备间的通信路径,提升网络的整体效率和可靠性;在智能交通系统中,智能超表面可以优化车辆与基础设施之间的通信,提升交通系统的安全性和效率;在智慧城市建设中,智能超表面可以用于优化城市中的无线通信网络,提升公共服务的质量和效率。这些应用前景表明,智能超表面在未来的通信和信息技术发展中,将发挥越来越重要的作用。智能超表面的成功部署取决于诸如高效算法、准确的信道状态信息以及与现有网络技术的集成等因素的发展。随着这一领域的研究不断发展,预计智能超表面将在未来无线通信和连接性方面发挥关键作用。

8.2　智能超表面辅助无线安全传输

在无线通信环境中,干扰与窃听攻击将通信安全问题推至风口浪尖。干扰机能够瞄准合法通信过程并发起攻击,影响通信系统的稳定性。窃听者试图窃取敏感信息,危及用户隐私。为了解决这一挑战,研究人员将研发路线转向智能超表面技术,在考虑合法用户的服务质量要求下,联合优化基站的功率分配和智能超表面上的反射波束赋形,提高通信安全性。

如图 8-2 所示,一个由单基站和多个位于小区边缘的单天线合法用户设备组成的通信系统,部署了智能超表面提供额外的通信链路,改善在给定频段上的用户通信性能。小区边缘用户的直接通信链路受到障碍物的严重阻挡,信号显著衰减。此外,用户附近有一个恶意多天线干扰机,试图通过发送干扰信号中断传输,以降低通信性能。在这种情况下,通过设计智能超表面上的反射波束赋形,有效地增强所需信号功率并减轻干扰信号的影响。

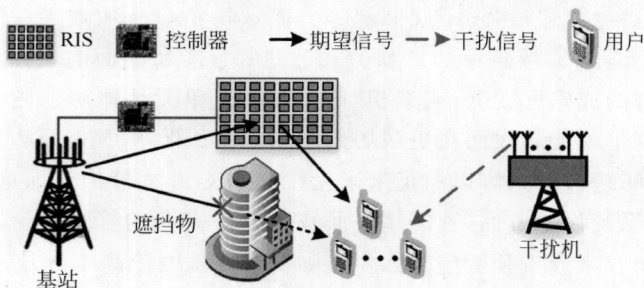

图 8-2　对抗多天线干扰机的智能超表面辅助通信系统模型

基站发射的总信号可表示为 x,包括分配给各个用户的发射功率、波束赋形向量和发射符号,由于遮挡物阻碍了链路,用户只能接收到智能超表面反射的信号。此外,干扰机试图向用户发射干扰信号。因此,对于第 k 个用户,接收信号 y_k 包括智能超表面的反射信号、用户间的干扰信号、恶意干扰信号以及背景噪声,可以表示为

$$y_k = x_{期望信号} + x_{用户间干扰信号} + x_{恶意干扰信号} + n_{背景噪声} \tag{8-1}$$

基站与第 k 个用户之间的信道系数,均采用平坦衰落模型。$\boldsymbol{\Phi}$ 表示与智能超表面上的有效相位偏移相关的反射系数矩阵。其中包括反射幅度[0,1]和组合接收信号上的相位偏移系数[0,2π]。在式(8-1)中,除了接收到的期望信号外,每个用户还受到系统中的用户间干扰和恶意干扰影响。

根据式(8-1),即可求得第 k 个用户的接收信干噪比可以表示为

$$\mathrm{SINR} = \frac{P_{期望信号功率}}{I_{用户间干扰} + I_{恶意干扰} + \delta^2_{背景噪声}} \tag{8-2}$$

因此,确保通信系统在干扰情况下顺利运行,需要在发射功率不超过最大允许值、每个用户的接收信干噪比不低于最小阈值的情况下,找到合适的发射功率分配和反射波束赋形矩阵 $\boldsymbol{\Phi}$,以最大化所有用户设备的系统可达速率之和。这是一个复杂的非凸优化问题,通常可以使用优化算法来寻找近似解。

如图 8-3 所示,在智能超表面辅助通信系统中,基站为多个单天线合法用户提供服务的同时,存在多个单天线窃听者,目标是窃听者的数据流。系统中部署了一个智能超表面辅助基站到用户的安全无线通信,其配备的控制器可与基站协调工作。在智能超表面上优化反射波束赋形,以提高用户的可实现保密速率,抑制窃听者的窃听数据速率。

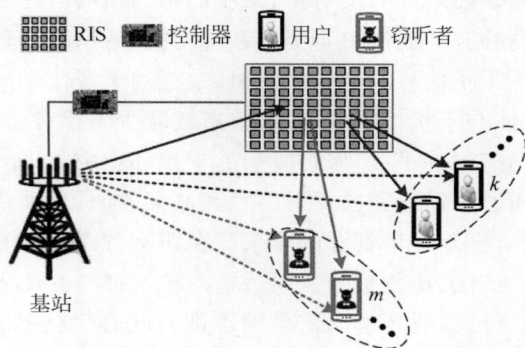

图 8-3 在多个窃听者下的智能超表面辅助通信安全模型

此外,窃听者 m 的接收信号可以表示为

$$y_m = x_{窃听信号} + n_{背景噪声} \tag{8-3}$$

在不确定信道模型下,第 k 个用户的速率为

$$R_k^{\mathrm{u}} = \log_2\left(1 + \frac{P_{期望信号功率}}{I_{用户间干扰} + I_{恶意干扰} + \delta^2_{背景噪声}}\right) \tag{8-4}$$

如果第 m 个窃听者试图窃听第 k 个用户的信号,其速率为

$$R_{m,k}^{\mathrm{e}} = \log_2\left(1 + \frac{P_{窃听到信号功率}}{I_{用户间干扰} + I_{恶意干扰} + \delta^2_{背景噪声}}\right) \tag{8-5}$$

由于每个窃听者可以窃听任意用户的信号,从基站到第 k 个用户的保密速率可以简单表示为

$$R_k^{\mathrm{sec}} = R_k^{\mathrm{u}} - R_{m,k}^{\mathrm{e}} \tag{8-6}$$

保密速率是无线通信系统中一个关键的性能指标,用于衡量合法用户在存在窃听者的

情况下能够实现的保密通信能力。在无线通信中，保密通信的基本要求是确保合法用户能够获得尽可能高的数据速率，同时，使窃听者无法有效解码传输的信息。理想情况下，窃听者无法获得任何有用信息，或者即使获取了信号，也无法解码出原始数据。因此，衡量保密通信性能的一个直接指标就是合法用户的速率与窃听者速率之间的差距。通过定义保密速率为用户速率减去窃听者速率，可以直观地反映通信系统的保密性能。一个正的保密速率意味着合法用户能够在一定程度上获得保密通信，而负的保密速率则表示窃听者获得的信息量超过合法用户，这种情况显然是不希望发生的。因此，确保保密速率为正，是实现保密通信的基本要求。

为在窃听情况下仍保证系统安全运行，需要在保密速率大于等于目标保密速率（针对每个用户）和最小数据速率大于等于目标数据速率的约束条件下，联合优化基站的传输波束赋形矩阵 V 和反射波束赋形矩阵 $\boldsymbol{\Phi}$，来实现系统在最差情况下保密速率最大化。这个优化问题的难点在于目标函数是非凸函数，为此需要使用高级的非凸优化算法来找到最优解。

以上两个模型将智能超表面巧妙地融入通信系统中，在存在恶意干扰机、窃听者和用户间干扰的环境中稳定安全运行，其中智能超表面的性能表现和部署方位至关重要。而无人机的高机动性，能够与智能超表面相结合，增强通信范围和可靠性，并改善数据传输质量，另外可以优化信号与智能超表面之间的反射角，减小能量的损耗。在复杂的电磁环境中，智能超表面还能够通过以下几种方式更进一步提升系统的抗干扰和防窃听能力。

智能超表面通过引入干扰信号的逆相位反射，来抵消干扰信号的影响，类似于主动噪声控制技术，通过反向干扰波与干扰信号相互抵消，有效减少干扰对通信信号的影响。尽管跳频技术本身是一种有效的抗干扰手段，但在复杂的干扰环境中，可能需要更多的频谱资源来避开干扰源。智能超表面通过动态调整反射路径和波束方向，辅助跳频技术，提高其在多干扰环境中的有效性，减少对额外频谱资源的需求。在窃听方面，智能超表面可以在传输过程中引入人工噪声，干扰窃听者的接收信号。通过精确控制噪声的注入位置和强度，确保了合法用户的信号质量，同时增加窃听者解码信号的难度。联合优化基站波束成形和智能超表面相位调控，能够有效提升这种防窃听手段的效率。利用智能超表面的可编程特性，可以创建多个不同的反射路径，实现信号在多路径上传播，形成多路径分集效应。多路径信道分集可以有效提升信号的鲁棒性，减少单一路径被窃听的可能性，同时增加窃听者的解码难度。另外，在动态变化的通信环境中实时调整反射单元的配置，实现信道的动态分配和优化，能够有效应对窃听者的攻击，确保合法用户的通信质量和安全性。

智能超表面辅助的无线抗干扰和防窃听传输，通过精确控制反射单元的相位和幅度，实现了对电磁波的有效调控。通过动态波束成形、干扰信号抑制、跳频技术辅助、中继和反射辅助通信等手段，智能超表面显著提升了无线通信系统的抗干扰能力。同时，定向波束传输、人工噪声注入、多路径信道分集和动态信道分配等技术，有效增强了通信的保密性。结合交替优化、强化学习、半定松弛和鲁棒优化等前沿的优化技术，智能超表面在无线抗干扰和防窃听传输中的应用前景广阔，必将在未来的无线通信系统中发挥重要作用。

8.3　基于强化学习的智能超表面资源管理技术

在智能超表面辅助通信系统中,由于信道质量和服务需求的持续动态变化,传统的优化算法(如交替优化算法和半定松弛算法)能够解决单一的时隙优化问题,但由于忽略了历史系统信息和长期效益,可能会得到次优解,实现类似于贪婪搜索的性能。此外,未知的干扰模型和信道变化所引入的不确定性,进一步增加了优化问题的求解难度。无模型强化学习作为一种动态规划工具,能够通过在动态环境中实现最优策略有效解决问题。

深度强化学习(Deep Reinforcement Learning,DRL)是一种结合深度学习和强化学习的机器学习方法,其核心思想是通过智能体(Agent)在环境中不断尝试和学习,优化决策策略以获得最大化的累积回报。强化学习的基本框架由智能体、环境、状态、动作和奖励组成。在智能超表面辅助通信安全中,将波束成形优化问题建模为强化学习问题,智能超表面辅助的通信安全系统被视为一个环境,基站处的中央控制器为学习代理。强化学习的关键要素定义如下:

(1)状态空间:表示学习环境中代理可用状态的有限集合,通常用 S 表示,包括所有用户的信道信息、保密速率、最后一个时隙的传输数据速率和服务质量满意度等。

(2)动作空间:表示代理可用动作的有限集合,通常用 A 表示,包括基站处的波束成形矢量和智能超表面处反射波束成形的系数(相移)。

(3)转移概率:状态转换函数映射当前状态以及所选动作的相互作用,以确定下一状态的概率分布,通常用 $\mathcal{P}$ 表示。

(4)策略分布:当前系统状态映射到代理可以采取的动作的概率分布,通常用 π 表示。

(5)奖励函数:代理在当前状态下执行动作时从环境中接收到相应的奖励,通常用 r 表示。当奖励函数与期望目标紧密相关时,系统性能将得到增强。因此,设计一个有效的奖励函数至关重要。

在智能超表面辅助通信安全系统中,主体目标是在保证其服务质量要求的同时,最大化所有移动用户的系统保密速率。智能体在某一时刻观察到环境的状态,基于当前策略选择一个动作,环境接收到该动作后转移到下一个状态,并反馈相应的奖励。智能体的目标是通过不断试错和调整策略,最大化整个过程中累积的奖励。深度强化学习通过引入深度神经网络(Deep Neural Network,DNN)来处理高维状态空间和复杂的策略优化问题。深度神经网络可以作为函数逼近器,估计状态值函数或策略函数,使得智能体在复杂环境中有效学习和决策。例如,深度 Q 网络(Deep Q-Network,DQN)利用深度神经网络来逼近 Q 值函数,该函数用于估计给定状态下采取某一动作的期望回报;通过不断更新和优化神经网络的参数,深度 Q 网络能够逐步学到最优的决策策略。

深度强化学习在通信领域的应用广泛且前景广阔。它通过结合深度学习和强化学习的优势,解决了传统方法难以处理的复杂优化问题,提高了无线通信系统的性能和效率。在资源分配和网络优化方面,深度强化学习被用于动态频谱分配、功率控制和网络切片管理等任务。在有限的频谱资源下,深度强化学习能够根据环境状态(如用户位置、信道条件等)动态调整频谱资源分配策略,优化网络性能以满足多用户的需求。例如,深度强化学习通过不断学习和调整,能够找到最优的频谱分配方案,以最大化系统吞吐量和用户体验。在干扰管理方面,深度强化学习技术被应用于协调和抑制无线网络中的干扰。无线通信环境中,干扰是影响通信质量的主要因素之一。深度强化学习通过学习不同的干扰情景和网络状态，能够自动调整网络参数（如发射功率和波束方向），以减少干扰对通信系统的影响。尤其是在复杂的异构网络中，深度强化学习可以协同多个基站和接入点，优化整体干扰管理策略，增强网络的干扰抑制能力。在物理层安全方面，深度强化学习用于提升无线通信的抗窃听和抗干扰能力。无线通信由于其开放性，容易受到窃听者和干扰者的攻击。深度强化学习通过实时观测环境状态和攻击模式，能够动态调整传输策略和信号处理方法，提高通信的安全性。例如，深度强化学习可以优化波束成形和信号加密策略，使窃听者难以获取有效信息，同时增强对抗干扰的能力。在移动边缘计算和缓存方面，深度强化学习帮助优化计算资源的分配和内容缓存策略。移动边缘计算通过将计算任务卸载到靠近用户的边缘服务器上，减少延迟和带宽消耗。

深度强化学习的原理和应用展示了其在解决复杂决策问题上的巨大潜力。通过结合深度神经网络和强化学习，深度强化学习能够处理高维和非线性的问题空间，学习并掌握复杂的策略和行为。随着算法的不断发展和计算能力的提升，深度强化学习将在更多领域中发挥重要作用，为我们带来更多创新和突破。考虑到智能超表面辅助的通信安全系统中定义的系统状态具有高维特性，我们应用一种基于深度决策后状态-优先体验回放学习的安全波束赋形算法，如图 8-4 所示，其中决策后状态学习和优先体验回放机制使代理能够在动态环境中更快地学习。具体而言，代理利用观察到的状态（即信道状态信息、先前的保密速率、服务质量满意度）、来自环境的反馈奖励以及来自重放缓冲器的历史经验来训练其学习模型。随后，代理使用训练后的模型做出决策（波束成形矩阵）。与大多数深度强化学习算法类似，基于深度决策后状态—优先体验回放学习的安全波束赋形算法分为训练阶段和实现阶段。

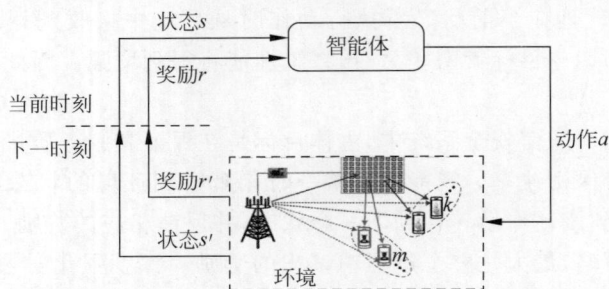

图 8-4 基于深度强化学习的智能超表面辅助通信安全

在训练阶段，控制器初始化网络参数，并观察当前系统状态，包括所有用户的信道状态信息、先前预测的保密速率和传输数据率；随后，将状态向量 s 输入到深度 Q 网络中以训练学习模型，利用贪婪算法选择动作 a 后，代理从环境接收到奖励 r，并转化到下一个状态 s'。在收集和存储转换元组之前，利用决策后状态学习来更新决策后状态值函数和 Q 函数；随后，将转换元组存储到体验重放缓冲区中，包括当前系统状态、所选择的动作、即时奖励、决策后状态以及下一状态等信息。基于优先回放方案，从重放缓冲区中选取优先级较高的经验生成小批次数据，用于训练深度 Q 网络。通过计算每个转换元组的优先级获得其权重，优先级越高的元组重放的频率越高。权重被集成到深度决策后状态学习中，以更新损失函数和深度神经网络参数。当深度 Q 网络收敛，就实现了深度决策后状态-优先体验回放学习模型。

在实施阶段,控制器输入智能超表面辅助的通信安全系统观察到的状态后,训练好的学习模型输出具有最大值的动作,该动作基于深度决策后状态-优先体验回放学习模型训练。环境将即时奖励和新的系统状态反馈给系统。根据所选择的动作,实现基站处的波束成形矩阵和智能超表面处的反射波束成形。

同样地,如图8-5所示,在存在恶意干扰的动态环境下,基于模糊狼爬山快速学习算法联合优化功率分配和反射波束成形。该算法不仅能够保持Q函数,还能够在不确定特性下快速学习抗干扰策略。在智能超表面抗干扰方案中,状态空间、动作空间和奖励函数定义如下:

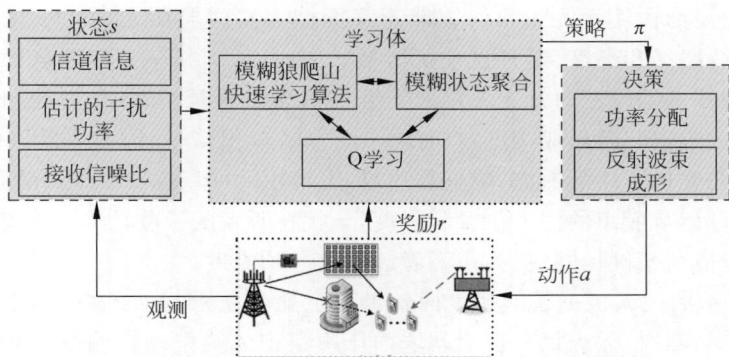

图 8-5　基于模糊狼爬山快速学习的智能超表面辅助抗干扰策略

(1)系统状态空间是从环境中观察到的信息的离散化,包括先前的干扰功率、信道质量、先前用户的信干噪比,以及当前估计的信道系数。

(2)动作空间包括发射功率和反射波束赋形系数。

(3)奖励函数旨在最大化用户的可实现速率、降低基站的功耗并保证信干噪比。

本节将模糊状态聚合与模糊狼爬山快速学习算法相结合,通过固定数量的模糊聚合状态来表示系统状态并离散化处理,减少了必须处理的系统状态数量。在智能超表面辅助通信系统中,干扰机试图通过利用学习代理的动作干扰合法用户的通信性能,而模糊狼爬山快速学习算法可以在动作中提供不确定性,从而欺骗干扰机。

智能超表面的部署方式多样,不同部署方式在性能上存在显著差异。固定布局的智能超表面易被障碍物阻挡引发非视距传输,尤其是在复杂的城区和树木密布的郊区,覆盖范围有限,在动态通信环境通信性能较差。为此,实时调整智能超表面的位置布局至关重要。无人机可以灵活地部署为无线中继,辅助基站和用户之间的通信。具体来说,将智能超表面部署在无人机上,优化位置以增强通信性能并扩大覆盖范围。利用无人机—智能超表面通信连接基站和地面用户,通过资源分配提高系统的通信性能。在无人机—智能超表面辅助中继通信系统中,联合优化智能超表面的波束成形策略、无人机的轨迹和基站发射功率,可以最大化平均下行链路吞吐量和平均最坏情况保密速率。基于双深度Q网络的容量最大化方案在无人机能耗约束下,联合优化无人机的轨迹和智能超表面元件的相移。考虑到恶意干扰的影响,利用基于双深度Q网络的决斗方法,联合优化无人机在智能超表面的轨迹和波束赋形策略以对抗干扰机。在确保服务质量要求的前提下,智能超表面从传输中的信号中收集能量转化为无人机的能量,从而有效提高无人机的服务时间,以实现无人机—智能超表面辅助通信覆盖。此外，将无人机—智能超表面应用于海上通信以缓解陆上山脉和建筑物造成的非视距通信问题。

由于无人机—智能超表面辅助通信系统中视距链路占主导地位，恶意干扰机能够干扰用户和通信中继无人机—智能超表面之间的通信，导致智能超表面可能同时将合法信号和恶意干扰信号传输给用户。因此，单纯优化智能超表面的资源调度可能反而增强干扰性能，这促进了对于无人机—智能超表面辅助通信的深入研究。无人机—智能超表面可以通过无人机的飞行高度和位置调整，实现最佳的波束成形和信号覆盖。结合智能超表面的动态相位调控能力，可以在空中形成最佳的信号传输路径，有效避开地面干扰源，增强信号强度和质量。无人机的灵活性使得无人机—智能超表面能够实时监测和感知干扰源的位置和强度，及时调整飞行路径和高度，避开强干扰区域。同时，无人机—智能超表面在防窃听传输方面提供了多种技术手段。通过无人机的三维飞行和位置调整，结合智能超表面的波束成形能力，可以在三维空间内形成高度定向的波束传输，确保信号只在合法用户所在的区域内传播，减少信号在其他方向的泄露，降低被窃听的风险。并且无人机能够搭载天线在空中引入人工噪声，通过调节噪声的注入位置和强度，干扰窃听者的接收信号。在空中位置更有利于噪声的广泛传播和精确控制，提高窃听者解码信号的难度。

如图 8-6 所示的无人机—智能超表面辅助海上通信抗干扰系统中，由于基站和用户之间的视距链路受到阻碍，无人机—智能超表面作为空中无线中继传输基站到用户之间的信号。此外，无人机—智能超表面的能量受限，因此智能超表面从信号中收集能量提供给无人机使用以提高续航能力，即智能超表面单元分为传输信号阶段和能量收集阶段。

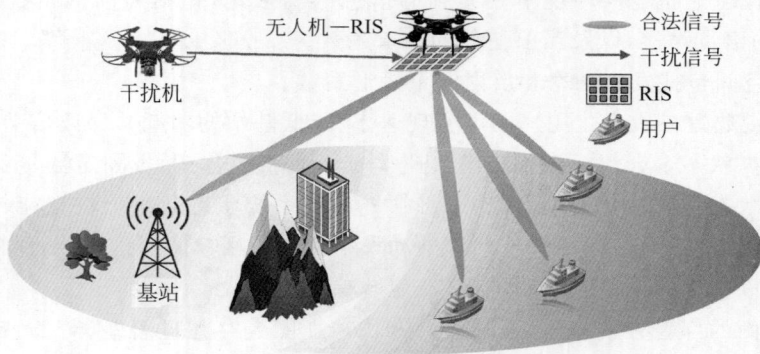

图 8-6　无人机—智能超表面辅助海上通信抗干扰系统

假设存在一个恶意干扰机意图发送干扰信号到无人机—智能超表面，以干扰从基站到用户的合法传输。考虑到干扰机对智能超表面的影响以及用户和干扰机的移动性，本文将无人机—智能超表面的位置布局纳入优化中，以减轻干扰攻击的影响，并提高无人机—智能超表面的覆盖率。

在无人机—智能超表面辅助海上通信系统中，通过优化资源调度来平衡信号传输以及无人机—智能超表面续航问题至关重要。该系统由两个关键组成部分组成：海上通信模型和自适应能量收集模型。具体来说，该系统在考虑基站的总发射功率约束、智能超表面元件配置约束和所有用户的服务质量要求下，联合优化了无人机—智能超表面的位置布局、基站发射功率以及智能超表面元件的资源分配（相移系数以及传输/收集阶段时长），最大限度地提高无人机—智能超表面辅助海上通信系统的能量效率。

8.4　智能超表面安全传输性能分析

8.4.1　智能超表面辅助通信安全

智能超表面辅助通信安全系统性能的仿真设置如图 8-7 所示。在二维 x-y 矩形平面上，K 个单天线移动用户和 M 个单天线窃听者随机分布在右侧 $100\text{ m}\times100\text{ m}$ 的半矩形（浅蓝色区域）内。基站和智能超表面分别位于 $(0,0)$ 和 $(150,100)$ 处。x-y 网格尺寸为 $100\text{ m}\times100\text{ m}$，分辨率为 2.5 m，共 1600 个点。

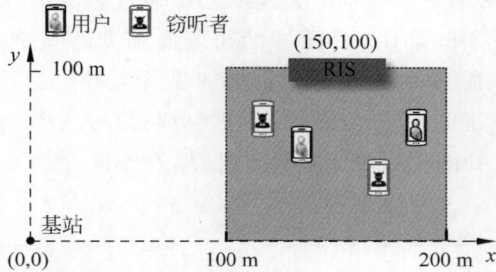

图 8-7　智能超表面辅助通信安全仿真设置

深度 Q 网络模型被设计为多层感知器网络（亦称前馈全连接网络），用于反映环境描述符与波束赋形矩阵（包括基站波束赋形矩阵和智能超表面反射波束赋形矩阵）之间的关系。深度 Q 网络模型由 L 层组成，其中第一层为输入层，最后一层为输出层，其余层为隐藏层。网络中的第 l 个隐藏层的每个神经元与前一层的所有输出相连，每个单元将输入值转换为输出值。输入层的输入由系统状态组成，即最后一个时隙的信道采样、可达率和 QoS 满意度信息，输出层则根据基站波束赋形矩阵和智能超表面反射波束赋形矩阵输出波束赋形矩阵的计算预测奖励值。深度 Q 网络模型使用经验超参数进行训练，其中深度神经网络训练了 1000 个轮次，每个轮次使用 128 个小批次。在训练过程中，选择所有生成数据的 80% 和 20% 分别作为训练集和测试集。经验重放缓冲区大小为 32000，样本从最近的经验中随机抽取。

深度强化学习模型的目标是从环境中可获得最高回报的波束赋形矩阵码本中找到最佳波束赋形矩阵。在有最高可实现的奖励估计的情况下，采用回归损失函数来训练学习模型，其中训练深度神经网络使其输出尽可能接近期望的归一化奖励。

设用户和窃听者的背景噪声功率为 -90 dBm，基站天线数为 4 根，移动用户数 2 名，窃听者 2 名。在不同的仿真设置下，基站处的发射功率在 $15\sim40\text{ dBm}$ 之间，智能超表面元件数量在 $10\sim60$ 之间，信道状态信息准确度为 $0.7\sim1$，值越高代表信道信息越准确。最小保密速率和最小传输数据速率分别为 3 bits/s/Hz 和 5 bits/s/Hz。学习模型由 3 个相连的隐藏层组成，分别包含 500、250 和 200 个神经元。学习率设为 0.002，折扣系数设为 0.95。探索率在前 300 轮次从 0.8 到 0.1 线性退火，之后保持不变。基站到用户的路径损耗指数设为 3.2，基站到智能超表面和智能超表面到用户的路径损耗指数设为 2.2。

网络参数的选择决定了学习的收敛速度和效率，以学习率为例，不同的学习率对深度强化学习算法的性能有不同的影响。具体来说，当学习率过大（如 0.1）时，系统行为存在振荡，系统奖励也较小；当学习率设置过小（如 0.0001）时，则需要很长的时间来实现收敛。

在智能超表面辅助的通信安全性能分析中，将所提出的深度决策后状态学习与多种经典算法比较，其中包括深度 Q 学习、传统迭代算法和无智能超表面辅助下的最优方案。基于深度 Q 学习的安全波束赋形方法，利用深度神经网络估计 Q 值函数，并选择最高 Q 值对应的安全波束赋形策略；传统迭代算法则通过固定其他参数为常数，迭代优化基站的发射波束赋形和智能超表面的反射波束赋形，以最大化保密速率，是一种次优解；无智能超表面辅助下的最优方案，只需要优化基站处的发射波束赋形矩阵，可以使用半定松弛来求解。

通过改变智能超表面元件数量，评估多种算法的平均保密速率和服务质量满意度的性能。具体地，当基站发射功率为 30 dBm、信道状态信息准确度为 0.95，且元件数量从 10 增加到 60 时，算法性能如图 8-8 所示。对于智能超表面辅助的安全波束成形算法，其可实现的保密速率和服务质量满意度，随着元件数量增加显著提升。这种改进是由于智能超表面能够操控更多的元件以创建更多信号路径，以达到更高信号功率，从而提高了用户处的接收信干噪比而降低了窃听者处的接收信干噪比。此外，在不同元件数量下，无智能超表面辅助方案的性能保持不变。

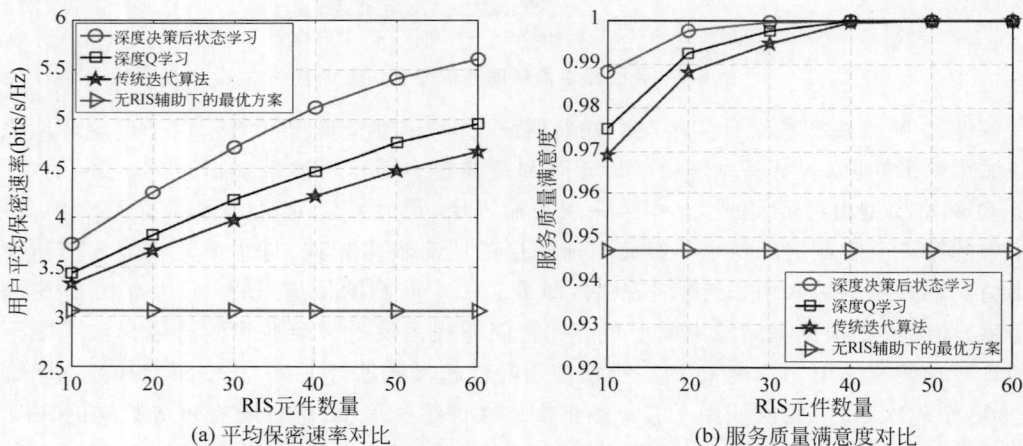

图 8-8　不同智能超表面元件数量下平均保密速率和服务质量满意度性能

从图 8-8(a)可以看出，基于深度决策后状态的算法的保密速率优于迭代算法和深度 Q 网络算法，且随着元件数量的增加，这种性能差异也愈发明显，这是因为在智能超表面处反射元件越多，基于深度决策后状态的通信安全算法在最优反射波束成形设计就更加灵活，从而获得更高的增益。此外，从图 8-8(b)可以发现，基于深度决策后状态的算法是第一个实现 100% 服务质量满意度的算法。

当基站发射功率为 30 dBm 且智能超表面元件数量为 40 时，信道状态信息准确度从 0.7 变化到 1，系统中信道状态信息准确度对保密速率和服务质量满意度性能的影响如图 8-9 所示。随着信道状态信息准确度的下降，信道状态信息估计误差会增大，信道状态信息准确度为 1 时，表示理想信道状态信息。可以观察到，当信道状态信息不准确时，平均保密速率和服务质量满意度都会降低，算法难以优化安全波束赋形策略。

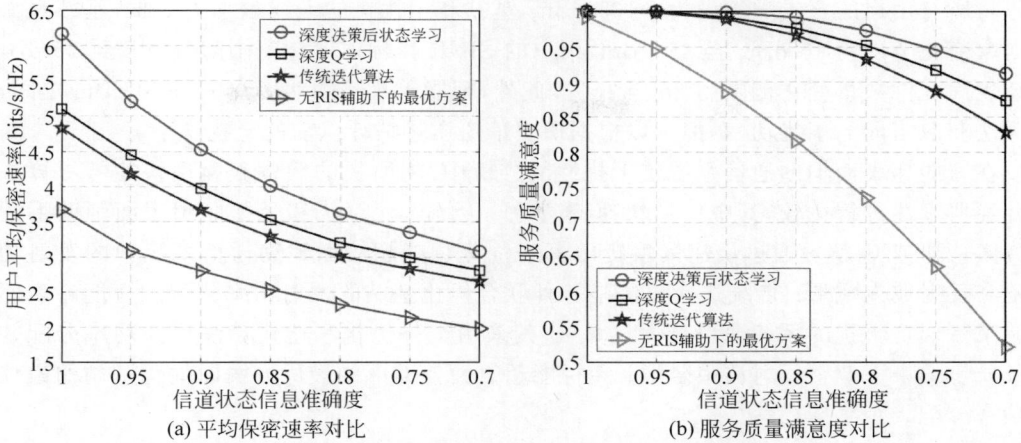

图 8-9 不同信道状态信息准确度下的平均保密速率和服务质量满意度

可以看出,降低信道状态信息准确度对其他 3 种算法的性能影响更大,而基于深度决策后状态学习的算法的性能仍然保持在较高水平,这表明其他 3 种方法对信道状态信息的不确定性更加敏感,且基于深度决策后状态学习的算法具有更好的鲁棒性。例如,与迭代算法相比,当信道状态信息准确度为 0.7 时,基于深度决策后状态的算法的保密速率和服务质量满意度分别提高了 17.21% 和 8.67%。通过比较,基于深度决策后状态的算法性能最好,原因在于该算法考虑了时变信道,并通过决策后状态学习有效地适应了动态环境。

8.4.2 智能超表面辅助通信系统抗干扰性能分析

智能超表面辅助通信系统抗干扰性能的仿真设置如图 8-10 所示。其中,K 个单天线用户随机分布于 $100\ m \times 100\ m$ 的右侧矩形区域(浅蓝色区域)。基站和智能超表面的位置分别设定为 $(0,0)$ 和 $(75,100)$。由于从基站到终端的直接通信链路存在障碍物,因此障碍物对通信链路造成了大规模的路径损耗。另外,智能干扰机随机位于 $50\ m \times 100\ m$ 的矩形区域(灰色区域)内,智能干扰机的定位行为不容易被捕捉,并且可能在终端附近随机移动。路径损耗模型定义为 $PL = (PL_0 - 10\beta \log 10(d/d_0))\mathrm{dB}$,设置 $PL_0 = 30\ \mathrm{dB}$,$d_0 = 1\ m$。此处,使用 β_{bu}、β_{br}、β_{ru} 和 β_{ju} 来表示基站和用户之间、基站和智能超表面之间、智能超表面和用户之间和干扰机和用户之间的信道链路的路径损耗指数。由于从基站到用户的信道链路中存在大量障碍物和散射体,设路径损耗指数 $\beta_{bu} = 3.75$;由于智能超表面被精心地放置在有利的位置以提供低的路径损耗,因此设 $\beta_{br} = \beta_{ru} = 2.2$;智能干扰机位于用户附近,干扰用户的通信性能,其对应的路径损耗指数设为 $\beta_{ju} = 2.5$。

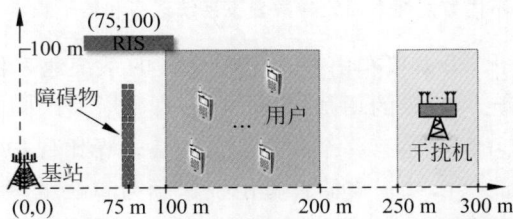

图 8-10 智能超表面辅助通信系统抗干扰仿真设置

　　将所有用户的背景噪声设为 -105 dBm，基站和干扰机的天线数均为 8 根，基站最大发射功率变化范围为 15 dBm 至 40 dBm，用户的 SINR 目标值变化范围为 10 dB 至 25 dB，智能超表面元件数量变化范围为 20 至 100。此外，智能干扰机的功率在 $15\sim40$ dBm 之间，系统无法获取当前的干扰功率，但可以根据历史信道质量估计以前的干扰功率。

　　在智能超表面辅助通信系统抗干扰性能分析中，将所提的模糊狼爬山快速学习算法和多种经典算法进行比较，其中包括快速 Q 学习、传统迭代算法和无智能超表面辅助下的最优方案。快速 Q 学习通过快速策略爬山算法优化智能超表面辅助通信系统中的发射功率分配和反射波束赋形；传统迭代算法是一种联合优化基站的发射功率分配和智能超表面反射波束赋形抗干扰的系统速率最大化算法，其采用交替优化和迭代算法更新功率分配并在服务质量约束下调整反射波束赋形；无智能超表面辅助下的最优方案即优化基站的最佳发射功率分配。

　　当基站最大发射功率为 30 dBm，用户数量为 4 个，且用户信干噪比目标值为 10 dB 时，不同智能超表面元件数量时 4 种算法的性能如图 8-11 所示。可以看出，除了无智能超表面辅助下的最优方案外，所有算法的性能都随着元件数量的增加而提升。这是因为智能超表面支持更高自由度的性能优化，从而可以获得更好的抗干扰性能增益。具体而言，当元件数量为 20 时，模糊狼爬山快速学习算法相较于无智能超表面的最优方案的系统所实现速率增益仅为 2.36 bits/s/Hz，而当元件数量增至 100 时，该值则提高到 12.21 bits/s/Hz。此外，部署智能超表面显著提高了信干噪比的保护水平，指当前信干噪比不低于目标值。这是因为增加元件数量可以获得更高的功率和反射波束成形增益，从而改善接收到的期望信号，并减轻智能干扰机的干扰影响。

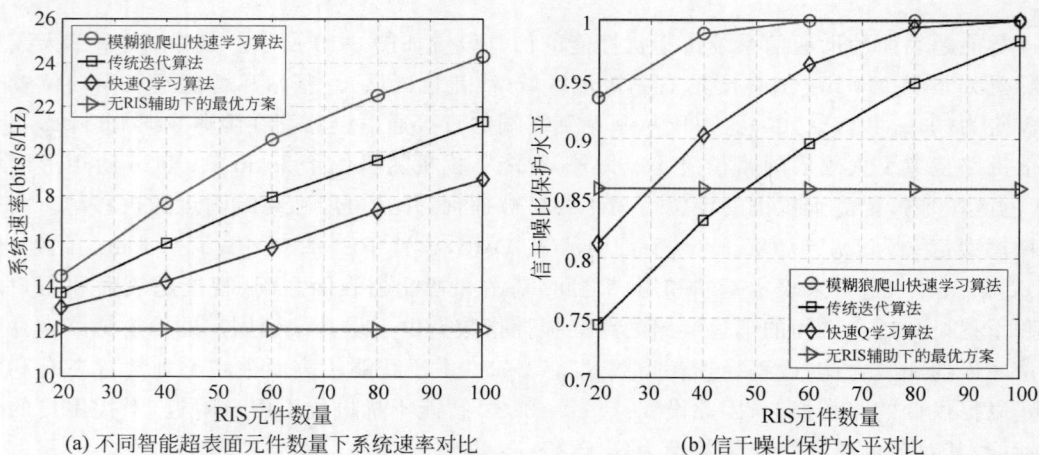

(a) 不同智能超表面元件数量下系统速率对比　　　　(b) 信干噪比保护水平对比

图 8-11　不同智能超表面元件数量下系统速率和信干噪比保护水平

　　从图 8-11(a) 可以看出，模糊狼爬山快速学习算法的系统速率优于快速 Q 学习和迭代算法，且随着智能超表面元件数量的增加，性能差距明显增大。同时，从图 8-11(b) 中可以看出，模糊狼爬山快速学习算法是第一个实现 100% 信干噪比保护水平的算法。这是因为部署了更多的智能超表面元件，基于模糊狼爬山快速学习算法的联合功率分配和反射波束成形算法设计变得更加灵活，从而实现了更高的性能增益；结果还表明，将智能超表面应用于无线通信显著提高抗干扰通信性能。

当基站最大发射功率为 30 dBm,用户数量为 4 个,智能超表面元件数量为 60 个时,在不同用户信干噪比目标值下性能如图 8-12 所示。可以看出,随着信干噪比目标值的增大,系统速率和信干噪比保护水平均略有下降,而当信干噪比目标值超过某一阈值时,性能下降更加显著。这是由于信干噪比目标值较小时,所有算法仍然可以通过优化功率分配和反射波束成形设计,以保持良好的速率并保证信干噪比要求;但当用户信干噪比目标较高时,用户间干扰和恶意干扰难以控制,从而无法保障性能。

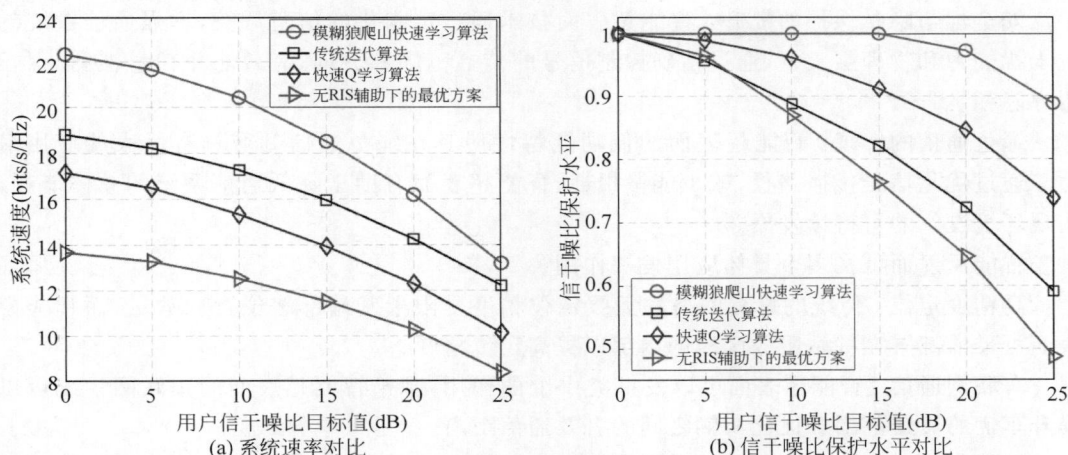

图 8-12 不同用户信干噪比目标值下系统速率和信干噪比保护水平

值得注意的是,基于智能超表面辅助系统的三种算法在系统速率和信干噪比保护水平性能上均高于无智能超表面辅助的最优方案,并且随着信干噪比目标值的增加,3 种算法之间的信干噪比保护性能差距明显增大。这表明部署具有反射波束成形设计的智能超表面可以有效提高期望的信号功率,并减轻智能干扰机的影响。从图 8-12(b)可以看出,基于模糊狼爬山快速学习算法和快速 Q 学习算法显著提高了对干扰的信干噪比保护水平。这是因为这两种算法设计了特殊的信干噪比感知奖励函数,用于对抗干扰。此外,模糊狼爬山快速学习算法获得了最佳性能,这表明联合功率分配和反射波束成形设计对于提升抗干扰通信性能至关重要。

8.5 本章小结

本章介绍了智能超表面在提高无线通信系统的抗干扰性能和保密速率的应用。由于无线信道固有的广播和开放特性,传输过程容易受到干扰攻击或窃听等严重威胁,而智能超表面能够增强或减弱不同用户的反射信号,使得它在第五代移动通信等系统中实现更高的频谱效率、能量效率和保密速率。此外,智能超表面还具有无源或近无源、低能耗、可编程性等优点。

作为无线通信领域的突破性创新,智能超表面技术展现了变革未来通信网络的巨大潜力,智能超表面技术在未来可能将在多个方面推动通信技术的演进。

智能化无线环境构建:智能超表面技术的核心优势在于其智能化调控能力,能够根据实时的通信需求调整电磁波的传播路径和特性,使无线环境从被动适应变为主动优化,实现信号覆盖的智能化和个性化，为用户提供更加稳定、高效的通信体验。

频谱资源的高效利用：智能超表面技术能够通过智能调控提高频谱利用率，减少干扰，实现频谱资源的高效分配和利用。

通信与感知的融合：智能超表面技术不仅能够改善通信质量，还能够通过感知电磁波的微小变化来实现对环境的监测和定位。它可以与物联网、车联网等技术深度融合，实现通信与感知的一体化，为智能交通、智慧城市等应用提供强大的技术支撑。

安全性与隐私保护的提升：智能超表面技术通过定制化的信道调控，增强通信系统的抗干扰能力和物理层安全，通过精确控制信号的传播范围和方向，有效防止信息泄露，保护用户隐私。

绿色通信的实现：智能超表面的低功耗特性使其在绿色通信领域具有巨大的应用潜力。通过优化信号传播路径，减少能量损耗，智能超表面有助于降低通信系统的总体能耗，实现环境友好的可持续发展。

智能反射面可在多个具体应用发挥作用。

高精度定位：传统的蜂窝网络的无线定位精度受限于基站部署位置和数量，而智能超表面可灵活部署在基站服务区域的内部以提高定位精度。

车联网通信：智能超表面可以发挥类中继的作用，基于智能超表面的车联网系统可以提升车辆的覆盖范围并优化车辆之间的有效通信距离。

能量收集和传输：传统无线通信只能够传输信息，而智能超表面可以将信息与能量混合的信号进行反射，保障传输信号较弱的用户的服务质量。

降低移动边缘网络延时：调节智能超表面单元可以控制空间环境，提供反射波束成形增益。

空间调制：智能超表面区域划分选择可进行空间调制，这能够传输更多信息并提高频谱效率。

习题

8-1　简要描述智能超表面的工作原理。

8-2　举例说明智能超表面的应用场景。

8-3　简要说明智能超表面的优缺点。

8-4　在智能超表面辅助通信安全系统中，如何提高用户的保密速率？

8-5　简要说明智能超表面辅助系统抗干扰策略中的难点。

8-6　以下哪项不是智能超表面辅助传输系统的优势？（　　　）

　　A. 提高信号覆盖范围　　　　　　　　B. 隐私保护

　　C. 提高频谱利用率　　　　　　　　　D. 减少多径效应

8-7　无线智能超表面是通过什么方式进行信号调控？（　　　）（多选）

　　A. 增强信号的发射功率　　　　　　　B. 控制信号传输的方向

　　C. 调整信号的相位系数　　　　　　　D. 调节信号的幅度系数

参考文献

[1] Wu Q,Zhang R . Towards smart and reconfigurable environment:Intelligent reflecting surface aided wireless network[J]. IEEE Communications Magazine,2020,58(1):106-112.

[2] Huang C,Zappone A,Alexandropoulos G C,et al. Reconfigurable intelligent surfaces for energy efficiency in wireless communication[J]. IEEE Transactions on Wireless Communications,2019,18(8):4157-4170.

[3] Wu Q,Zhang R. Intelligent reflecting surface enhanced wireless network via joint active and passive beamforming[J]. IEEE Transactions on Wireless Communications,2019,18(11):5394-5409.

[4] MT2030(6G)推进组.智能超表面技术研究报告[R]. 2021.

[5] Mukherjee A,Fakoorian S A A,Huang J,et al . Principles of physical layer security in multiuser wireless networks: A survey[J]. IEEE Communications Surveys and Tutorials,2014,16(3):1150-1573.

[6] Shiu Y S,Chang S,Wu H C,et al. Physical layer security in wireless networks:A tutorial[J]. IEEE Wireless Communications,2011,18(2):66-74.

[7] Xiao L,Liu J,Li Q,et al. User-centric view of jamming games in cognitive radio networks[J]. IEEE Transactions on Information Forensics and Security,2015,10(12):2578-2590.

[8] Cui M,Zhang G,Zhang R. Secure wireless communication via intelligent reflecting surface[J]. IEEE Communications Letters,2019,8(5):1410-1414.

[9] Shen H,Xu W,Gong S,et al. Secrecy rate maximization for intelligent reflecting surface assisted multi-antenna communications[J]. IEEE Communications Letters,2019,23(9):1488-1492.

[10] Yu X,Xu D,Schober R. Enabling secure wireless communications via intelligent reflecting surfaces[C]. IEEE Global Communications Conference(GLOBECOM),Waikoloa,HI,USA,2019:1-6.

[11] Wu Q,Zhang R. Beamforming optimization for wireless network aided by intelligent reflecting surface with discrete phase shifts[J]. IEEE Transaction on Communications,2020,68(3):1838-1851.

[12] 朱政宇,侯庚旺,黄崇文,等.基于并行 CNN 的 RIS 辅助 D2D 保密通信系统资源分配算法[J].通信学报,2022,43(03):172-179.

[13] Guan X,Wu Q,Zhang R. Intelligent reflecting surface assisted secrecy communication:Is artificial noise helpful or not? [J]. IEEE Wireless Communications Letters,2020,9(6):778-782.

[14] Dong L,Wang H. Secure MIMO transmission via intelligent reflecting surface[J]. IEEE Wireless Communications Letters,2020,9(6):787-790.

[15] Xu D,Yu X,Sun Y,et al. Resource allocation for secure IRS-assisted multiuser MISO systems. 2019.

[16] Yu X,Xu D,Sun Y,et al. Robust and secure wireless communications via intelligent reflecting surfaces. 2019.

[17] 徐勇军,高正念,王茜竹,等.基于智能反射面辅助的无线供电通信网络鲁棒能效最大化算法[J].电子与信息学报,2022,44(7):2317-2324.

[18] Yang H,Xiong Z,Zhao J,et al. Deep Reinforcement learning based intelligent reflecting surface for secure wireless communications[J]. IEEE Transactions on Wireless Communications,2021,20(1):375-388.

[19] Yang H,Xiong Z,Zhao J,et al. Intelligent reflecting surface assisted anti-jamming communications:A fast reinforcement learning approach[J]. IEEE Transactions on Wireless Communications,2021,20(3):1963-1974.

[20] Wiering M,Otterlo M. Reinforcement learning:State-of-the-art[M],New York:Springer Publishing

Company，Incorporated，2014.

[21] Bowling M，Veloso M. Rational and convergent learning in stochastic games[C]. International Joint Conference on Artificial Intelligence，Seattle，WA，USA，2001：1021-1026.

[22] Tyrovolas D，Mekikis P V，Tegos S A，et al. Energy-aware design of UAVmounted RIS networks for IoT data collection[J]. IEEE Transaction on Communications，2023，71(2)：1168-1178.

[23] Su Y，Pang X，Chen S，et al. Spectrum and energy efficiency optimization in IRS-assisted UAV networks[J]. IEEE Transaction on Communications，2022，70(10)：6489-6502.

[24] Liu X，Yu Y，Li F，et al. Throughput maximization for RIS-UAV relaying communications[J]. IEEE Transactions on Intelligent Transportation Systems，2022，23(10)：19569-19574.

[25] Li S，Duo B，Renzo M D，et al. Robust secure UAV communications with the aid of reconfigurable intelligent surfaces[J]. IEEE Transactions on Wireless Communications，2021，20(10)：6402-6417.

[26] Zhang H，Huang M，Zhou H，et al. Capacity maximization in RIS-UAV networks：A DDQN-based trajectory and phase shift optimization approach [J]. IEEE Transactions on Wireless Communications，2023，22(4)：2583-2591.

[27] Hou Z，et al. Joint trajectory and passive beamforming optimization in IRS-UAV enhanced anti-jamming communication networks[J]. China Communications，2022，19(5)：191-205.

[28] Peng H，Wang L C. Energy harvesting reconfigurable intelligent surface for UAV based on robust deep reinforcement learning[J]. IEEE Transactions on Wireless Communications，2023，22(10)：6826-6838.

[29] Obeed M，Chaabawn A，Joint beamforming design for multiuser MISO downlink aided by a reconfigurable intelligent surface and a relay[J]. IEEE Transactions on Wireless Communications，2022，21(10)：8216-8229.

参考答案

8-1 简要描述智能超表面的工作原理。

答：智能超表面的工作原理基于其独特的可编程电磁特性，通过对大量低成本、无源反射单元的精确控制，实现对电磁波的灵活调控。每个反射单元都可以独立调整其反射相位和幅度，从而改变入射电磁波的传播路径、方向和强度。智能超表面的核心在于其高度的可编程性和实时调控能力，这使得它能够根据环境需求和通信要求对电磁波进行精确控制，优化信号传输和覆盖效果。

智能超表面由大量紧密排列的反射单元组成，这些单元可以是微小的天线、谐振器或其他电磁结构。通过外部控制电路，这些单元能够实时调整其电磁响应特性。当电磁波入射到智能超表面时，每个反射单元根据预设的控制指令，调整其相位和幅度，从而改变入射波的相位分布和幅度分布。通过这种方式，智能超表面可以实现对电磁波的反射、折射、散射和聚焦等多种功能，灵活地操控电磁波的传播方向和能量分布。

8-2 举例说明智能超表面的应用场景。

答：智能超表面在无线通信领域有许多应用场景，以下是几个例子：

（1）多用户 MIMO 系统：智能超表面可用于多输入多输出（MIMO）无线通信系统中，通过调节超表面上的单元结构，实现对不同用户的信号定向发射和接收。

（2）城市覆盖增强：在城市环境中，建筑物和障碍物可能会导致信号的衰减和多径效应。通过在建筑物外部或城市街道上安装智能超表面，可以增强信号传输，改善城市通信覆盖。

（3）动态无线电环境适应：智能超表面可以根据无线电环境的动态变化，调整信号的传播和反射特性。例如，在高速移动场景下，智能超表面可以实时调整信号的传播方向和功率，提供稳定的通信连接。

（4）物联网（IoT）应用：智能超表面用于增强传感器网络的通信性能。物联网设备通常功耗低、计算能力有限，通过部署智能超表面，可以优化信号传播路径，增强设备间的通信连接，延长设备的电池寿命。智能超表面根据传感器节点的位置和状态，动态调整反射信号，确保数据传输的稳定性和可靠性，提高物联网系统的整体性能。

（5）自动驾驶和车联网（V2X）应用：通过在道路两侧或车辆表面安装智能超表面，可以增强车辆与基础设施之间的通信链路，提供更稳定和高效的信息传输。智能超表面能够实时调整信号反射路径，减少信号遮挡和干扰，提高车载通信系统的响应速度和可靠性，从而提升自动驾驶的安全性和用户体验。

（6）高精度定位：智能超表面通过精确控制电磁波，可以显著提升定位系统的精度。传统定位系统中的反射和多路径效应通常会导致定位误差。智能超表面能够通过动态调整反射单元的相位和幅度，控制反射信号的传播路径，减少多路径效应的干扰，提高定位精度。

（7）能量收集和传输：智能超表面能够高效地将环境中的电磁能量聚集并传输到目标设备。通过调整反射单元的相位和幅度，智能超表面可以将分散的电磁波集中到特定位置，实现高效的能量收集。这种技术在无线充电和物联网设备的供电中具有重要应用。例如，在智能城市中，安装在建筑物表面的智能超表面可以收集太阳能或其他环境电磁能量，并将其传输给传感器网络或无线设备，提供持续的能源支持，延长设备的使用寿命。

（8）空间调制：智能超表面通过灵活控制电磁波，实现信号的空间调制，从而传输更多的信息。传统的调制方式主要在频域和时域进行，而智能超表面能够在空间域内进行调制，通过动态调整反射单元的状态，改变信号的传播路径和方向，增加信道容量和信息传输速率。这种技术在高速数据传输和高密度用户场景中尤为重要。例如，在大型体育场馆或音乐会现场，通过智能超表面实现空间调制，可以有效提升无线网络的容量和传输效率，满足大量用户的通信需求。

8-3　简要说明智能超表面的优缺点。

答：优点：

（1）信号控制能力强：智能超表面可以调整电磁波的相位、振幅和传播方向，从而实现对无线信号的精确控制。这种灵活性使其能够优化信号的传播质量和覆盖范围。

（2）提高通信质量：通过调整信号的反射和散射特性，智能超表面可以减少信号衰减、多径效应和干扰，从而提高通信系统的信号质量和接收性能。

（3）增强隐私保护：智能超表面可以调节信号的传播范围和方向，降低信息泄露的风险。这种能力在敏感场所或需要保密通信的环境中提供了更好的隐私保护。

（4）频谱效率提升：智能超表面能够通过空间上的频谱复用提高频谱效率。它可以将不同用户或设备的信号在空间上进行分离和定向，增加系统的容量和吞吐量。

缺点：

（1）设计和部署复杂性：智能超表面的设计和部署需要高度的技术和成本。精确的信号控制需要大量的单元结构和电子元件，制造和调试过程可能较为复杂。

（2）系统复杂性：实现智能超表面的信号控制需要高性能的控制算法和计算资源。算法必须具备实时性，能够根据动态环境实时调节智能超表面的表面单元。处理复杂的信号调节任务可能需要强大的处理器和计算能力。

总体来说，智能超表面在无线通信中具有强大的信号控制能力和提升通信质量的潜力。然而，其设计复杂性和传输带宽受限仍然是需要解决的挑战。随着技术的发展和进步，这些问题有望得到克服，推动智能超表面技术在无线通信中的广泛应用。

8-4　在智能超表面辅助通信安全系统中，如何提高用户的保密速率？

答：考虑不同的服务质量要求和时变信道条件，利用联合优化基站波束成形和智能超表面反射波束成形的设计，提高系统保密速率。由于系统具有高度的动态性和复杂性，因此利用基于深度强化学习的安全波束赋形方法，以实现动态环境中针对窃听者的最优波束赋形策略。智能超表面可以根据通信需求和安全要求动态配置，以实现保密通信。通过实时调整超表面上的单元结构和相位，可以改变信号的传播方向和幅度，从而减少信息泄露的风险。

8-5　简要说明智能超表面辅助系统抗干扰策略中的难点。

答：在实际通信系统中，难以获得智能干扰机的准确干扰模型和行为，因此与干扰行为相关的状态空间变得复杂。在不了解干扰模型和干扰策略的情况下，实现最优的抗干扰策略并不容易。此外，干扰是动态的，可能随时出现或变化。要有效抵抗干扰，抗干扰策略需要具备实时控制和调节能力，并能够迅速进行动态调整。为了实现对干扰的抵抗，涉及复杂的信号处理和优化算法。这些算法需要高性能的计算资源和实时响应能力，以应对复杂的干扰环境中的问题。

8-6　以下哪项不是智能超表面辅助传输系统的优势？（　　　）

答：D

8-7　无线智能超表面是通过什么方式进行信号调控？（　　　）（多选）

答：BCD

第 9 章

车联网抗干扰通信

车联网基于路边单元和基站,承载交通信息等信息,支撑车辆远程监控等应用。车联网通信必须防御干扰攻击,确保关键信息的高可靠低时延传送。

本章首先介绍了车联网通信系统及其干扰攻击;然后回顾了典型的车联网抗干扰方案及其分析方法;最后,作为实际案例,介绍了一个基于强化学习的无人车抗干扰视频传输系统。

9.1 车联网通信及干扰攻击

如图 9-1 所示,在车联网中,车辆与车辆之间、路侧单元之间和基站之间通过传送交通信息、用户数据和导航等信息,可以提高驾驶安全性和舒适性,支撑车辆远程监控、导航服务和智能交通等应用。例如,在专用短程通信(Dedicated Short-Range Communications,DSRC)协议 IEEE 802.11p 中,短距离低车流密度下实现车辆和路边基础设施的毫秒级传输数据。第五代新无线-车联网(5G NR-V2X)协议达到 Gbps 级的传输速率,支持大规模的多用户接入,能够处理大量车辆和设备的并发连接,适应高密度的交通环境。

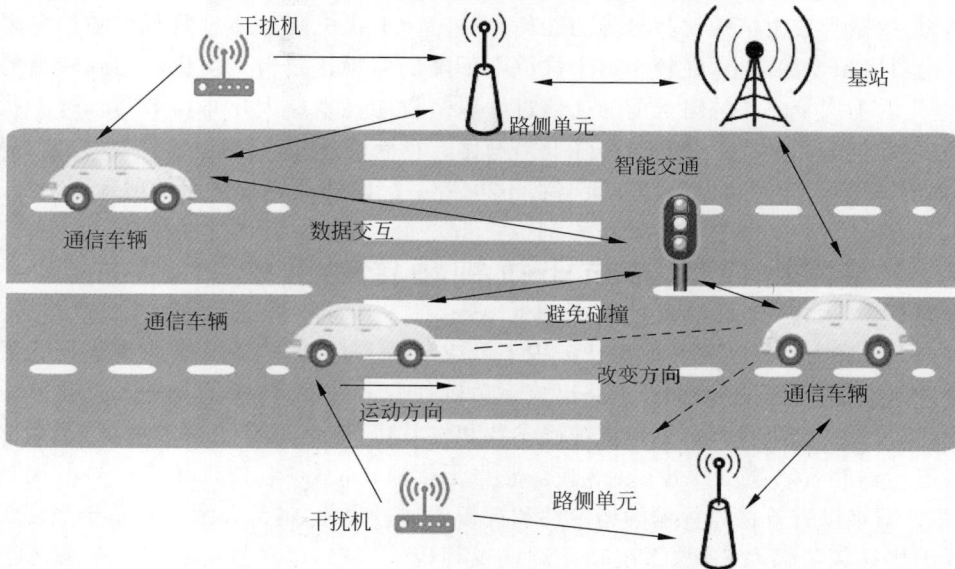

图 9-1 车联网通信系统

干扰攻击采用矢量信号发生器或通用软件无线电外设等设备，发射高功率信号，导致车联网通信质量下降甚至中断，并进一步实施中间人攻击等手段，易引发交通事故等安全威胁。典型的干扰攻击有随机干扰、扫频干扰和反应式干扰等。

作为一种新型反应式干扰攻击，智能干扰攻击监测车辆和路边单元的通信状态，采用强化学习等机器学习算法，优化干扰模式、信号、功率和信道等策略，显著增强干扰能力，扩大干扰范围。

9.2　车联网通信抗干扰技术

车联网通过调整信号功率、频段和中继节点等策略，避免激发反应式干扰，躲避强干扰频率和地理区域，降低通信能耗，提升抗干扰性能。例如，车辆和路侧单元可根据预先共享的跳频图案等物理层密钥，通过频率上的冗余来躲避干扰信号。但是，该技术难以躲避能窃听控制信道获取跳频图案的智能干扰攻击，导致抗干扰性能大幅下降。

近年来，智能抗干扰采用强化学习等机器学习方法，令车辆设备持续优化信号模式、频率、发射功率和中继选择等抗干扰策略，以防御智能干扰攻击。例如，车辆设备可以根据路侧单元的反馈信息持续优化发射功率，以避免激发反应式干扰，从而提高通信质量，同时还有助于节约通信能耗。当干扰功率较高时，车辆设备能够持续优化通信频段，避开干扰频段，以降低通信误码率。中继节点可以部署在车辆设备和路侧单元之间，通过转发车辆的数据信息避开强干扰区域，来保证可靠的通信质量，还能够优化自身位置选择和中继功率，进一步提高通信信噪比，同时节约了中继能耗。

博弈论是研究自主决策者之间冲突和协作的核心数学工具，可模拟车辆设备和干扰机间的攻防过程，为抗干扰研究提供理论方法，帮助设计智能抗干扰算法。斯坦伯格博弈以及零和博弈等模型能够在参与者未知对方的博弈策略或效益函数时得到博弈解。例如，在车辆设备和干扰机的博弈中，车辆设备的策略集是发射功率和信道，依据路侧单元的反馈信息来选择，其效益函数由信噪比和自身的能耗来决定。干扰机则是通过监听传输信息来选择最优干扰功率和干扰信道，在较小的干扰成本下降低信噪比。当干扰机观测到较高的信噪比时，最优的干扰策略是忽略当前的通信过程以节省能耗来最大化自身效益。若干扰成本较小时，干扰机选择最大干扰功率来降低信噪比。车辆设备和干扰机经过多次攻防博弈后，会形成动态平衡。此时双方的博弈策略将不再发生变化，也是该场景下的博弈均衡点。

9.3　实践：无人车抗干扰视频传输系统

无人车已成为现代监控和巡检任务中不可或缺的工具，通过装备摄像头等传感器可实时传输视频，执行矿区地形勘测、道路巡检等关键任务。然而，传统的无人车视频传输方案往往采用固定的信源压缩编码、信道编码参数和发射功率；在复杂电磁环境下，视频信号在无线信道传输时容易遭受噪声、衰落甚至恶意干扰攻击的影响，使得接收信号的误码率较高，这些方案难以有效保障传输的稳定性和视频质量。为此，本节介绍一种基于强化学习的智能抗干扰视频传输系统，该系统动态调整视频传输策略，以对抗电磁串扰与恶意干扰攻击，确保视频质量。

9.3.1　无人车视频传输系统

作为实验例子,我们设计实现了一种无人车视频传输系统,并在图 9-2 所示的室内环境中进行了演示验证,其中包含一个控制中心,4 台无人车以及 1 台干扰机。控制中心由笔记本电脑和路由器组成,无人车配备树莓派 4B,干扰机利用笔记本电脑驱动通用软件无线电 USRP N210 发送高斯白噪声的干扰信号。

图 9-2　无人车抗干扰视频传输场景

首先,控制中心通过无线信道向配备传感器的无人车发送任务指令,要求无人车拍摄目标区域并向控制中心实时传输视频。考虑实际不同任务的视频传输质量要求不同,例如,交通监控中要求高实时性,而地形勘探任务则要求高清晰度。出于系统兼容性考虑,利用任务优先级 $l(1 \leqslant l \leqslant L)$ 表示一个任务紧急程度,共划分为 L 个等级,其数值越大则表示紧急程度越高。

拍摄任务结束后,无人车内嵌视频编码器,使用 H264 视频压缩编码标准,可根据量化参数 $x_1^{(k)} \in \{0, 1, \cdots, N\}$ 对视频数据进行信源压缩编码,N 为量化参数的最大值。量化参数越大,则表示压缩编码过程中采用的步长越大,系统根据不同任务的优先级牺牲量化误差和压缩损失以减小传输数据,降低传输时延。此外,无人车部署 LDPC 信道编码器,其可选码率 $x_2^{(k)} \in \{R_1, R_2\}$,实现自适应信道编码,并从 BPSK、QPSK 和 16-QAM 等多阶调制方式中选择合适调制阶数 $x_3^{(k)} \in \{1, 2, \cdots, M\}$,进行自适应调制。

无人车内置缓冲器,通过先入先出方式存储经历压缩编码后的视频比特流。缓冲器中的数据以一定速率进入信道编码和调制模块进行处理,未处理完毕的数据会被重新存储在缓冲器等待后续操作。数据处理的吞吐率 E 可通过进出缓冲器的数据速率差异得到,用来衡量无人车对视频数据的处理效率。

无人车选择发射功率 $x_4^{(k)} \in \{X_1, X_2\}$ 将已调视频信号发送给控制中心。传输过程中,干扰机根据无人车传输行为以及周围环境信息,动态调整干扰功率 $y \in \{0, y_{\max}\}$,向控制中心的接收机发射高斯白噪声信号,降低视频传输质量,增大传输时延和无人车能耗。

控制中心在接收到视频信号以后,进行相应的解调和解码,以重建所接收的视频,评估通信性能和视频质量,并在下一次指令传输时反馈给无人车。具体而言,地面控制中心接收

信号的误码率 P_e 随着信道编码码率 $x_2^{(k)}$ 和调制参数 $x_3^{(k)}$ 的增加而增加,但随着接收信号的信干噪比 ρ 的增加而降低。当 BER 大于阈值 T 时,传输过程会发生丢包,造成重建视频失真。控制中心在接收所有视频信号完成重构后,会利用峰值信噪比 PSNR γ 评估重构视频的质量并反馈给无人车。PSNR 通常定义为 $\gamma = 20\lg(G/\sqrt{D})$,其中 D 为重构视频和原始视频之间的均方误差失真,$G = 2^{n-1}$ 为图片灰度值的动态范围大小,n 为每个像素的比特位数。在视频传输过程中,失真 D 主要有两个来源:一是压缩编码过程中使用的量化参数产生的源失真,二是视频传输过程中由于发生丢包导致的信道损失失真,系统表现为失真 D 随着量化参数 $x_1^{(k)}$ 和包错误率 P_r 的增大而增大,如图 9-3 所示。

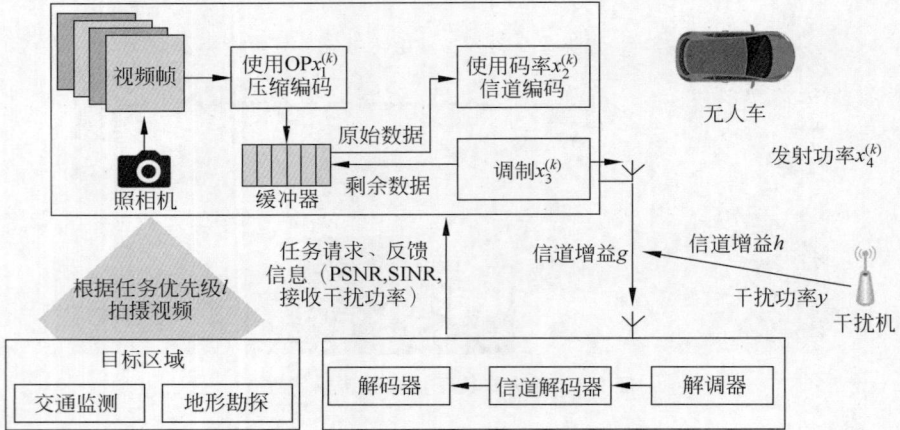

图 9-3　无人车抗干扰视频传输系统流程

除了上述衡量视频质量的 PSNR,视频的传输时延 τ 同样是影响性能的重要指标,它指的是无人车从捕获视频开始,到成功发送所有视频信息为止的总时间。另一个重要指标是无人车能耗 C,包括用于数据处理和传输的通信设备所消耗的能量,以及无人车移动带来的电机能耗。电机能耗是不可避免的,通常只能通过优化其自身的硬件性能或者移动轨迹来进行改善。本场景中无人车以固定速度运动,电机能耗基本恒定,为此系统中主要优化无人车的通信能耗。该部分能耗主要来源于视频压缩编码、信道编码和传输过程。

9.3.2　基于强化学习的无人车抗干扰视频传输方案

基于强化学习的无人车抗干扰视频传输方案,使无人车在无须预知视频服务模型和干扰模型的情况下,通过环境效益反馈,在不断试错中动态优化视频压缩编码的量化参数、信道编码速率、调制方式和发射功率,优化通信性能和视频质量的加权效益。

如图 9-4 所示,无人车搭载 Q 学习算法,在初始化时预构建一个详尽的 Q 表,该表包含所有状态向量、动作向量及预期的视频传输效益,初始化 Q 值为 0。控制中心向无人车发送包含任务优先级 l、历史视频重建质量 PSNR γ 和干扰功率 y 的视频传输指令。无人车接收指令后,评估与控制中心间的信道增益 g、消息传输时延 τ、上次执行传输任务时的数据处理吞吐率 E 和视频传输能耗 C,构建状态向量 $s^{(k)}$：

$$s^{(k)} = [l, g, y_r, \gamma, E, \tau, C] \tag{9-1}$$

利用实时状态 $s^{(k)}$ 作为索引,无人车查询 Q 表,以 ϵ 的概率选择对应历史加权效益最高

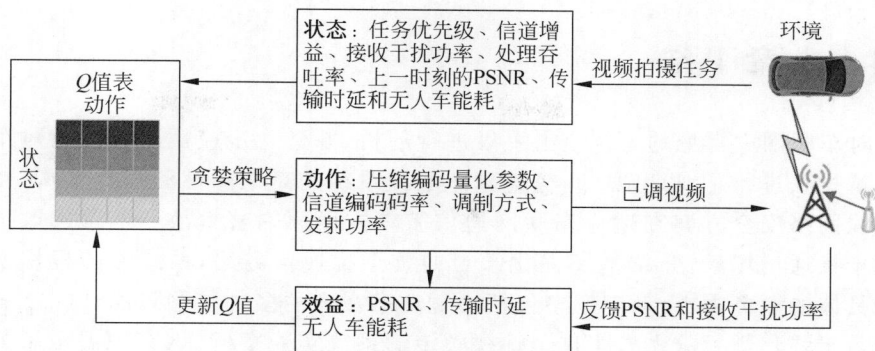

图 9-4 基于强化学习的无人车抗干扰视频传输方案

的抗干扰视频传输策略 $\boldsymbol{x}^{(k)}=\left[\boldsymbol{s}_l^{(k)}\right]_{1\leqslant l\leqslant 4}$，该策略共包括量化参数 $x_1^{(k)}$、编码速率 $x_2^{(k)}$、调制方式 $x_3^{(k)}$ 和发射功率 $x_4^{(k)}$。

无人车利用量化参数 $x_1^{(k)}$ 对拍摄的视频进行压缩编码，对压缩后的视频使用 $x_2^{(k)}$ 和 $x_3^{(k)}$ 进行编码调制，并继续将已调视频信号以发射功率 $x_4^{(k)}$ 发给控制中心。控制中心接收视频后评估重构视频的 PSNR γ 并反馈给无人车。无人车在接收反馈信息后测量传输时延 τ，根据电池的电量差测量能耗 C，利用加权方法 $u_U=\gamma-\alpha_0\tau-\alpha_1 C$ 评估视频传输效益 u_U，其中 α_0 和 α_1 是单位时延和能耗损失系数。

无人车继而根据当前观测状态、即时动作以及视频传输效益计算 Q 值，即 $Q(\boldsymbol{s}^{(k)},\boldsymbol{x}^{(k)})\leftarrow(1-\alpha)Q(\boldsymbol{s}^{(k)},\boldsymbol{x}^{(k)})+\alpha(u_U+\delta\max_{\boldsymbol{x}\in\boldsymbol{X}}(\boldsymbol{s}^{(k+1)},\boldsymbol{x}))$，其中，学习 $\alpha\in(0,1]$ 表示当前 Q 值对未来 Q 值影响的权重折扣因子，$\delta\in[0,1]$ 表示未来效益在学习过程中的不确定性。无人车基于 Q 值更新自身 Q 表以指导下一时隙的视频传输策略制定。

如图 9-5 所示，无人车通过不断探索更大的视频传输效益，实现视频传输策略的自适应优化，可在恶意干扰的通信环境中改善视频传输质量，从而提升自身的应用价值。

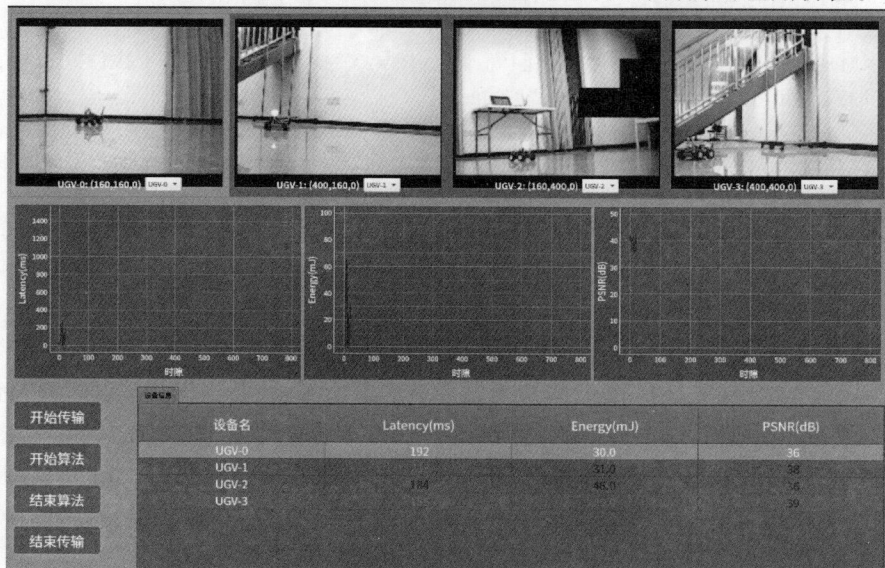

图 9-5 无人车抗干扰视频传输系统

9.4　本章小结

本章对车联网中常见的干扰攻击手段进行剖析，并进一步应用博弈理论对车联网中的攻防对抗过程进行了详细阐述。考虑到车联网系统的高动态性和拓扑结构的复杂性，传统的无线网络安全方案在适应车联网通信需求方面面临着挑战。本章选取了典型的车联网抗干扰通信场景，介绍基于强化学习的抗干扰通信方法，系统能够根据实时的通信环境和具体的业务需求，动态调整包括发射功率在内的多种传输策略。在9.3小节提供了一项基于强化学习的无人车抗干扰视频传输系统实践案例，该案例展示了如何利用强化学习技术赋能恶意干扰环境下的无人车利用智能抗干扰通信算法实现稳定可靠的视频传输。

习题

9-1　举例车联网通信中的抗干扰通信方案，并简述这些方案如何提高通信质量。

9-2　尝试实现一种基于强化学习的无人车抗干扰视频传输方案。

参考文献

［1］　Hartenstein H，Laberteaux L. A tutorial survey on vehicular ad hoc networks［J］. IEEE Communications Magazine,2008,46(6)：164-171.

［2］　Harri J,Filali F,Bonnet C. Mobility models for vehicular ad hoc networks：A survey and taxonomy ［J］. IEEE Communications Surveys & Tutorials,2009,11(4)：19-41.

［3］　Abboud K,Omar H,Zhuang W. Interworking of DSRC and cellular network technologies for V2X communications：A survey ［J］. IEEE Transactions on Vehicular Technology,2016,65（12）：9457-9470.

［4］　Garcia M,Boban M,Gozalvez J. A tutorial on 5G NR V2X communications[J]. IEEE Communications Surveys & Tutorials,2021,23:(3)：1972-2026.

［5］　Pirayesh H,Zeng H. Jamming attacks and anti-jamming strategies in wireless networks：A comprehensive survey[J]. IEEE Communications Surveys & Tutorials,2022,24(2)：767-809.

［6］　Sun Z,Liu Y,Wang J,Applications of game theory in vehicular networks：A survey［J］. IEEE Communications Surveys & Tutorials,2021,23(4)：2660-2710.

参考答案

9-1　举例车联网通信中的抗干扰通信方案，并简述这些方案如何提高通信质量。

答：车联网通信的抗干扰技术有功率控制、信道选择和中继等方案。其中功率控制方案是通过调整通信车辆的发射功率在降低能耗的条件下提高通信信噪比；信道选择是通过切换通信车辆的频段，以避开干扰频段来降低误码率；中继则是在通信链路受到阻碍或链路被严重干扰的场景中，利用无人机等中继节点将信息转发到路侧单元保证通信质量，避免干扰。

9-2　略。

第 10 章

6G 通信安全与隐私保护

当前,6G 通信技术通过将地面网络与卫星网络深度融合,实现了全方位的立体覆盖,并在无人驾驶和物联网等领域得到广泛应用。然而,6G 技术的推广带来了新的安全性和隐私保护挑战。本章首先介绍了 6G 通信系统的核心特点,包括超高速传输、低延迟、多维覆盖、高可靠性和大规模连接,并分析了这些特点可能面临的安全威胁,如网络攻击、恶意软件、身份伪造和信息泄露等。针对这些威胁,本章介绍了多种安全保护机制,包括在可见光通信系统中的加密机制、身份认证机制以及基于强化学习的保护措施。接着,本章讨论了 6G 通信系统中的数据隐私保护策略,例如,在数据采集和处理阶段应用匿名化技术,并优化现有隐私保护技术。最后,探讨了基于位置服务的隐私问题,并介绍了如何利用强化学习保护用户的轨迹和身份信息隐私。通过本章的学习,读者将全面了解 6G 通信中的安全与隐私保护,为未来的学术研究和实际应用提供支持。

重点掌握以下要点:

(1) 6G 通信系统面临的安全威胁。

(2) 消息加密和身份认证的通信安全机制原理。

(3) 6G 通信系统中差分隐私保护的实现原理和应用。

(4) 6G 通信系统下位置隐私保护的重要性和相关技术。

10.1　6G 通信系统与安全威胁

随着现代移动通信技术的迅速发展,用户数量的激增对通信性能提出了更高要求,尤其是在数据速率、时延和连接容量方面的需求日益增加。为应对这些挑战,6G 通信技术应运而生,预示着革命性的变革与广泛的应用前景。6G 技术能够连接数百万设备,实现超高速数据传输,并通过低延迟通信支持更丰富、更流畅的多媒体体验,满足诸如远程医疗、智能交通、虚拟现实等应用的实时性需求。6G 将引领数字化时代的进步,推动更高效、更智能、更可持续的通信体验与社会发展。

10.1.1　6G 通信系统

在无线网络日益融入社会生活的背景下,6G 技术将致力于提供通用且高性能的无线连接,并带来极致的用户体验。6G 通信系统的峰值速率将超过 1 Tbps,延迟时间将低于

1 ms,能效相比 5G 提升 10 至 100 倍。这些显著的优势使 6G 能够满足如工业 4.0、虚拟现实等新兴且极具挑战性的应用需求。此外,6G 的发展不仅将覆盖 5G 当前的"城市、车联网、物联网"领域,还将扩展至偏远地区、海面、水下、空中,甚至卫星网络,形成空天地一体化的通信网络,实现全球无缝立体覆盖。与 5G 系统的三类主要应用场景——增强型移动宽带、超可靠低延迟通信和大规模机器类型通信相比,面向 2030 年及以后的 6G 通信应用场景将在此基础上进一步扩展,并确定了 4 种核心服务:

（1）移动宽带和低延迟（Mobile Broad-bandwidth and Low-latency,MBBLL）：该服务涵盖了移动增强现实、虚拟现实和全息影像等应用,这些应用需要极高的数据速率以支持高清视频流和大量交互指令,同时需要低延迟以实现实时语音和即时控制响应。MBBLL 服务还必须在高移动性场景中得到保障,以满足未来在太空探索、空中和海上旅行以及磁悬浮交通中的应用需求。

（2）大规模宽带机器类型通信：这一服务面向物联网的广泛应用,旨在支持大量低功耗、低复杂性和低成本的设备连接到网络中。通过优化通信协议,这些设备能够实现高效的数据传输,以满足成千上万个设备同时连接至物联网的需求。

（3）大规模低延迟机器类型通信：该服务利用 6G 的高数据速率和大规模连接能力,支持在工业物联网中的密集传感器部署和设备通信。其应用领域包括智能制造和自动化运输,旨在实现员工、传感器和执行器之间的实时通信,并显著降低设备间频繁交互带来的通信延迟。

（4）6G 轻量级服务：这一服务专为智能驾驶场景设计,综合考虑路径规划、自动驾驶、障碍物检测、车辆监控、移动娱乐和紧急救援等多项需求。在高移动性条件下,6G 轻量级服务必须提供高速率、低延迟和大规模连接,以全面支持智能驾驶应用。

为此,6G 通信系统将通过其多维覆盖和极致性能,推动未来无线通信的发展,为各种新兴应用场景提供强有力的支持。

10.1.2　6G 相关通信技术

在无线通信过程中,传统的低频和中频频段的通信技术已难以满足用户对数据速率和大规模设备对频谱效率的需求。因此,6G 通信系统将主要采用以下几种候选通信技术:非正交多址接入、移动边缘计算、可见光通信、太赫兹通信、智能反射面、毫米波技术和多输入多输出技术。相较于传统的第五代通信系统,6G 系统引入了新颖的通信技术,如毫米波技术、太赫兹通信技术和可见光通信技术。图 10-1 展示这些技术在频率和波长上的分布。

毫米波技术将利用频率高于 300 GHz 的频段进行通信,以满足对更大带宽和更高数据传输速率的需求。通过利用空间维度资源,大规模毫米波技术可以显著提升通信网络的容量。此外,6G 通信系统中的毫米波技术能够提供高达几千兆位每秒的数据传输速率,以支持未来对超高清视频流等应用的需求。由于毫米波的传输范围较短,6G 系统将采用先进的波束赋形技术,以增强信号的传输效果。波束赋形技术可应用于信号发射端和接收端。在发射端,波束赋形器通过调整发射装置发出的信号波阵的相位和幅度,实现信号的相长干涉或相消干涉,从而聚焦和定向信号,提高传输距离和提高信号质量,并减少对其他设备的干扰。为解决传输距离有限、信号衰减和穿透能力较弱等问题,6G 系统将结合多天线阵列技术和波束赋形技术,如图 10-2 所示,多天线阵列由多个天线组成,并形成定向波束,提高信

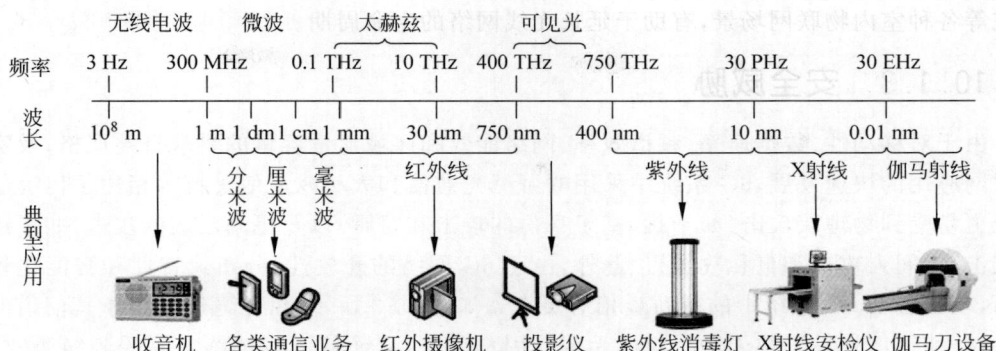

图 10-1　6G 通信系统中毫米波技术、太赫兹技术和可见光技术的频率及波长

号的可靠性和覆盖范围,同时根据物联网设备的分布动态调整波束方向。多天线阵列技术允许在发射端同时发送多条数据流,从而显著提升通信系统的容量和数据速率。因此,毫米波技术在 6G 通信系统中的应用将支持高速、高容量、低延迟的无线通信,推动各种创新应用的发展,并提供更丰富和多样化的数字体验。

图 10-2　扇区天线与多天线阵列室外覆盖楼宇场景

太赫兹技术在第六代(6G)通信系统中,凭借其短波长和宽频段特性,展现出在通信速度和角度分辨率方面的显著优势。太赫兹频段的高精度感知能力,成为通信感知一体化技术中最具潜力的频段之一,其小型化特性不仅可有效降低设备体积和功耗,同时提高成本效率。然而,太赫兹技术的宽频带也导致较高的路径损耗,因此其主要应用于地面短距离通信和微观尺度的通信场景。在太空环境中,太赫兹通信不受大气分子吸收的影响,因此在卫星集群间、星地间以及星际高速无线通信方面展现出广泛的应用前景。为解决太赫兹通信中的路径损耗和穿透性差等问题,必须应对这些技术挑战,以提高其适应未来多样化通信场景的能力。例如,通过点对点通信和定向天线技术,可以降低太赫兹波束的路径损耗,从而实现超高速无线通信的潜力,同时规避太赫兹波束的缺陷。

在可见光通信系统中,光源用于发射光信号,而接收器则负责接收和解码这些信号,以实现数据传输。当前主要的发射器件包括发光二极管和激光二极管,而接收器件主要为光电二极管和雪崩二极管。由于其覆盖 400 到 800 THz 的超宽频谱、无电磁干扰以及高速传输率等特性,可见光通信在室内无线网络中具有极大的潜力,可缓解第六代(6G)通信系统中的频谱资源紧张问题。相较于无线电频谱,可见光信号的传播范围较短,从而进一步增强了通信的安全性。此外,可见光通信利用光能作为传输媒介,不需额外的无线电频谱资源,具有较低的功耗和环境影响,是一种绿色环保的通信技术。从应用角度看,通过在发射机侧部署低成本的发光二极管,可同时满足照明和信息传输的需求,而接收机侧的光电二极管则可捕获光波并收集能量,从而延长电池的使用寿命。此技术适用于办公室、购物中心、机场、医院等各种室内物联网场景,有助于延长无线网络的生命周期。

10.1.3 安全威胁

由于对移动性、数据速率、频谱效率、网络能效和区域流量容量的要求日益严格,及实时物联网应用的快速发展,6G 系统中采用的可见光通信和太赫兹通信等技术相比于传统通信系统更易受到物理层攻击(如干扰、基于身份的攻击和窃听)以及更高层次的攻击(如拒绝服务攻击、中间人攻击和自私攻击)。此外,由于 6G 网络的开放性、分布式特性和智能化程度更高,攻击者在 6G 系统中的威胁也相对更大。如图 10-3 所示,可见光通信由于其信道的广播特性,使得信号易于被未经授权或无意的用户截获,从而使下行链路容易受到窃听攻击。攻击者可能通过窃听可见光信号或进行恶意干扰来获取敏感信息或破坏通信连接的完整性。同时,太赫兹信号的穿透能力较弱,容易受到物体遮挡和信号衰减的影响。攻击者可以利用这些特性干扰或阻止太赫兹通信的传输,通过发送干扰信号或伪装信号来阻碍非正交多址接入、大规模多输入多输出、移动边缘计算和智能反射面的通信,从而导致拒绝服务攻击,并注入虚假信息,引发严重的隐私泄露问题。

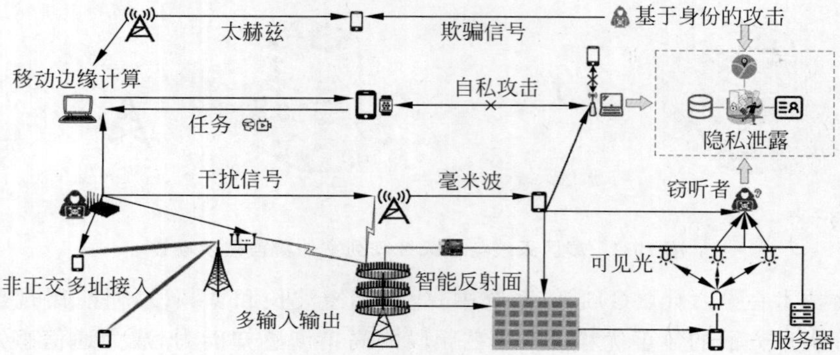

图 10-3　6G 安全威胁示意图

干扰是指攻击者通过发送重播、伪造或随机信号来阻碍移动用户与基站或接入点之间的信号传输,旨在降低传输质量、消耗设备能量,并发起进一步攻击,如拒绝服务攻击和中间人攻击。干扰通常包括主动干扰和反应式干扰。

主动干扰是指攻击者在未观察当前传输状态的情况下,发送干扰信号以降低消息接收性能。主动干扰包括以下几种类型:

(1)固定干扰:攻击者使用无线设备(如波形发生器)在特定时间向多个频段发送干扰信号,但在目标传输不存在时,这些干扰信号的能量会被浪费。

(2)随机干扰:干扰信号在随机选择的频段和时间段内发送,相比固定干扰,这种模式更为节能。

(3)扫频干扰:干扰器周期性地切换频道,逐步发送干扰信号,而非立即干扰。这种方式导致大量重传,从而消耗设备能量。

反应式干扰是指攻击者使用无线接收器观察当前传输状态,并根据频谱感知结果发送干扰信号,以提高干扰效率。例如,攻击者可以在合法数据包的前导码或导频信号所在频道上发送干扰信号,从而显著降低大规模多输入多输出系统的可达速率。为了进一步提高攻击成功率,智能干扰器可以通过强化学习优化干扰频率和功率水平,例如,通过观察频道状态来优化干扰功率,降低非正交多址接入系统的传输性能。另一个智能干扰器则使用深度学习分类器预测下一次传输,并相应进行干扰。

基于身份的攻击是指攻击者伪装成合法的移动用户,滥用多个用户身份,生成伪名身份或操控虚假身份,以非法访问移动用户和基站/接入点。这类攻击包括电子欺骗攻击和女巫攻击,攻击者通过发送伪造信号(如虚假报告或垃圾邮件)来欺骗用户,模拟大量合法用户以阻碍合法访问,从而发起进一步攻击,如重放攻击和拒绝服务攻击。

(1)电子欺骗攻击:攻击者使用其他无线设备的虚假身份(如 MAC 地址、射频识别标签和 IP 地址)发送伪造消息,以获得非法利益。例如,图 10-3 中所示的边缘攻击者伪装成边缘设备,发送虚假的计算结果,而流氓接入点攻击者则试图窃取移动用户的数据。

(2)女巫攻击:攻击者伪装成多个用户,以赢得多数票并获得其他优势,导致消息冲突、错误警告和隐私泄露。例如,攻击者利用大量伪名身份传播垃圾邮件和广告,甚至传播恶意软件和钓鱼网站,窃取用户私人信息。

窃听攻击是指窃听者在可见光通信、太赫兹和毫米波传输过程中拦截或窃取数据,包括被动窃听和主动窃听两种方式。

(1)被动窃听:攻击者拦截正在传输的数据,而不会影响用户的消息接收性能,并通过流量分析推测用户隐私,如通信模式和用户位置。被动窃听通过分析传输数据包的数量、数据包间的时间间隔和流量方向来推测用户信息。

(2)主动窃听:主动窃听者不仅窃听或拦截合法信号,还使用无线设备发送干扰信号,以打断消息接收,提高发射功率,从而窃取更多数据以推测用户私人信息。

拒绝服务攻击是指攻击者不断发送服务请求或干扰信号,以淹没服务器和边缘设备,阻止合法移动设备获得 6G 网络服务。分布式拒绝服务攻击者伪装成大量网络设备,利用其 IP 地址,持续注入伪造的服务请求消息,并生成恶意流量,通过移动僵尸网络淹没不必要的请求,从而中断合法服务。如图 10-3 所示,攻击者可能控制多个移动设备,指挥它们向边缘设备发送大量计算请求,从而关闭边缘计算服务。

中间人攻击是指攻击者窃听通信频道中的传输状态,拦截并篡改两个用户之间传输的消息,然后将篡改过的消息注入到 6G 通信系统中,以欺骗或控制无线设备。其目的是欺骗接收者,从而获取用户的敏感信息以谋取非法利益。如图 10-3 所示,攻击者在毫米波系统中拦截发射端的消息,将其替换为虚假消息,然后将这些虚假消息发送给接收端。

自私攻击是指自私的用户和边缘设备拒绝帮助转发,以节省其有限的带宽、能量、缓存资源和隐私,并在基于声誉的 6G 通信系统中操控其他设备的服务记录以谋取自身利益。其潜在影响包括增加传输延迟和能量消耗、降低传输质量以及导致服务失败。例如,一个自私的边缘设备可能会向移动设备发送虚假的计算结果,或使用比承诺的更少的计算资源,以节省其计算资源。

此外,6G 通信系统需要保护用户隐私免受链接攻击、推理攻击、差分攻击和重放攻击的威胁。用户隐私包括身份隐私、数据隐私和位置隐私:

(1)身份隐私:随着移动用户数量的增加,用户的私人身份信息(如姓名、家庭地址、电话号码和私人密钥等)更易暴露给攻击者。例如,中间人攻击者可能伪造移动用户的请求以获取用户的私人密钥。

(2)数据隐私:6G 通信系统中的数据密集型应用(如智能计量和医疗服务等)使得用

户数据(如身体传感数据等)暴露于恶意攻击中。例如,攻击者可以应用关联规则和贝叶斯推理发起推理攻击,根据拦截的计量消费数据分析用户的家庭状态或经济状况。

(3) 位置隐私：用户位置可以揭示其行为、偏好、个人习惯和信仰。例如,攻击者可以分析用户访问医院的频率和持续时间,推断用户的疾病类型,将健康信息出售以谋取非法利益,甚至可能引发犯罪。

为此,6G 通信系统必须应对包括干扰、伪造和窃听在内的物理层攻击,以及中间人攻击、自私攻击等更高层次的攻击。随着人工智能的迅速发展,智能攻击者能够根据防御状态优化攻击策略,这给 6G 通信系统的安全性带来了新的挑战。

10.2　6G 通信安全机制

由于新的安全威胁和攻击技术不断出现,以及 6G 中多样化的应用场景,5G 中常用的安全机制不再满足 6G 系统安全性能的需求,6G 需要更强大、更灵活且适应性更强的安全机制来应对新的安全挑战和多样化的应用场景。因此,6G 通信系统在 5G 原有的安全机制的基础上进行进一步的改进和增强,以应对日益复杂的网络威胁。常见的安全机制包括加密算法、身份认证机制等。除此之外,强化学习技术通过从环境中自适应地获取防御经验,有效处理动态复杂环境中信息不精确的问题,在提高网络安全方面展示了良好的发展前景。

10.2.1　消息加密

在 6G 通信系统中,可以通过加密算法提高可见光通信、太赫兹等通信系统数据的保密性,这些算法主要分为基于同态加密的隐私保护方案和基于属性加密的隐私保护方案。

基于同态加密的隐私保护方案通过利用同态加密算法,实现对加密后的数据的计算和处理,同时保持数据的机密性和隐私性。在 6G 通信系统中,同态加密主要发生在用户设备侧和边缘计算设备侧。当用户希望通过对毫米波雷达等设备所获取的高维度感知数据 D 进行复杂的融合和分析计算 $g(\cdot)$ 时,首先,使用加密算法 $f(\cdot)$ 对数据 D 在本地进行加密处理,获得密文 $f(D)$。然后,将密文 $f(D)$ 以及计算方式 $g(\cdot)$ 传输到超大规模云计算中心或高性能边缘计算节点进行计算。当云计算中心或高性能边缘计算节点收到加密数据 $f(D)$ 和计算方式 $g(\cdot)$ 后,使用 $g(\cdot)$ 对加密数据 $f(D)$ 执行同态计算,而无须解密数据,并将计算结果 $g(f(D))$ 经过 6G 网络所特有的超高速传输链路传输给用户,提高响应效率。最后,用户解密 $g(f(D))$ 获得指定结果 $g(D)$。基于同态加密的隐私保护方案主要涉及以下 4 个操作：

(1) 密钥生成：这一操作用于生成加密所需的密钥对。对于非对称同态加密,密钥生成会产生一对密钥,包括公钥和私钥。对于对称同态加密,则生成一个单一的密钥。这一步骤在同态加密中与常规加密方案类似。

(2) 加密 $f(\cdot)$：加密过程将明文数据转换为密文。此步骤的目的是确保数据在存储和传输过程中保持机密性。同态加密中的加密操作与传统加密方案基本一致。

(3) 解密：解密过程是将密文还原为明文的过程。它需要用到之前生成的私钥来恢复原始数据。

(4) 同态计算 $g(\cdot)$：同态计算 $g(\cdot)$ 是同态加密的独特操作,它允许在密文上执行计算,而无须首先解密密文。计算的结果依然是密文形式,它对应于对明文数据进行相同计算后的结果。

基于上述步骤,在 6G 通信系统中创建允许对任意函数进行同态求值的加密方案,关键在于加密算法必须满足加法同态和乘法同态性质,即加法同态或乘法同态的加密方案 $f(\cdot)$ 对于任意消息都满足以下公式之一:

$$f(m_1)\Theta f(m_2) = f(m_1 + m_2), \forall m_1,m_2 \in \mathbf{M} \qquad (10\text{-}1)$$

$$f(m_1)\Xi f(m_2) = f(m_1 \times m_2), \forall m_1,m_2 \in \mathbf{M} \qquad (10\text{-}2)$$

其中,$\mathbf{M}$ 为所有可能发送的消息的集合,"Θ"和"Ξ"为任意计算方式。根据加密数据所允许的操作类型,可以将同态加密方案分为以下 3 种类型:

(1) 部分同态加密:这类方案仅允许无限次数的加法操作或乘法操作。例如,非对称加密算法 Rivest-Shamir-Adleman 生成由用户保存的保密密钥和可对外公开的公开密钥,可以无限次地执行同态加密乘法。

(2) 有限同态加密:这类方案允许某些类型的操作,但次数有限。例如,Boneh-Goh-Nissim 加密算法可以支持有限次数的乘法操作。这种方案比部分同态加密更为灵活,但仍有操作次数的限制。

(3) 全同态加密:全同态加密方案允许无限次的加法和乘法操作,可以支持任意复杂的计算,而不需要解密数据,从而大大提高了数据隐私保护的能力。

另一方面,基于属性加密的隐私保护方案通过使用属性加密算法,实现对数据的细粒度访问控制和保护。典型的基于属性加密方案将所有数据存储视为不可信,原因有以下几个方面:首先,6G 通信系统中将大量计算和存储资源下沉到分散的边缘设备,这些设备往往缺乏足够的安全防护,面临软件和硬件方面的网络攻击的威胁;其次,6G 通信系统中的物联网架构需要部署大量的无人值守传感器设备,易受到物理访问和篡改;此外,6G 系统中将会有大量的异构设备和系统动态接入,难以对所有接入点实现统一的安全控制;最后,即使引入区块链存储,数据本质上是公开的,因此必须加密以保护其机密性。在属性加密算法中,每个用户都被赋予一组属性,而数据也被标记有相应的属性,数据根据属性进行加密,只有满足相应的属性条件的用户才能够对数据进行解密并访问。

如图 10-4 所示,在 6G 通信系统的基于属性加密系统模型中,包括了 6G 传感器设备、数据用户、属性授权机构、云服务器和监管系统。6G 传感器设备负责生成和管理数据,数据用户需要访问和处理数据,属性授权机构颁发访问凭证并管理访问控制策略,云服务器用于存储和处理数据,6G 监管系统监督数据访问和使用情况。这种系统模型实现了细粒度的访问控制,只有满足特定属性条件的用户才能访问数据,从而确保数据安全和隐私保护。通过审计员的监督和审计机制,可以及时发现数据泄露或滥用的情况,保障数据的安全性和合规性。6G 通信系统可以利用这一模型提供个性化的数据访问服务,根据用户的属性条件提供定制化的数据访问体验,从而进一步推动数字化社会的发展和数据安全的保障。基于属性加密的隐私保护方案有两种模式:密钥策略属性基加密和密文策略属性基加密。在这两种模式中,加密数据都需要拥有一份公共参数的副本,这些参数是公开的且对所有加密方唯一。此外,需要拥有一个解密密钥解密数据,该密钥是私密的并且对每个解密方都是特定的。

在密钥策略属性基加密中,密文与描述它们的一组属性相关联,即与 6G 通信系统中的

图 10-4　基于属性加密的 6G 云物联网平台访问控制模型

用户标识等信息相关联，而解密密钥则与一个访问策略相关联。访问策略描述了解密密钥持有者的"访问能力"，即可以访问哪些密文，例如，仅允许具有特定安全级别的用户在特定时间段内访问 6G 通信资源。密钥策略属性基加密方案赋予密钥管理机构更多的权力，使得密钥管理机构可以通过设定访问策略来规定解密密钥持有者的权限，从而在一定程度上集中管理和控制数据的访问。

相反，在密文策略属性基加密中，密文与一个访问策略相关联，而解密密钥与一组属性相关联。访问策略描述了"谁有权访问"加密数据。该方案赋予（如智能电表等）传感器设备更多的控制权，因为他们在加密数据时设定访问权限。通过这种方式，移动用户可以直接管理和控制谁能够解密和访问他们的数据，从而确保数据的安全性和隐私性。

上述安全机制和加密方案根据用户的属性条件为其提供定制化的数据访问体验，进而增强 6G 通信系统的数据安全。

10.2.2　身份认证

以物联网为核心的 6G 通信系统广泛使用传感器设备进行任务执行，并支持本地或远程控制。然而，任何设备都可能因远程攻击而导致任务失败，因此，需要有效的身份认证系统来确保设备的安全。相较于传统网络架构，6G 网络由于其异构性对认证方法提出了新的安全要求，包括可靠性、可扩展性和效率。（1）可靠性：6G 系统需提供安全可靠的身份验证，以满足各种应用场景的需求；（2）可扩展性：身份认证方法需具备良好的可扩展性，适用于不同网络环境；（3）效率：在大规模互联的 6G 网络中，快速高效的认证是关键问题。基于上述要求，三阶段双向认证协议和基于区块链的身份认证系统常被应用于 6G 系统中。

1. 基于三阶段双向认证协议的 6G 身份认证系统

在 6G 通信系统中，三阶段双向认证协议一共包括五个实体（如图 10-5 所示）。其中，公钥生成中心作为可信实体，负责实时公布系统参数，为传感器和云服务器分发私钥。密钥生成中心由 6G 边缘计算节点组成，负责用户和云服务器的注册，并发布系统参数和分发部分

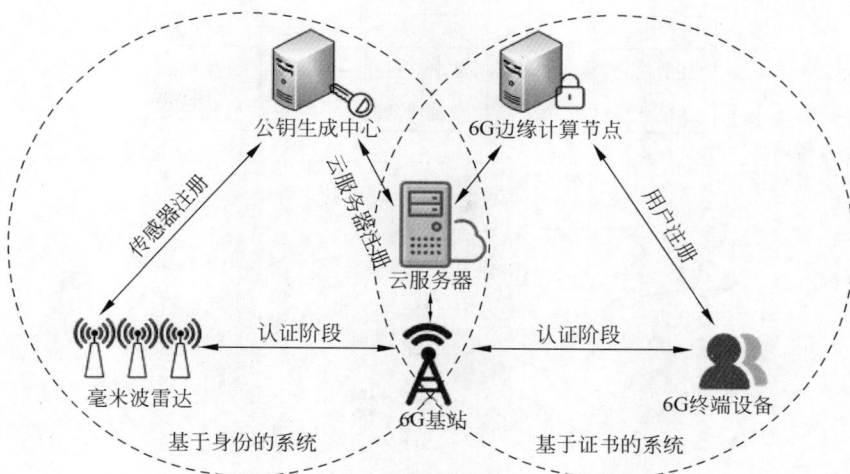

图 10-5　6G 通信系统中三阶段双向认证协议

私钥。传感器节点主要包括毫米波雷达等设备,预加载系统参数,对数据进行签名,并通过无线信道将带签名的数据传输至基站并进一步传输至云服务器。用户预加载系统参数,注册获取部分私钥,通过 6G 终端设备访问云服务器并验证信息真实性。云服务器检查传感器信息的正确性,并提供重签名服务以保护传感器身份。

　　基于上述实体,移动用户经过初始化、注册和认证 3 个阶段实现 6G 通信系统中的身份认证。在初始化阶段,公钥生成中心和密钥生成中心初始化系统,生成公共参数,例如密钥生成算法、密钥协商协议等。在注册阶段,传感器向公钥生成中心提交身份标识以获取原始私钥,云服务器和用户分别向密钥生成中心提交身份标识以获取部分私钥。在认证阶段,传感器定期将数据传输至云服务器,云服务器验证信息的真实性并返回确认消息。

　　该协议提供用户匿名性、完美前向保密性、不可否认性和异构性等安全特性,有效防御 6G 通信系统中的重放攻击。

2. 基于区块链的 6G 身份认证系统

　　在 6G 通信系统中,区块链技术被引入身份认证系统,旨在解决异构网络节点之间缺乏信任的问题,为 6G 异构网络提供了新的发展方向。具体来说,区块链的匿名性和不可篡改性有效防止了认证数据的泄露和篡改,从而提高了身份认证的安全性和可靠性。同时,区块链技术有助于构建可扩展的认证方法,缓解网络异构带来的挑战,并通过可信数据共享机制促进海量认证数据的交换,减少跨认证信令的消耗,从而提升身份认证的效率。

　　如图 10-6 所示,在 6G 异构网络中,身份认证系统被划分为 6G 异构网络和区块链网络两个部分。6G 异构网络根据接入网络类型划分为多个接入域,提供本地网络接入服务,并负责管理域内用户设备的认证过程。当接入域内的认证代理接收到用户设备的认证请求时,它会与区块链网络交互,获取存储在区块链中的认证信息(如注册信息、认证凭证和认证记录等),进行用户设备的注册和认证,完成去中心化的认证服务。在基于区块链的 6G 身份认证系统中,网络管理员负责系统的总体管理,确保系统的正常运行和维护,认证代理则为网络管理员提供管理接口,支持认证方法的注册、更新以及异构网络认证方法的动态调整。

　　基于区块链的身份认证系统能够有效满足网络异构性的安全需求。区块链所构建的可

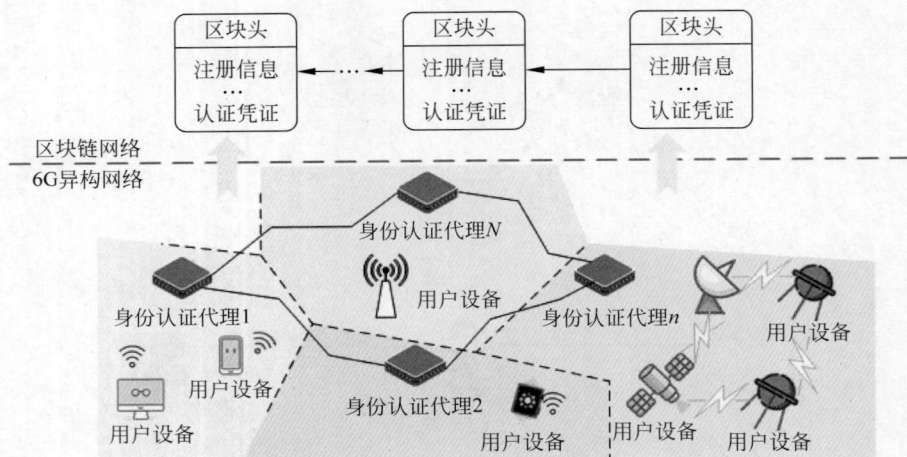

图 10-6　6G 通信系统中基于区块链的身份验证框架

信数据共享机制有效解决了异构网络节点之间的互信问题，为 6G 异构网络的发展提供了新的方向。

10.2.3　基于强化学习的 6G 通信安全机制

现有的传统安全机制通常在物联网芯片初始化过程中设定固定的加密和认证配置，这种方法虽然简化了网络配置，并适用于资源受限的物联网芯片，但在面对动态网络威胁时显得不够灵活。这些固定的安全配置可能无法满足 6G 网络对服务质量、能效和消息安全的严格要求。此外，固定配置的高级安全措施会迅速消耗电池能量，从而影响设备的服务能力。

6G 网络的庞大规模和异构性特征，包括各种类型的设备、传输技术和网络拓扑结构，使得传统的安全机制难以适应不断变化的环境和新型攻击。传统安全机制往往依赖预定义的规则和策略，难以有效应对这些挑战。

为了适应未来 6G 网络中的能量收集技术和服务需求，理想的安全配置应能够动态调整，以应对不断变化的能量可用性和网络威胁。具体而言，当能量收集源提供的电力不足或物联网设备面临高负荷时，应采用最低级别的必要安全保护，以最大化延长设备的工作时间；而在能量充足时，应提升安全保护水平，以增强消息的安全性。此外，应尽量减少因安全保护措施而导致的网络服务质量的牺牲。因此，在 6G 通信系统中需要实现网络服务质量与安全性的联合优化，并动态调整防御手段以适应不断变化的环境和威胁。

基于强化学习的 6G 通信安全机制通过与不同环境的互动学习，能够适应不同设备和网络环境的安全需求，提供个性化的安全防护。例如，基于强化学习的安全非正交多址接入系统可以应用深度强化学习算法（如安全深度 Q 学习算法）来优化基站的传输功率和人工噪声波束成形向量，从而提升保密率、减少窃听率并优化能量消耗。为了满足用户的服务质量要求，可以基于服务质量标准设计安全策略，以避免探索可能导致严重数据泄露的危险通信策略。例如，风险值可以被设置为指示函数，以衡量总保密率是否符合服务质量要求。

目前，强化学习算法已经与抗干扰技术、认证技术和隐私保护技术等多种安全机制相结合。例如,基于友好干扰的可见光通信安全方案,通过对窃听源链路的信道增益来确定光学干扰策略。然而,窃听信道状态通常难以预知。基于强化学习的可见光安全通信系统能够在面对固定位置的被动窃听者时,选择合适的波束成形策略。该系统应用 Q 学习和深度确定性策略梯度算法来优化安全通信策略,基于发射器信道状态信息、消息的误码率和保密率来提高奖励。深度确定性策略梯度算法包括两个网络:Actor 网络和 Critic 网络。Actor 网络由卷积层和全连接层组成,输入状态并输出带有噪声的安全通信策略(如波束成形向量)。Critic 网络以小批量采样的经验为输入,估计所选择策略的效果,以更新 Actor 网络的权重。

因此,6G 通信系统的安全机制不仅需要关注数据保护和通信实体身份验证,还需结合强化学习和区块链等新兴技术,以适应不断变化的网络威胁和多样化的应用场景。这些新兴技术的结合将有助于构建更加安全、高效和可靠的 6G 通信系统,为未来通信的发展奠定坚实的安全基础。

10.3　6G 通信下的数据隐私保护

在 6G 系统中,数据密集型应用(如智能计量和医疗保险服务),增加了用户数据(如感知数据)面临恶意攻击的风险。为了保护用户数据隐私,需要制定并遵循严格的数据采集和处理规范。在数据采集阶段,应明确告知用户数据的用途和范围,并获得用户的明确授权。在数据处理过程中,可以采用加密和匿名化技术,确保数据在传输和存储过程中不被窃取。此外,6G 通信网络需要合理运用网络安全技术,并采取多层次的安全措施(如数据流监控),以建立强大的安全防护机制来应对不断增长的网络攻击威胁。由于原有的 5G 数据隐私保护技术在计算和能源资源有限的 6G 设备上可能带来较高的通信和计算开销,因此需要对这些方案进行优化。考虑到 6G 场景中数据时效性的关键性,实时信息获取和数据新鲜度的保证至关重要。目前,针对 6G 数据隐私保护,主要采用联邦边缘学习技术和本地化差分隐私技术两种方案。

10.3.1　6G 数据隐私保护方案的度量指标

在 6G 通信系统中,随着数据量的快速增长和应用场景的多样化,隐私保护需求愈加迫切,隐私保护方案需综合考虑以下指标:

(1)隐私保护强度:衡量隐私保护方案有效性的指标,反映系统在数据发布和处理中保护用户隐私的能力。隐私保护强度通常通过匿名程度和差分隐私预算来评估,其中更高的匿名程度或较低的差分隐私预算代表更强的保护能力。提高隐私保护强度有助于降低隐私泄露风险,增强用户信任和系统安全性。

(2)数据效用:指数据在隐私保护前提下的有效性和可用性,确保数据对用户和系统仍有价值。数据效用可通过准确性、完整性和及时性来评估,高数据效用意味着数据更具实用性和价值。在保护隐私的同时保持数据效用,能提升系统的有效性和用户满意度,促进数据合理利用和共享。

(3)处理成本:实施隐私保护方案所需的资源,包括计算资源、时间和人力成本。处理成本可通过资源消耗、实施难度和维护成本来评估,低处理成本表示更经济高效的实施方式。降低处理成本有助于提升隐私保护方案的可持续性,推动技术的广泛应用和普及。

（4）信息年龄：信息年龄即从源设备到达远程目的地设备时聚合数据测量的新鲜度,表示数据从生成到接收的时间间隔。对于数据时效性极其敏感的 6G 场景,获取即时信息、保证数据新鲜度至关重要,信息年龄这一表示客户端从信息产生到获取更新所经过的时间的指标成为未来衡量 6G 网络性能的新指标之一。因此需要在原有的数据隐私保护的基础上充分考虑信息年龄这一指标的优化。

具体而言,信息年龄的衡量方式如图 10-7 所示,它描述了信息年龄的实现,当源点使用先到先服务规则传输更新包时,在任何给定的时间可能只发生一个包传输。这里 t_n 和 $\hat{t}_n$ 分别表示数据包 n 在源点和监视器处的生成和接收时间实例。X_n 表示在生成数据包 $n-1$ 和 n 之间所经过的时间,T_n 表示从源生成包到监视器接收到所经过的时间,由于包 n 在 t'_n 时成为最新收到的更新包,因此此时的信息年龄值是自包 n 生成以来经过的时间 T_n。6G 通信系统中引入信息年龄可以带来实时性、用户体验的改善,优化无线频谱、传输带宽和计算能力等资源管理,6G 系统可以更好地满足用户的实时通信需求,并提供高效的网络性能,拓展至自动驾驶等更广泛的应用领域。通过降低信息年龄,6G 系统可以更好地满足对即时信息传输的需求,推动社会数字化转型和智能化发展。同时,如何在保障数据隐私的前提下优化信息年龄,成为 6G 隐私保护的关键问题。

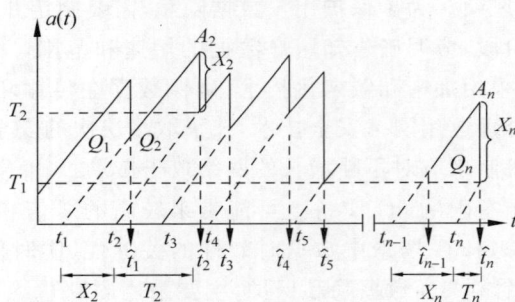

图 10-7 n 个数据包的信息年龄演化与时间的关系

10.3.2 基于隐私计算的数据隐私保护方案

在 6G 通信系统的发展中,边缘智能技术随着物联网设备的普及和数据量激增而应运而生。边缘智能通过在数据源附近进行处理和分析,大幅降低延迟,提高响应速度,并减轻中心服务器的负担。联邦边缘学习,作为一种流行的边缘学习范式,凭借其卓越的数据隐私保护和高效的终端计算资源利用,正逐渐成为主流技术。联邦边缘学习是一种分布式机器学习方法,允许分布式设备共同完成机器学习任务,而无须集中所有数据。这种方法的主要优势在于数据隐私保护和资源高效利用。随着智能设备数量的增加,网络资源竞争加剧,联邦边缘学习通过在本地完成大部分计算任务,缓解了网络资源压力,适用于智能城市、工业物联网和智慧交通等大规模分布式系统。

在 6G 通信技术的发展背景下,联邦边缘学习的优势更加凸显。6G 网络预计将具备更高的带宽、更低的延迟和更广泛的覆盖范围,为联邦边缘学习提供了更加理想的基础设施支持。6G 通信系统的联邦学习框架涉及海量用户和设备产生的多样化数据,需要支持大规模、多样性的数据处理,依赖高速、低延迟、高可靠性的 6G 通信网络支持,以实现跨设备的模型训练与更新。图 10-8 展示了 6G 边缘联邦学习基本框架和流程，该技术主要步骤如下：

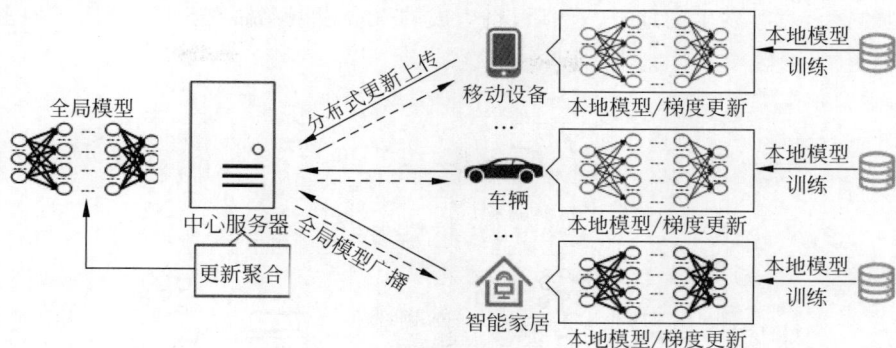

图 10-8　6G 边缘联邦学习框架

（1）数据分发：不同的边缘设备或边缘节点上存储着本地的数据。在联邦边缘学习中，这些数据在不离开本地设备的情况下进行处理和训练。数据通常由数据持有者根据隐私和安全政策进行分发。

（2）本地训练：每个边缘设备或边缘节点使用本地的数据进行模型训练。这可以是传统的机器学习算法或深度学习模型。本地训练可以使用各种优化算法和技术来训练模型，例如随机梯度下降或自适应优化算法等。

（3）模型聚合：在本地训练完成后，边缘设备或边缘节点将模型参数（如权重和偏置）聚合到中心服务器。聚合可以使用加密技术或差分隐私方法来保护模型和数据的隐私。随后为全局模型更新：中心服务器或协调者节点接收到来自边缘设备或边缘节点的模型参数后，将它们组合起来更新全局模型，这可以通过简单的参数平均或更复杂的聚合算法来完成。

（4）模型分发：中心服务器将更新后的全局模型发送回边缘设备或边缘节点，使它们能够基于全局模型进行进一步的本地训练。这个过程可以迭代多次，从而使得模型逐步改进。

尽管参与方不直接共享原始数据，但敏感信息仍可能泄露给恶意第三方，联邦学习结合安全多方计算和差分隐私保护方法，可进一步保障 6G 分布式边缘场景中模型的安全传输。

1. 基于安全多方计算的 6G 联邦学习框架

安全多方计算是一种隐私保护的协同计算方法，允许参与方在不暴露或移动私人数据的情况下，通过互相交换消息学习函数的计算结果，从而实现了隐私数据的安全计算。一个常见的安全多方计算的例子是"百万富翁问题"，在这个问题中，两个富翁 Alice 和 Bob 想要比较彼此的财富，但又不想透露具体的财富金额，他们可以使用安全多方计算来解决这个问题。首先，Alice 和 Bob 分别将自己的财富金额加密，并将加密后的财富发送给一个可信的第三方计算服务器。接着，第三方计算服务器执行安全多方计算协议，对加密的财富进行比较操作，然后将结果返回给 Alice 和 Bob。最后，Alice 和 Bob 可以解密接收到的结果，得知谁的财富更多，但他们无法获取对方的具体财富金额。

如图 10-9 所示，基于安全多方计算的 6G 联邦学习框架一共分为 3 层：物联网设备层、边缘层和云层。物联网设备层包括 6G 通信系统中拥有的智能物联网设备（如手机、电脑等）。该层负责生成并将数据资源传输到边缘层。边缘层由 6G 通信系统中拥有的边缘服务器组成。该层负责执行边缘计算任务(如局部模型训练和局部模型加密)。云层是加密的本地模型的聚合过程发生的地方。然后,将生成的聚合模型存储在云中,以用于加密的推理过程。

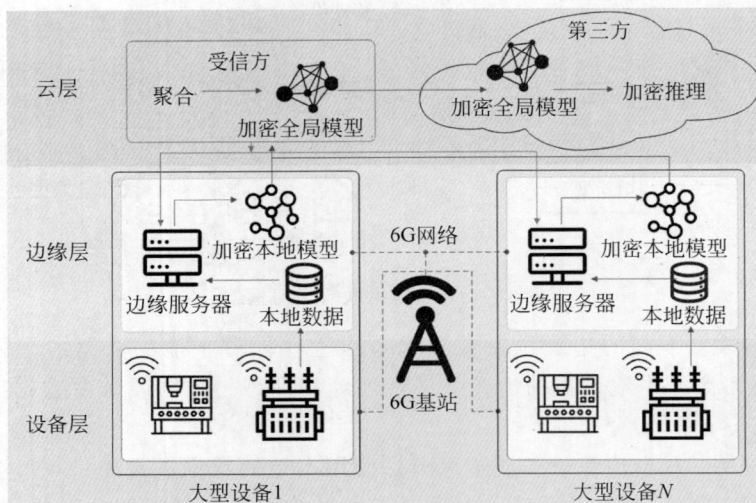

图 10-9 基于安全多方计算的 6G 联邦学习框架

在局部模型生成过程中,每个大型设备都根据其从物联网设备集群中收集到的数据集生成一个局部模型。此步骤类似于联邦学习中的初始化步骤。该框架假设每个大型智能设备都有一个边缘服务器,负责训练本地模型。在模型聚合的过程中,采用安全多方计算协议,允许在不向其他各方透露每个模型的值的前提下执行局部模型参数的总和。允许双方基于附加的秘密共享方案对私有值执行计算。附加秘密共享允许受信任方在 n 方之间共享秘密。这样要揭示特定的秘密,n 个参与者必须分享他们自身的秘密,通过附加的秘密共享协议和函数秘密共享,允许数据和模型所有者对他们的输入和模型保密。

总之,在该框架中,受信任的 6G 设备运行安全聚合进程以生成全局模型。然后,安全方对该全局模型进行加密,以确保任何各方不能执行模型反转或成员推理攻击。

2. 基于本地化差分隐私的 6G 联邦学习框架

本地化差分隐私是一种通过对数据进行扰动从而实现数据隐私保护的技术。通过应用本地化差分隐私可以降低数据在传输过程中被窃听的风险,进而保护 6G 通信系统中的用户隐私。每个用户首先对其需要传输的数据随机地加入噪声,然后将扰动后的数据发送给中心服务器。对于隐私保护程度常用隐私预算 ε 来衡量,隐私预算越小隐私保护程度越高,基于此,本地化差分隐私的定义如下:

定义 1 本地化差分隐私:给定一种加噪机制 F,定义域和值域分别为 $\mathrm{Dom}(F)$ 和 $\mathrm{Ran}(F)$。对于任意两条数据 $v \in \mathrm{Dom}(F)$ 和 $v' \in \mathrm{Dom}(F)$,以及任意 $v^* \in \mathrm{Ran}(F)$,若扰动机制满足下列式子,则其满足 (ε, δ)-本地化差分隐私

$$\Pr[F(v) = v^*] \leqslant \exp(\varepsilon)\Pr[F(v') = v^*] + \delta \tag{10-3}$$

其中,δ 表示加噪机制 F 不满足 $(\varepsilon, 0)$-本地化差分隐私的概率。对于数值型数据常用的扰动机制包括 Laplace 机制和 Gaussian 机制等。假设 6G 通信系统中一共有 N 个参与方进

行联邦学习的训练,并且每个参与方拥有对应的数据集 D_i,其中 $1 \leqslant i \leqslant N$。Laplace 机制通过在原始数据的基础上加一个独立的服从零均值 Laplace 分布 $\mathrm{Lap}(0, \Delta f/\varepsilon)$ 的噪声,其方差取决于隐私预算和函数 $f(v)$ 在不同的相邻数据集上的最大差异:

$$\Delta f = \max_{v,v' \in D_i} \{\|f(v) - f(v')\|_1\} \tag{10-4}$$

基于 Laplace 分布,加噪机制 $F(v)$ 的实现公式为

$$F(v) = f(v) + \mathrm{Lap}\left(0, \frac{\Delta f}{\varepsilon}\right) \tag{10-5}$$

Gaussian 机制的思想是在原始数据的基础上增加满足方差为 σ^2 的 Gaussian 分布 $g(0, \sigma^2)$ 的噪声,从而实现本地化差分隐私。差分隐私中敏感度的含义是单个数据对查询或分析结果的最大影响值,高斯机制具有 L_2 敏感度,表示根据设定的隐私级别所需设置的扰动值上界,高斯机制中函数 $f(v)$ 的敏感度为

$$\Delta f = \max_{v,v' \in D_i} \{\|f(v) - f(v')\|_2\} \tag{10-6}$$

基于 Gaussian 分布,加噪机制 $F(v)$ 的实现公式为

$$F(v) = f(v) + g(0, \sigma^2), \sigma \geqslant \frac{\Delta f}{\varepsilon} \sqrt{2\ln\left(\frac{1.25}{\delta}\right)} \tag{10-7}$$

在基于差分隐私的 6G 联邦学习框架中,由于 6G 通信系统中设备的异构性,不同设备在隐私和模型精度需求上存在显著差异,难以统一采用相同的加噪方式。为了解决这一问题,许多研究采用个性化的加噪方式来适应不同设备的隐私和模型精度需求差异,每个设备根据自己的模型精度和隐私保护需求自适应地向本地模型参数中添加噪声,从而防止客户端数据隐私的泄露。例如,自适应隐私保护联邦学习框架通过应用一种泄漏风险感知隐私分解机制,量化隐私泄露的风险并根据设备异构性相应地分配隐私预算。该框架主要包括两个模块:基于泄漏风险意识的隐私分解模块和基于动态隐私保护的本地训练模块。基于泄漏风险意识的隐私分解模块部署在 6G 通信系统的云服务器端,它根据不同设备在 6G 通信系统中的计算资源、隐私需求和工作负载等因素将总隐私预算分配给每个客户端;基于动态隐私保护的本地训练模块部署在客户端实现,可以在指定的隐私预算下减轻噪声扰动对局部模型的数据效用的不利影响,从而进一步提高最终全局模型的准确性和收敛性能。

在 6G 通信系统中,各种异构设备之间的通信更加频繁和复杂,通过将联邦学习框架与安全多方计算和本地化差分隐私技术相结合,实现不同数据源之间的数据整合并有效保障 6G 分布式边缘场景中模型的安全传输。

10.4　6G 通信系统下的位置隐私保护

随着 6G 时代的到来,网络服务提供商、应用开发商以及其他第三方机构获取、处理和利用用户位置数据的能力将进一步增强,用户位置隐私面临着前所未有的安全风险。对于车辆位置信息的描述可以分为地理坐标和语义位置两种。地理坐标仅表示车辆在空间中的具体位置,如经度和纬度。而语义位置则表示车辆所在位置的社会意义,如"学校""银行"等。这种语义化的描述能够更好地反映用户的实际活动和兴趣,但也带来了更大的隐私风险。

位置隐私主要包括时空位置隐私、轨迹隐私和用户身份隐私 3 类。时空位置隐私是指在特定时间和空间上的位置信息，如果用户被精确定位，其相关的兴趣爱好、日常行为等信息可能会被暴露；轨迹隐私指的是用户在一段时间内连续更新的位置数据，通过分析这些连续的位置信息，可以追踪用户的行动轨迹，了解其日常活动规律；用户身份隐私是指通过位置数据和查询内容的关联，可能泄露用户的身份信息。如何在 6G 通信系统中保护用户的位置隐私成为亟待解决的关键问题。一方面，6G 系统需要实现对用户位置信息的精准感知和高效利用以支撑智慧城市、自动驾驶等创新应用；另一方面，还需要采取有效的隐私保护措施，确保用户的位置信息不会被滥用或窃取。这需要在 6G 通信系统中建立健全的隐私保护机制和技术体系。

10.4.1 位置服务系统

基于位置服务（Location-Based Service，LBS）的系统模型主要包括 4 个部分：定位系统、用户（移动设备）、网络服务提供商以及基于位置服务提供商，如图 10-10 所示。

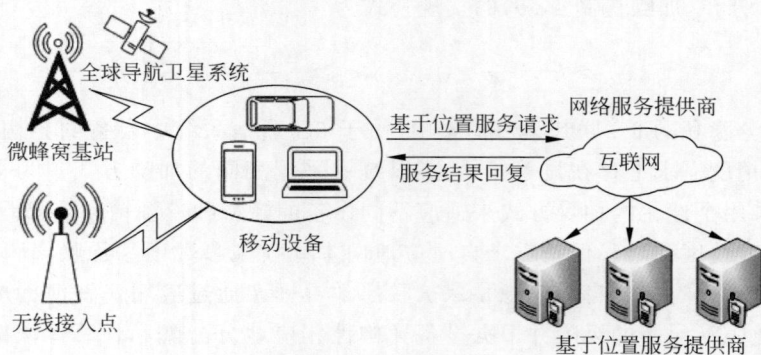

图 10-10 基于位置服务系统模型

其中，定位系统通常包括基站定位系统、全球导航卫星系统和无线定位系统。在 6G 网络中，大量的小型基站（如微蜂窝基站）分布在边缘计算节点上，这些基站可以利用数据包到达时间差、信号强度等信息对 6G 终端设备进行定位；同时，6G 通信系统下的基于位置服务系统将利用毫米波、太赫兹等无线技术进行室内和近距离定位。6G 通信系统的网络服务提供商为使用移动设备的用户和基于位置服务提供商提供高速、低延迟的数据传输网络。使用移动设备的用户发起包含自身位置信息的服务请求。这些请求通过 6G 网络传输到基于位置服务提供商的服务器。服务器对接收到的信息进行计算处理并返回结果给相应的用户。

在位置服务系统中，用户所面临的安全威胁主要来源于攻击者对隐私信息的窃取。外部攻击者主要采用被动和主动两种方式来窃取信息。在被动攻击中，攻击者被动地收集用户的位置信息，并推测用户的真实地址，攻击者可以利用用户所处环境的背景知识和用户的社会关系等信息来推测用户隐私相关信息。典型的攻击类型包括基于语义的攻击、区域中心攻击、伪装用户攻击和社会工程攻击。在主动攻击中，攻击者不仅收集用户的位置信息，还主动向用户发送恶意信息，以迫使用户的位置隐私保护方法失效，从而获取用户真实的位置。典型的攻击类型包括诱探位置信息攻击和洪泛攻击。例如，攻击者可以利用洪水攻击来干扰一个通过获取用户当前位置从而提供服务的应用程序。攻击者可能使用多个虚假用户设备(可以是真实设备或模拟器)来发送大量的位置数据或请求。这些虚假的位置数据可能是随机生成的或者是指向无效的位置,如远离实际位置的虚假坐标,以消耗服务器资源。

因此,未知攻击者移动模型的情况下,现有基于匿名化、区块链辅助共识方法、信息论方法等技术的位置隐私保护方案存在计算开销大、时延高等缺点,无法满足6G通信系统对实时性和可扩展性等方面的需求,难以直接应用在6G通信系统中。

10.4.2　智能位置隐私保护方案

1. 基于联邦学习的移动边缘计算技术隐私保护

随着基于位置服务的广泛应用,如地图导航服务和个性化地点推荐服务等,在方便用户日常生活的同时也引起了人们对位置隐私保护的担忧。多接入移动边缘计算系统中的低时延和位置感知是推动基于位置服务应用的两个重要特点,它们极大地拓展了多接入移动边缘计算技术的应用范围,有效保护用户的位置隐私,充分满足6G通信系统高带宽、低时延的特点。应用联邦学习与移动边缘计算技术保护位置隐私的具体步骤如下:先要在6G通信系统中的边缘设备本地收集用户的地理位置信息、移动轨迹等位置数据。为了保护位置隐私,可以在本地进行一系列的数据处理和预处理,如降噪处理、数据聚合与抽样以及差分隐私技术等。其中,降噪处理是指通过添加随机噪声来模糊化位置信息,使得外部攻击者难以准确定位用户的实际位置(如采用拉普拉斯噪声或高斯噪声)来扰乱原始位置数据。模糊化位置信息是指将精确的位置数据转换为较为粗略的位置信息,将具体的经纬度坐标模糊化到较大的地理区域中,从而降低个体识别的风险。数据聚合与抽样是指通过将多个用户的位置信息进行聚合,或对大规模数据进行抽样,进一步减少单个用户位置被识别的可能性。在完成数据预处理后,边缘设备在本地进行模型训练。

本地模型训练结束后,边缘设备将本地训练得到的模型参数发送给中心化服务器进行聚合。在下发全局模型之前,采用模型蒸馏技术将复杂模型的知识提取出来,并转化为轻量级的本地模型,使得边缘设备能够更高效地进行训练。这样一方面,减少了计算负担,也节省了设备的能耗,提高了整体系统的效率。另一方面,传统的全局模型中可能包含了大量的用户位置数据,这些数据在传输和处理过程中存在泄露的风险,进一步导致用户敏感数据的泄露,而通过模型蒸馏技术能够有效减少模型中包含的敏感信息。同时,随着6G通信技术的发展和应用场景的不断扩展,数据量和复杂度也在不断增加。模型蒸馏技术能够根据不同的应用需求和数据特点,动态调整模型的复杂度和信息量,从而更好地适应不同的场景需求。例如,在智能交通系统中,模型蒸馏技术可以根据实时交通状况和用户位置动态调整模型,提高系统的响应速度和准确性。

在6G通信系统中,基于联邦学习与移动边缘计算技术的隐私保护方案,通过在本地进行数据处理和模型训练,结合安全的模型参数聚合技术,有效地保护了用户的位置隐私。通过差分隐私、模型蒸馏等技术的应用,确保了系统在提供高效服务的同时,最大限度地减少了隐私泄露的风险。这种方案在智能城市、个性化推荐等基于位置服务应用中具有广泛的应用前景,能够有效平衡隐私保护与服务质量之间的矛盾,为用户提供更加安全可靠的服务。

2. 基于强化学习的语义位置隐私保护

位置语义信息是指在地理位置基础上,结合上下文和环境因素,对位置进行更深层次的理解和描述。具体包括地理位置、上下文信息、行为模式、环境状态、位置功能和意义。其中，地理位置即用户或设备的具体经纬度坐标；上下文信息指与位置相关的时间、活动、环境等信息，例如，用户在某个时间段出现在某个位置是为了购物、工作还是休闲；通过分析历史数据，识别用户的行为习惯和模式，例如，常去的地点、常用的路线等；环境状态包括当前位置的实时状态信息，如天气、交通状况、人流密度等；位置的具体用途和功能，如商场、办公室、公园等，以及这些位置对用户的意义。

在 6G 通信系统中，主要通过多种传感器和数据源（如蓝牙和环境传感器）采集位置数据和上下文信息，并进行数据融合，利用机器学习和深度学习技术，对位置数据进行语义分析，识别用户的行为模式和环境状态。通过获取和分析位置语义信息，6G 系统可以为用户提供更加个性化和智能化的服务。例如，根据用户的行为模式和环境状态，提供精确的导航、个性化的推荐和实时的服务建议。同时，位置语义信息可以用于优化资源分配，提高网络效率。例如，根据用户的移动模式和数据需求，动态调整基站的覆盖范围和传输功率，以确保高效的资源利用和服务质量，实现更精确的身份验证和权限控制，提升系统的安全性。随着 6G 技术的不断发展，位置语义信息将在智能城市、个性化服务和环境监测等领域发挥越来越重要的作用，为用户和社会带来更多的便利和价值。

传统车联网语义位置隐私保护方案仅基于预定义的规则或模型进行操作，导致模型面临准确性低和适应性差等问题，无法有效应对不同业务的隐私保护需求，无法充分保护 6G 通信系统中的位置隐私。而具有足够计算资源的移动设备可应用深度 Q 网络等算法实现位置隐私保护方案的动态优化。

如图 10-11 所示，一种配备了具有定位能力的全球定位系统的车辆在一个地理区域内移动，并通过路边单元从服务器请求 LBS。为了获取 LBS（如 6G 通信系统中的高精度定位数据），车辆将其请求与扰动后的位置一起发送到 LBS 服务器，并标记语义信息。在 6G 通信系统中，车辆与路侧单元进行数据传输时，在相同的扰动距离下，车辆往往释放敏感度较低的公园位置，而不是银行位置信息。另一方面，如果在当前的实际位置存在低敏感的位置，车辆往往会在其实际位置附近释放低敏感的位置。车辆可以通过减少高敏感位置的暴露，通过将差

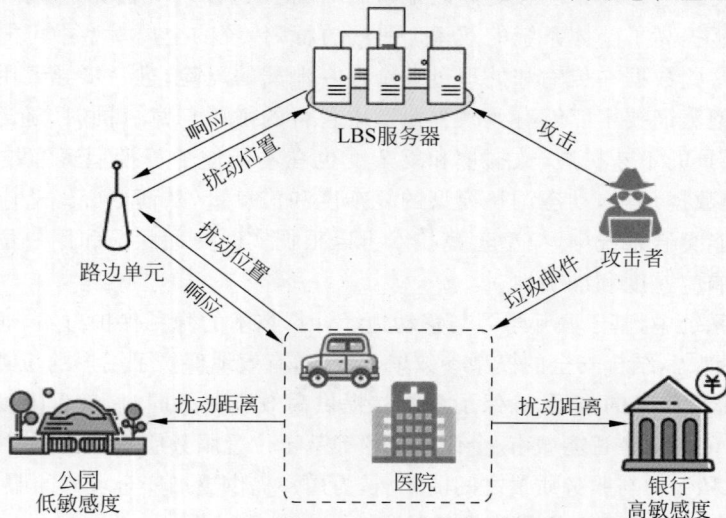

图 10-11　语义位置隐私保护方案模型

分隐私与深度确定性策略梯度相结合来优化位置扰动策略,车辆根据所选的扰动策略生成扰动位置,同时根据映射得到扰动语义位置,进而降低服务质量损失和隐私泄露风险。

具体流程如图 10-12 所示,该方案使用包含位置信息、当前位置的敏感级别和车辆估计的攻击强度历史记录的状态作为策略选择网络(即 Actor 网络)的输入,Actor 网络由 3 个全连接层组成,输出隐私策略。根据经验回放技术,评论家网络由 3 个全连接层组成,输出所选择策略的 Q 值,以更新 Actor 网络的权重,从而评估所选择的隐私预算和扰动角度的有效性。在获得策略后,车辆根据隐私预算和扰动角度向原始位置添加 Gamma 分布噪声,以获得扰动位置。获得扰动策略后,该方案采用评估网络(即 Critic 网络)来更新 Actor 网络的权重参数。

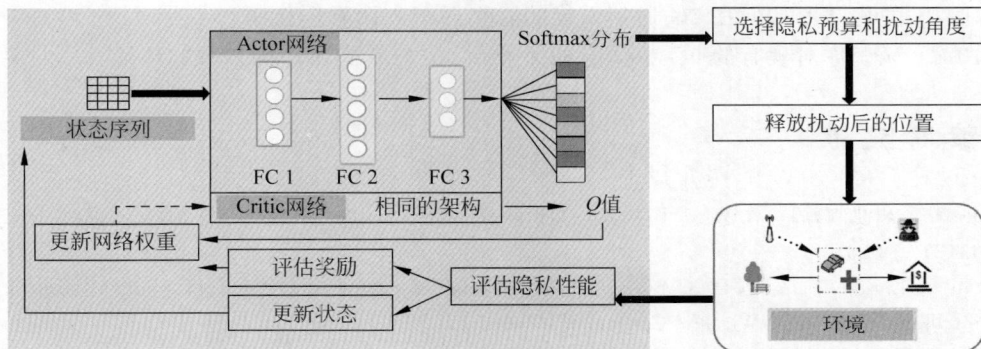

图 10-12　基于强化学习的差分隐私位置保护框架

随着基于位置服务的普及,车辆位置信息的隐私保护变得越来越重要。通过联邦学习、差分隐私等多种隐私保护技术的综合应用,可以在保护用户位置隐私的同时,确保提供准确的位置服务。

10.5　本章小结

本章从 6G 通信安全与隐私保护的重要性、挑战以及相关的解决方案等多个方面介绍 6G 通信系统下的安全与隐私保护问题。首先,从性能、应用和关键技术等维度对 6G 通信系统进行简要的介绍,并探讨目前 6G 通信系统中可能遇到的各种威胁和攻击类型。针对具体的安全威胁给出相应的安全保护机制,重点对 6G 通信系统中的数据密集型应用即将面临的数据隐私问题给出了保护方案,并讨论了如何在 6G 通信系统中利用强化学习来保护用户的轨迹隐私和身份信息隐私。

通过本章的学习,读者将能够充分了解 6G 通信系统,掌握基于消息加密和身份认证的通信安全机制的原理,从而实现对目前 6G 通信系统中存在的安全威胁的防御,并学会如何在 6G 通信系统下应用联邦学习和强化学习,进一步实现 6G 通信系统下数据与位置隐私保护。

习题

10-1　6G 通信系统中的核心服务有哪些?(　　　)

　　A. 移动宽带和低延迟　　　　　　　　B. 大规模宽带机器类型

C. 大规模低延迟机器类型　　　　　　D. 6G 轻量级

E. 以上全部

10-2　简述可见光通信系统与太赫兹通信系统的主要优势。

10-3　6G 通信系统中常用的通信技术有哪些？请简要描述其中一种通信技术的主要特征。

10-4　请简述 6G 通信系统中常见的安全威胁种类。

10-5　请简述本章所提到的基于消息加密的隐私保护方案和相应的特点。

10-6　简述联邦学习在 6G 通信系统中进行隐私保护的主要过程。

10-7　强化学习如何在 6G 通信系统的隐私保护方面发挥作用？

10-8　谈谈你对现有的 6G 数据隐私保护和 6G 位置隐私保护方案的理解。

参考文献

[1]　杨静雅,唐晓刚,周一青,等.意图抽象与知识联合驱动的 6G 内生智能网络架构[J].通信学报,2023, 44(2):12-26.

[2]　Gui G,Liu M,Tang F,et al. 6G:Opening new horizons for integration of comfort,security,and intelligence[J]. IEEE Wireless Communications,2020,27(5):126-132.

[3]　Lu X,Xiao L,Li P,et al. Reinforcement learning-based physical cross-layer security and privacy in 6G [J]. IEEE Communications Surveys & Tutorials,2022,25(1):425-466.

[4]　张海君,陈安琪,李亚博,等.6G 移动网络关键技术[J].通信学报,2022,43(7):189-202.

[5]　周炳朋,马珊珊.面向 6G 毫米波通信感知一体化的机动目标联合定位与测速[J].通信学报,2023, 44(3):81-92.

[6]　Han C,Yan L,Yuan J. Hybrid beamforming for terahertz wireless communications:Challenges, architectures,and open problems[J]. IEEE Wireless Communications,2021,28(4):198-204.

[7]　Cui M,Dai L. Near-field wideband beamforming for extremely large antenna arrays[J]. IEEE Transactions on Wireless Communications,2024,23(1):1-16.

[8]　尉志青,冯志勇,李怡恒,等.太赫兹通信感知一体化波形:现状与展望[J].通信学报,2022,43(1): 3-10.

[9]　谢莎,李浩然,李玲香,等.太赫兹通信技术综述[J].通信学报,41(5):168-186.

[10]　Ma S,Zhang F,Li H,et al. Simultaneous lightwave information and power transfer in visible light communication systems[J]. IEEE Transactions on Wireless Communications,2019,18(12): 5818-5830.

[11]　Zhu Z,Guo C,Bao R,et al. Positioning using visible light communications:A perspective arcs approach[J]. IEEE Transactions on Wireless Communications,2023,22(10):6962-6977.

[12]　Yan Q,Zeng H,Jiang T,et al. Jamming resilient communication using MIMO interference cancellation[J]. IEEE Transactions on Information Forensics and Security,2016,11(7):1486-1499.

[13]　Lu X,Xiao L,Xu T,et al. Reinforcement learning based PHY authentication for VANETs[J]. IEEE Transactions on Vehicular Technology,2020,69(3):3068-3079.

[14]　Mishra A K,Tripathy A K,Puthal D,et al. Analytical model for sybil attack phases in Internet of Things[J]. IEEE Internet of Things Journal,2018,6(1):379-387.

[15]　Wang N,Wang P,Alipour-Fanid A,et al. Physical-layer security of 5G wireless networks for IoT: Challenges and opportunities[J]. IEEE Internet of Things Journal,2019,6(5):8169-8181.

[16]　Sun X,Ng D W K,Ding Z,et al. Physical layer security in UAV systems:Challenges and

opportunities[J]. IEEE Wireless Communications,2019,26(5): 40-47.

[17] Lu A Y,Yang G H. Stability analysis for cyber-physical systems under denial-of-service attacks[J]. IEEE Transactions on Cybernetics,2020,51(11): 5304-5313.

[18] Wang T,Zheng Z,Rehmani M H,et al. Privacy preservation in big data from the communication perspective—A survey[J]. IEEE Communications Surveys and Tutorials,2019,21(1): 753-778.

[19] 谭作文,张连福. 机器学习隐私保护研究综述[J]. 软件学报,2020,31(7): 2127-2156.

[20] Kulow A,Schamberger T,Tebelmann L,et al. Finding the needle in the haystack: Metrics for best trace selection in unsupervised side-channel attacks on blinded RSA[J]. IEEE Transactions on Information Forensics and Security,2021,16(11): 3254-3268.

[21] 宋新霞,陈智罡,周国民. NTRU 型无需密钥交换的全同态加密方案[J]. 网络与信息安全学报,2017,3(1): 39-45.

[22] Gong B,Guo C,Guo C,et al. SLIM: A secure and lightweight multi-authority attribute-based signcryption scheme for IoT[J]. IEEE Transactions on Information Forensics and Security,2023,19(2): 1299-1312.

[23] Rasori M,La Manna M,Perazzo P,et al. A survey on attribute-based encryption schemes suitable for the Internet of Things[J]. IEEE Internet of Things Journal,2022,9(11): 8269-8290.

[24] Li J,Zhang Y,Ning J,et al. Attribute based encryption with privacy protection and accountability for CloudIoT[J]. IEEE Transactions on Cloud Computing,2020,10(2): 762-773.

[25] 张海君,张资政,隆克平. 基于移动边缘计算的 NOMA 异构网络资源分配[J]. 通信学报,2020,41(4): 27-33.

[26] Cong R,Zhao Z,Zhang L,et al. Paralledge: Exploiting computing-mobility parallelism for efficient 5G/6G edge computing[J]. IEEE Transactions on Mobile Computing,2023,23(5): 4025-4037.

[27] Xiong H,Wu Y,Jin C,et al. Efficient and privacy-preserving authentication protocol for heterogeneous systems in IIoT[J]. IEEE Internet of Things Journal,2020,7(12): 11713-11724.

[28] Zhang J,Jiang Y,Cui J,et al. DBCPA: Dual blockchain-assisted conditional privacy-preserving authentication framework and protocol for vehicular ad hoc networks[J]. IEEE Transactions on Mobile Computing,2022,23(2): 1127-1141.

[29] Dai H N,Zheng Z,Zhang Y. Blockchain for Internet of Things: A survey[J]. IEEE Internet of Things Journal,2019,6(5): 8076-8094.

[30] Mao B,Kawamoto Y,Kato N. AI-based joint optimization of QoS and security for 6G energy harvesting Internet of Things[J]. IEEE Internet of Things Journal,2020,7(8): 7032-7042.

[31] Xiao L,Sheng G,Liu S,et al. Deep reinforcement learning-enabled secure visible light communication against eavesdropping[J]. IEEE Transactions on Communications,2019,67(10): 6994-7005.

[32] Zhang X,Wang J,Poor H V. Statistical delay and error-rate bounded QoS provisioning for 6G mURLLC over AoI-driven and UAV-enabled wireless networks[C]//IEEE International Conference on Computer Communications (INFOCOM),May 10-13,2021,Vancouver,BC,Canada. New York: IEEE,2021: 1-10.

[33] 王志勤,江甲沫,刘沛西,等. 6G 联邦边缘学习新范式: 基于任务导向的资源管理策略[J]. 通信学报,2022,43(6): 16-27.

[34] Li Y,Li H,Xu G,et al. Practical privacy-preserving federated learning in vehicular fog computing[J]. IEEE Transactions on Vehicular Technology,2022,71(5): 4692-4705.

[35] Wei K,Li J,Ma C,et al. Personalized federated learning with differential privacy and convergence guarantee[J]. IEEE Transactions on Information Forensics and Security,2023,18(4): 4488-4503.

[36] Hu J,Wang Z,Shen Y,et al. Shield against gradient leakage attacks: Adaptive privacy-preserving federated learning[J]. IEEE/ACM Transactions on Networking,2023,32(2): 1407- 1422.

[37] Wu Z,Wang R,Li Q,et al. A location privacy-preserving system based on query range cover-up or

location-based services[J]. IEEE Transactions on Vehicular Technology,2020,69(5)：5244-5254.

[38] 黄永明,郑冲,张征明,等. 大规模无线通信网络移动边缘计算和缓存研究[J].通信学报,2021, 42(4)：44-61.

[39] Itahara S,Nishio T,Koda Y,et al. Distillation-based semi-supervised federated learning for communication-efficient collaborative training with non-iid private data[J]. IEEE Transactions on Mobile Computing,2021,22(1)：191-205.

[40] Min M,Xiao L,Ding J,et al. 3D geo-indistinguishability for indoor location-based services[J]. IEEE Transactions on Wireless Communications,2021,21(7)：4682-4694.

参考答案

10-1 6G 通信系统中的核心服务有哪些？（　　　）

答：E

10-2 简述可见光通信系统与太赫兹通信系统的主要优势。

答：可见光通信系统具有高速传输、安全性高、低功耗和绿色环保等优势；太赫兹通信系统具备大带宽、通信感知一体化和在大气层外通信不受影响等优势。

10-3 6G 通信系统中常用的通信技术有哪些？请简要描述其中一种通信技术的主要特征。

答：在 6G 通信系统中主要使用的候选通信技术包括非正交多址接入、移动边缘计算、可见光通信、太赫兹通信、智能反射面、毫米波、多输入输出技术。可见光的频谱范围为 400 到 800 THz,可以解决无线通信中的频段资源紧张的问题。

10-4 请简述 6G 通信系统中常见的安全威胁种类。

答：干扰攻击、中间人攻击、电子欺骗、拒绝服务攻击等。

10-5 请简述本章所提到的基于消息加密的隐私保护方案和相应的特点。

答：主要包括基于同态加密的隐私保护方案和基于属性加密的隐私保护方案。其中同态加密允许用户直接在密文上进行运算,解密后的运算结果与在明文情况下运算的结果相同。在属性加密算法中,每个用户都被赋予一组属性,只有满足特定属性条件的用户才能访问相应的数据。

10-6 简述联邦学习在 6G 通信系统中进行隐私保护的主要过程。

答：设备本地更新模型、聚合本地模型参数以避免数据传输、加密通信以保护数据隐私、在保护隐私的同时实现全局模型的性能优化。

10-7 强化学习如何在 6G 通信系统的隐私保护方面发挥作用？

答：通过强化学习算法,系统可以智能化地学习用户通信模式和隐私偏好,从而优化隐私保护策略,提供个性化的隐私保护服务。同时,强化学习可以自动调整隐私保护参数,平衡通信效率和隐私保护水平,实现更加精准和高效的隐私保护措施。

10-8 谈谈你对现有的 6G 数据隐私保护和 6G 位置隐私保护方案的理解。

答：言之有理即可。